人力资源和社会保障部职业能力建设司推荐
冶金行业职业教育培训规划教材

耐火材料成型技术

主　编　于乐海
副主编　袁好杰　张　花

北　京
冶金工业出版社
2010

内容提要

本书为冶金行业职业技能培训教材，是参照冶金行业职业技能标准和职业技能鉴定规范，根据耐火材料企业的生产特点和岗位群的技能要求编写的，并经人力资源和社会保障部职业培训教材工作委员会办公室组织专家评审通过。

本书内容包括：耐火原料加工，耐火原料加工设备操作技术，耐火原料加工的附属设备及其使用方法，耐火泥料的制备，耐火制品砖型图，耐火制品的半干法成型设备，模具的装配，耐火产品成型的安全生产和砖坯的干燥等内容，各章之后附有相应的复习思考题。

本书可作为耐火材料厂进行原料破粉碎、成型、干燥、半成品拣选等岗位培训的教材，也可作为大专院校耐火材料专业技能鉴定培训教材，还可供从事耐火材料专业生产的工程技术人员、大专院校师生参考。

图书在版编目(CIP)数据

耐火材料成型技术／于乐海主编．—北京：冶金工业出版社，2010．4
冶金行业职业教育培训规划教材
ISBN 978-7-5024-5161-5

Ⅰ．①耐… Ⅱ．①于… Ⅲ．①耐火材料—成型—技术培训—教材 Ⅳ．①TQ175．7

中国版本图书馆 CIP 数据核字(2010)第 026358 号

出 版 人 曹胜利
地　　址 北京北河沿大街嵩祝院北巷 39 号，邮编 100009
电　　话 (010)64027926 电子信箱 postmaster@cnmip.com.cn
责任编辑 贾 玲 美术编辑 张媛媛 版式设计 张 青
责任校对 王贺兰 责任印制 牛晓波
ISBN 978-7-5024-5161-5
北京兴华印刷厂印刷；冶金工业出版社发行；各地新华书店经销
2010 年 4 月第 1 版，2010 年 4 月第 1 次印刷
787 mm×1092 mm 1/16；10．75 印张；276 千字；155 页；1-3000 册
29．00 元
冶金工业出版社发行部 电话：(010)64044283 传真：(010)64027893
冶金书店 地址：北京东四西大街 46 号(100711) 电话：(010)65289081
(本书如有印装质量问题，本社发行部负责退换)

序

吴溪淳

改革开放以来，我国经济和社会发展取得了辉煌成就，冶金工业实现了持续、快速、健康发展，钢产量已连续数年位居世界首位。这其间凝结着冶金行业广大职工的智慧和心血，包含着千千万万产业工人的汗水和辛劳。实践证明，人才是兴国之本、富民之基和发展之源，是科技创新、经济发展和社会进步的探索者、实践者和推动者。冶金行业中的高技能人才是推动技术创新、实现科技成果转化不可缺少的重要力量，其数量能否迅速增长、素质能否不断提高，关系到冶金行业核心竞争力的强弱。同时，冶金行业作为国家基础产业，拥有数百万从业人员，其综合素质关系到我国产业工人队伍整体素质，关系到工人阶级自身先进性在新的历史条件下的巩固和发展，直接关系到我国综合国力能否不断增强。

强化职业技能培训工作，提高企业核心竞争力，是国民经济可持续发展的重要保障，党中央和国务院给予了高度重视，明确提出人才立国的发展战略。结合《职业教育法》的颁布实施，职业教育工作已出现长期稳定发展的新局面。作为行业职业教育的基础，教材建设工作也应认真贯彻落实科学发展观，坚持职业教育面向人人、面向社会的发展方向和以服务为宗旨、以就业为导向的发展方针，适时扩大编者队伍，优化配置教材选题，不断提高编写质量，为冶金行业的现代化建设打下坚实的基础。

为了搞好冶金行业的职业技能培训工作，冶金工业出版社在人力资源和社会保障部职业能力建设司和中国钢铁工业协会组织人事部的指导下，同河北工业职业技术学院、昆明冶金高等专科学校、吉林电子信息职业技术学院、山西工程职业技术学院、山东工业职业学院、济钢集团总公司、中国职工教育和职业培训协会冶金分会、中国钢协职业培训中心等单位密切协作，联合有关冶金企业和职业技术院校，编写了这套冶金行业职业教育培训规划教材，并经人力资源和社会保障部职业培训教材工作委员会组织专家评审通过，由人力资源和社会保障部职业能力建设司给予推荐。有关学校、企业的各级领导和编写人员在时间紧、任务重的情况下，克服困难，辛勤工作，在相关科研院所的工程技术人员的积极参与和大力支持下，出色地完成了前期工作，为冶金行业的职业技能培训工作的顺利进行，打下了坚实的基础。相信这套教材的出版，将为冶金企业生产一线人员理论水平、操作水平和管理水平的进一步提高，企业核心竞争力的不断增强，起到积极的推进作用。

随着近年来冶金行业的高速发展，职业技能培训工作也取得了巨大的成绩，绝大多数企业建立了完善的职工教育培训体系，职工素质不断提高，为我国冶金行业的发展提供了强大的人力资源支持。今后培训工作的重点，应继续注重职业技能培训工作者队伍的建设，丰富教材品种，加强对高技能人才的培养，进一步强化岗前培训，深化企业间、国际间的合作，开辟冶金行业职业培训工作的新局面。

展望未来，任重而道远。希望各冶金企业与相关院校、出版部门进一步开拓思路，加强合作，全面提升从业人员的素质，要在冶金企业的职工队伍中培养一批刻苦学习、岗位成才的带头人，培养一批推动技术创新、实现科技成果转化的带头人，培养一批提高生产效率、提升产品质量的带头人；不断创新，不断发展，力争使我国冶金行业职业技能培训工作跨上一个新台阶，为冶金行业持续、稳定、健康发展，做出新的贡献！

前　言

本书是按照人力资源和社会保障部的规划，受中国钢铁工业协会和冶金工业出版社的委托，在编委会的组织安排下，参照冶金行业职业技能标准和职业技能鉴定规范，根据耐火材料的生产实际和岗位群的技能要求编写的。书稿经人力资源和社会保障部职业培训教材工作委员会办公室组织专家评审通过，由人力资源和社会保障部职业能力建设司推荐作为冶金行业职业技能培训教材。

近年来，世界耐火材料工业发生了重大变化。一方面，由于用户工艺的技术进步、工艺和设备对耐火材料要求提高以及耐火材料自身的改进，耐火材料消耗量逐年下降；另一方面，全球化趋势明显，竞争激烈使耐火材料品种多样化，性能和质量明显提高，耐火材料企业为用户的服务意识和能力加强。创新、研发、教育、管理和投入，将是未来耐火材料工业保持活力和发展的关键。对中国耐火材料工业来说，今后若干年是一个经历结构优化、企业重组和品种结构调整的时期，不仅需要运筹帷幄的管理决策人员和不断开发创新的科技人员，也需要适应这种新变化的大量技术工人和技师。提高技工知识水平和操作水平需要开展系列的技能培训，为此编写了这本培训教材。

本书主要介绍耐火材料成型作业技术及技能，第 1 章叙述了耐火原料的加工基本知识与泥料的制备，第 2 章叙述了耐火原料加工设备操作技术，第 3 章叙述了耐火原料加工的附属机械设备及其使用方法，第 4 章叙述了耐火泥料的制备，第 5 章叙述了耐火制品砖型图的绘制与识读，第 6 章叙述了耐火制品的半干法成型设备，第 7 章叙述了模具及其装配，第 8 章叙述了摩擦压砖机和夹板锤的操作技能及安全生产知识，第 9 章叙述了耐火材料的干燥知识和干燥设备操作。

本书由山东工业职业学院于乐海主编。其中第 7 章、第 8 章由山东工业职业学院袁好杰编写，第 1 ~4 章、第 9 章由山东工业职业学院张花编写，第 5 章、第 6 章由山东工业职业学院于乐海编写。

本书在编写过程中，得到了山东冶金总公司、山东工业职业学院、山东中齐耐火材料有限公司、山东鲁耐窑业有限责任公司等单位的大力支持与协助，在此向他们表示感谢。

因编者水平有限，书中不妥之处，敬请读者批评指正。

编　者

2009 年 12 月

目　　录

1　耐火原料加工基本知识

1.1　耐火原料基本知识

耐火材料生产的基础是原料，要想生产出优质的耐火材料，就必须对耐火矿物原料进行学习。本节根据我国各地原料的性质和资源情况，对耐火制品常用的几种原料进行了简单介绍。

1.1.1　黏土质矿物原料

黏土不是单一矿物，而是由直径小于 0.001 mm（或小于 1 ~ 2 μm）的多种含水铝硅酸盐矿物组成的混合物。其在湿态和细粉状态下具有可塑性（粉碎加水后混合得到），干燥后变硬，在足够高温下加热会玻化。

根据其生成情况，黏土分为：原生黏土和次生黏土；按其可塑性，黏土分为：软质黏土（强可塑性黏土）和硬质黏土（弱可塑性黏土）。软质黏土多属于次生黏土。因其颗粒细，分散度大，故可塑性大。而硬质黏土可塑性较差，多属于原生黏土。作为耐火材料用的黏土称为耐火黏土，其耐火度不低于 1580℃。

我国的耐火黏土分布广，如辽宁、河南、内蒙古自治区、山西、山东等地均有，且储量大、品种齐全。江西、湖南、江苏、浙江等地有优质的高岭土；辽宁、吉林、浙江等为膨润土的重要产地。

1.1.1.1　化学成分

黏土是以水铝硅酸盐为主体的土状混合物。主要的化学组成是 Al_2O_3 和 SiO_2 两种氧化物。Al_2O_3 主要来源于黏土矿物，SiO_2 除来自黏土矿物外，主要来自微粒的石英。当 Al_2O_3 含量（均为质量分数，下同）和 Al_2O_3/SiO_2 值越接近高岭石矿物的理论值（$Al_2O_3$39.5%，$Al_2O_3/SiO_2=0.85$）时，表明此类黏土的纯度越高。黏土中高岭石含量越多，其质量越优。Al_2O_3/SiO_2 值越大，黏土耐火度就越高，黏土的烧结熔融范围也就越宽；其值越小，则相反。

黏土通常含有一定量的杂质。杂质主要为碱、碱土和铁、钛等的氧化物以及一些有机物。各种氧化物均可起助熔作用，并会降低原料的耐火度。黏土的耐火度主要决定于其化学组成。表 1-1 为我国部分地区耐火黏土的化学组成。黏土中如含有较高的铁、钛、钙、镁，则相应地称为高铁黏土（如山东王村东宝山）、高钛黏土（四川二滩金龙山，贵阳小山坝）、高钙黏土（山东明水）、镁质黏土（江西景德镇柳家湾、萍乡）。

1.1.1.2　*矿物组成和杂质*

黏土原料按岩石类型分为：高岭土、高岭石黏土（软质黏土）、高岭石黏土岩。黏土矿物种类多，其通常由五六种矿物组成，主要矿物是高岭石矿物。高岭石矿物名称出自我国，是因江西省浮梁县高岭山所产高岭石质量优良而得名。高岭石族矿物包括高岭石、珍珠陶土、迪开石和富硅高岭石。珍珠陶土和迪开石的化学成分与高岭石完全相同，即 $Al_4[Si_4O_{10}](OH)_8$ 或 $Al_2O_3\cdot 2SiO_2\cdot 2H_2O$，所不同的是结构的迭置有差异。富硅高岭石的 SiO_2 含量较高。

表 1-1　我国一些产地耐火黏土化学组成实例

产　地	原料名称	化学组成(质量分数)/%								
		Al_2O_3	SiO_2	Fe_2O_3	TiO_2	CaO	MgO	K_2O	Na_2O	灼减
江苏苏州	苏州土	37.60	47.69	0.31	—	0.19	0.06	—	0.03	14.06
江苏吴县阳西矿	苏州高岭土	39.07	45.52	0.06	0.03	—	—	—	—	15.59
吉林舒兰县	水曲柳黏土	30.06	54.39	1.37	0.96	1.39	0.45	0.22	0.73	11.29
江西星子	星子高岭土	34.07	50.14	1.04	—	0.20	0.33	1.73	0.10	11.85
四川叙永	叙永土	38.80	44.56	0.30	—	0.82	0.20	0.11	0.13	15.49
	软质黏土	28.37	57.63	1.13	0.90	0.49	0.59	0.65		9.78
辽宁牛心台	硬质黏土	37.43	43.04	1.24	1.15	0.47	0.04	2.42		14.20
河北古冶	D级矾土(硬质)	38.23	44.13	0.96	1.65	0.44	0.04	0.69		14.29
	四节土(软质)	33.30	48.53	1.76	1.61	0.58	0.08	1.60		11.53
山西太原	五灰矸(硬质)	39.41	43.49	0.97	1.27	0.46	0.08	未测		13.98
	灰片矸(软质)	31.82	54.08	0.5	0.30	0.25	痕	0.99		10.91
山东淄博	焦宝石(硬质)	38.23	44.53	0.66	未测	0.29	0.29	0.29		13.82
	坊子土(软质)	25.79	56.82	2.28	未测	0.45	未测	未测		9.75
河南焦作	硬质黏土	39.03	43.48	1.28	0.26	1.66	0.39	0.53		13.48
	半软质黏土	38.56	42.94	0.85	0.32	1.63	1.01	0.46		13.45
湖南辰溪	硬质黏土	38.37	44.08	0.25	1.12	0.12	0.17	0.22		14.48
湖南湘潭	软质黏土	37.78	45.02	1.09	1.70	0.26	0.28	0.25		13.63
广西武鸣	硬质黏土	30~42	44~48	0.3~6.0	—	<0.3	<1.0	—		13~16
广西扶绥	软质黏土	27~36	54~60	0.6~1.7	1~1.4	<0.1	<0.1	—		10~14
广西维罗	软质黏土	37.41	43.86	0.72	1.92	0.1	0.09	0.04	0.17	14.46

黏土矿物常见的夹杂矿物主要有石英、水云母、含铁矿物、长石、金红石等。这些矿物均为有害矿物,除石英外,其他矿物含量一般较少,分布较为均匀,对耐火性能影响不大。如果杂质含量大或分布不均匀,则严重影响黏土的质量。石英是非塑性矿物,它会减弱黏土的结合能力和可塑性,并降低砖坯干燥和烧成时的收缩。故石英对黏土质量的影响视其数量、粒度大小和分布的不同而异。此外,在高温时(1300~1400℃)起熔剂作用,容易与黏土中的氧化铁等杂质发生作用而生成易熔物,降低黏土的耐火性能。其颗粒越小,熔剂作用就越弱;铁的化合物会使黏土制品表面形成黑点、熔洞、熔疤鼓胀等缺陷,在制品的质量上,因铁的化合物起熔剂作用,会降低黏土的耐火性能;长石中的碱性氧化物是强熔剂,会使黏土在煅烧过程中产生玻璃相,降低烧结温度,并使烧结温度范围变得狭窄。

1.1.1.3　使用耐火黏土应注意的问题

使用耐火黏土应注意以下问题:

(1) 注意原料的纯度。为此要采取必要选料措施,除去杂质,提高纯度。

(2) 对多熟料的制品,应选择可塑性好、结合性好的软质黏土。对普通熟料制品可选用可塑性弱的黏土如半软质黏土作结合黏土。切忌选用两种黏土作为结合黏土混用,防止因化学组成不同,加热变化不同给烧结带来困难,从而出现过烧或欠烧现象。

(3) 软质黏土和半软质黏土由于水分含量较大，一般需经过干燥才能粉磨，为了保证黏土的可塑性和结合性，干燥温度不宜过高（小于200℃）。

(4) 黏土熟料应充分烧结，以保证制品形状和尺寸的稳定性。

(5) 耐火黏土的地质成因、矿物组成、形态及工艺特性与其黏土制品生产工艺、性能有密切的关系。因此加深对耐火黏土的成矿研究，对黏土的矿物组成、工艺特性的了解，无疑对制品的生产工艺有指导意义。

1.1.2 高铝质矿物原料

高铝质矿物原料主要有：高铝矾土（又名铝矾土、矾土、铝土矿）、合成莫来石、蓝晶石族矿物（包括蓝晶石、红柱石、硅线石）、工业氧化铝、电熔刚玉等。

我国高铝矾土资源非常丰富，目前是高铝质耐火材料的主要原料。此外，铝矾土可用于炼铝，制造高铝水泥、人造刚玉（金刚砂）和化工原料等。

A 铝土矿矿石类型和分类

铝土矿（又名铝矾土）是由三种铝的氢氧化物以各种比例构成的细分散胶体混合物。这三种铝的氢氧化物为：一水硬铝石（$Al_2O_3$85%）、一水软铝石（$Al_2O_3$85%）和三水铝石（$Al_2O_3$65.4%）。

铝土矿中除铝的氢氧化物外，几乎经常与铁的氧化物和氢氧化物——赤铁矿、针铁矿相伴生，另外还伴有锐钛矿和高岭石、多水高岭石等黏土矿物。在铝土矿中有时还见到铁、钙、镁和铝的碳酸盐及铁的硫化物、铝的硫酸盐及刚玉、金红石、板钛矿以及一些少见的氢氧化铝矿物。

铝土矿所含杂质不同，致使其外表颜色多变，自淡灰色、灰褐色到黑色，有时还有红褐色斑块。根据铝土矿矿石的结构，并考虑杂质的影响，划分如下矿石类型：粗糙状铝土矿、致密状铝土矿、豆或鲕状铝土矿、气孔状杏仁状铝土矿和高铁铝土矿。

在工业上按照含铝主要矿物成分，拟把我国铝土矿划分为两个基本类型：一水型铝土矿和三水型铝土矿。前者主要由一水铝石组成，包括水铝石和勃姆石。后者主要有三水铝石组成。我国绝大部分地区铝土矿皆属于一水型铝土矿。此型根据所含主要矿物的成分，又划分为5个亚类型：

(1) 水铝石－高岭石型（D－K）；
(2) 水铝石－叶蜡石型（D－P）；
(3) 勃姆石－高岭石型（B－K）；
(4) 水铝石－伊利石型（D－I）；
(5) 水铝石－高岭石－金红石型（D－K－R）。

B 铝矾土的化学组成

我国部分高铝矾土的化学组成见表1-2。

表1-2 我国部分高铝矾土化学组成分析结果

类型	矿区	化学组成（质量分数）/%							
		Al_2O_3	SiO_2	TiO_2	Fe_2O_3	CaO	MgO	R_2O	灼减
D－K	河北古冶	41～80	0.7～41	2.46±0.56	1.15±0.52	0.31±0.18	0.13±0.07	—	14.26±0.38
D－K	山西	45～32	0.4～38	3.13±0.62	1.00±0.54	0.34±0.19	0.22±0.12	0.15±0.07	14.51±0.32
D－K	河南	40～80	0.8～42	2.99±0.88	0.90±0.40	0.19±0.11	0.21±0.16	0.42±0.26	14.10±0.39

续表 1-2

类型	矿区	化学组成(质量分数)/%							
		Al_2O_3	SiO_2	TiO_2	Fe_2O_3	CaO	MgO	R_2O	灼减
D-K	贵州	55~81	0.6~28	3.34±0.69	1.18±0.37	0.21±0.11	0.17±0.14	0.95±0.79	14.04±0.32
D-P	河南	40~76	4~44	2.99±0.88	0.90±0.40	0.16±0.11	0.21±0.16	0.42±0.26	11.32±1.89
B-K	山东	40~76	3~41	1.97±0.63	1.52±0.47	0.27±0.10	0.21±0.10	0.48±0.23	14.41±0.35
D-I	河南	37~76	4~44	2.99±0.88	0.90±0.40	0.16±0.11	0.31±0.16	2.97±1.95	11.12±2.24
D-K-R	四川	40~73	5~39	8.33±1.96	1.97±1.07	0.29±0.12	0.14±0.07	0.42±0.41	11.45±1.36

由表1-2可见,(1) D-K、D-P和B-K型矾土的 Al_2O_3 含量和 SiO_2 含量呈直线关系。(2) TiO_2 有随 Al_2O_3 的增多而增高的趋势,Al_2O_3 含量大于70%的试样 TiO_2 为3%~4.5%。但在D-K-R型矾土中,TiO_2 可达12%至16%,最低值为4.5%,一般在8%左右。(3) Fe_2O_3 含量一般不大于1.5%,但在山东、四川产量略高;CaO和MgO的平均含量均很低。(4) R_2O(Na_2O+K_2O)一般均小于1%,但河南的D-I型矾土 R_2O 含量大于1%。(5) D-K型与B-K型矾土的灼减量均为14%左右,其余类型灼减量小于14%。

高铝矾土中的杂质包括:TiO_2、R_2O、Fe_2O_3 和CaO等。TiO_2 是高铝矾土中含量较高的杂质之一,在不同等级中作用不同。对于Ⅱ级矾土,与莫来石形成固溶体进入玻璃相量少,对制品的烧结不利,但有利于提高制品的高温力学性能;特级、Ⅰ、Ⅲ级矾土中,进入液相量较多,有利于烧结,但不利于调高制品的高温性能。R_2O 主要影响矾土的烧结、熟料的组成和高铝砖的性能,R_2O 含量过多,会使制品的烧成温度范围窄且不易控制,制品易变形,而且会阻碍二次莫来石化的进程,分解已经形成的莫来石,对制品的高温性能不利。Fe_2O_3 和CaO主要影响材料形成液相的温度,对制品高温性能不利。减少矾土中的杂质,在生产中常用人工拣选措施,此外,国内外已开始采用铝矾土酸洗法选矿措施。

1.1.3 镁质矿物原料

镁质耐火材料的主要原料为镁砂,镁砂是烧结镁石破粉碎得到的。烧结镁石的来源有如下几个途径:

(1) 天然菱镁矿($MgCO_3$,含MgO 47.82%)煅烧;(2) 从海水中提炼;(3) 从盐湖卤水中提炼;(4) 从白云石($CaMg(CO_3)_2$,含MgO 21.9%)中提炼;(5) 从蛇纹石($3MgO \cdot 2SiO_2 \cdot 2H_2O$,含MgO 43%)中提炼;(6) 从水镁石($Mg(OH)_2$,含MgO 69%)中煅烧,但通常用作提炼金属镁;目前我国主要从菱镁矿煅烧获得烧结镁石,也发展多品种的镁砂原料。我国菱镁矿资源丰富,居世界首位。

1.1.3.1 菱镁矿的化学成分

菱镁矿($MgCO_3$)是常见的碳酸盐类矿物,与方解石($CaCO_3$)、白云石($CaMg(CO_3)_2$)、菱锌矿($ZnCO_3$)、菱铁矿($FeCO_3$)等无水碳酸盐矿物一起,在矿物学上又统称为方解石族矿物。菱镁矿石中的主要化学成分为MgO,次要成分为CaO、SiO_2、Fe_2O_3、Al_2O_3。MgO含量一般在35%~47%,CaO为0.2%~4%,SiO_2 0.2%~8%,Fe_2O_3 和 Al_2O_3 的含量一般在1%以下。微量元素有P、Mn、Zr、Ti、Cr、Ni等二十多种,种类较多,但无经济价值。

矿石化学成分中CaO、SiO_2、Fe_2O_3、Al_2O_3 是有害的杂质。煅烧后的CaO易于水化并伴随体积膨胀,使砖发生裂纹,是镁砖的有害杂质。用含 SiO_2 很高的菱镁矿石生产镁砂,首先在烧结上遇到困难,因为滑石分布不均匀,致使烧结过程恶化。CaO、SiO_2、Fe_2O_3、Al_2O_3 等组分在高温下相互作用生成低熔点的物相,例如钙镁橄榄石(1498℃分解)、镁硅钙石(1550℃分解)。

1.1.3.2 使用镁质矿物原料应注意的问题

(1) 提高纯度、减少杂质。除去菱镁矿中的杂质,国内外有过不少的研究,如浮选镁矿,用重介质精选高纯菱镁矿,用热破碎法选矿等。此外,要提高纯度,原料需要分选、分级开采、分级管理。

(2) 采用二步煅烧法,制取高密度的镁石。二步煅烧是把原料在 900 ~ 1000℃先轻烧,使物料活化,然后成球或压坯,再在高温煅烧,制取致密熟料。

(3) 在注意镁砂致密化的同时,应重视控制显微结构。改进产品性能,其本质是改善物相组成和调整砖的纤维结构。

(4) 注意粉矿的综合利用,提高经济效益。菱镁矿在开采和运输过程中,极易产生粉矿,因菱镁矿的块度太小,不易在竖窑中煅烧,对于粉矿要注意综合利用。

1.1.4 硅质矿物原料

1.1.4.1 硅质原料的分类及特征

硅质耐火矿物原料主要是硅石,硅石不是矿物名称,而是工业术语,工业上对块状硅质原料统称为硅石。其矿物成分主要是石英,化学成分主要是 SiO_2。硅石的分类方法有多种,可按结构致密程度、晶型转化速度及加热膨胀程度等分类。按制砖工艺,一般分为结晶硅石和胶结硅石两类。此外,硅砂亦可作为硅质原料,用作捣打料或一般硅砖使用。硅质原料的分类和特性见表 1-3。

表 1-3 硅质原料的分类和特性

工艺分类	岩石分类	产地	颜色	矿物组成	化学组成/%	石英晶粒/mm	转化性能	制砖适应性	备注
结晶硅石	脉石英	吉林江密峰	乳白色	石英为主,质地纯净,有的加油红色或黄褐水锈	SiO_2 99	很大 >2	特慢转化	因难转化,制砖时废品率可能较高	—
	石英岩	河南铁门,辽宁石门	灰色、浅灰色	石英为主,有的含有黏土、云母、绿泥石、长石、金红石赤铁矿、褐铁矿等	SiO_2 >98	0.15 ~ 0.25	特慢转化	可制造各种硅砖	我国各地的硅石多属此类型
胶结硅石	石英砂岩	—	淡黄、淡红色	石英为主,含量 90% 以上,少量长石、云母,胶结物为硅质	SiO_2 >95,有一定杂质; Al_2O_3 1 ~ 3; R_2O 1 ~ 2	粗粒(0.5 ~ 1)到细粒(0.1 ~ 0.25)	—	制造一般砖	
	燧石岩	山西五台山	赤白、青白	基质为玉髓,其中含有脉石英晶粒,有的含有氧化铁、石灰石、绿泥石	SiO_2 >95	0.005 ~ 0.01	快速转化	可制各种硅砖	是硅质岩的一种
硅砂	石英砂	广东珠海	黄褐色	石英为主,含量 95% 左右,长石等矿物 5% 左右	SiO_2 >90; 杂质 Al_2O_3 <5; Fe_2O_3 <1 纯度不定	较大 0.5 ~ 0.15		大多用作捣打料,制造一般硅砖	我国沿海地区有产出,如山东荣成

1.1.4.2 化学组成

硅质原料可用来制造硅砖，尤其是优质硅砖的硅石，首先要注意硅石中的 SiO_2 的含量和杂质的种类、分布和数量。因为化学组成决定着原料和制品的耐火性能。

硅石中 SiO_2 的含量不小于96%。杂质主要是 Al_2O_3、TiO_2 和 R_2O(Na_2O、K_2O)。生产优质硅砖的硅石中 Al_2O_3、TiO_2 和 R_2O 的含量应尽可能的低，三者之和不能超过0.5%。

Al_2O_3 的存在不仅会增加高温下硅石中液体形成的趋势，而且会延缓硅石的分解，当它与普通催化剂或促进剂混合时，还降低了其活性，以及会降低制品的高温性能。因此使用硅石制砖时，要控制 Al_2O_3 的含量，一般控制在1.2%~1.6%以内，生产优质、特级硅砖时应更少。TiO_2 不影响石英的转化，但可改进制品的抗热震性，而碱性物质则会严重降低制品的耐火度。此外，化学组分中 Fe_2O_3 和 CaO 也是助熔剂，如果它们呈分散状态存在，可视为有益组分。

硅石中 Al_2O_3、TiO_2 和碱类物质的存在，主要是由于硅石表面自然存在的黏土物质。而大多数硅石中 Al_2O_3 和碱以水云母的形式存在。

1.1.4.3 使用硅质原料注意的几个问题

(1) 水洗涤原料除去杂质。硅石原料中，Al_2O_3 是有害的杂质，Al_2O_3 的来源多为黏土附着物，为此，硅石原料在使用前要经过拣选，水洗涤。

(2) 硅石的块度应有一定的要求。

(3) 原料煅烧时，因 SiO_2 的各晶型转变引起体积效益，所以升温要均匀、缓慢。终止温度要有足够的保温时间，以便生成较多量的鳞石英。冷却时，在低于600℃下，应缓慢冷却，以防止冷裂。

耐火制品所用的原料，根据我国各地原料的性质和资源情况，中国钢铁工业协会制定了统一的标准，根据生产砖种的不同而选用不同级别的耐火制品原料。耐火制品原料理化指标的具体要求，根据中国钢铁工业协会颁发的有关规定执行(例如表1-4、表1-5)。对于各耐火材料厂，在保证产品质量的基础上，可制定厂内部标准。

表1-4 硬质黏土熟料的理化指标(YB/T5207—2005)

牌 号	化学成分(质量分数)/%		耐火度 CN	体积密度 /g·cm^{-3}	吸水率 /%	杂质含量 /%
	Al_2O_3	Fe_2O_3				
YNS-45	45~50	≤1.0	178	≥2.55	2.5	≤2.0
YNS-44	44~50	≤1.3	176	≥2.50	2.5	≤2.5
YNS-43	43~50	≤1.5	176	≥2.45	3.0	≤3.0
YNS-42	42~50	≤2.0	174	≥2.40	3.5	≤3.5
YNS-40	40~50	≤2.5	172	≥2.35	4.0	≤3.5
YNS-36	36~42	≤3.5	168	≥2.30	4.0	≤4.0

表1-5 高铝矾土熟料的理化指标(YB/T5179—2005)

代 号	化学成分(质量分数)/%					体积密度 /g·cm^{-3}	吸水率 /%
	Al_2O_3	Fe_2O_3	TiO_2	CaO + MgO	$K_2O + Na_2O$		
GL-90	≥89.5	≤1.5	≤4.0	≤0.35	≤0.35	≥3.35	≤2.5
GL-88A	≥87.5	≤1.6	≤4.0	≤0.4	≤0.4	≥3.20	≤3.0

续表 1-5

代 号	化学成分(质量分数)/%					体积密度 /g·cm⁻³	吸水率 /%
	Al_2O_3	Fe_2O_3	TiO_2	CaO + MgO	$K_2O + Na_2O$		
GL-88B	≥87.5	≤2.0	≤4.0	≤0.4	≤0.4	≥3.25	≤3.0
GL-85A	≥85	≤1.8	≤4.0	≤0.4	≤0.4	≥3.10	≤3.0
GL-85B	≥85	≤2.0	≤4.5	≤0.4	≤0.4	≥2.90	≤5.0
GL-80	>80	≤2.0	≤4.0	≤0.5	≤0.5	≥2.90	≤5.0
GL-70	70~80	≤2.0		≤0.6	≤0.6	≥2.75	≤5.0
GL-60	60~70	≤2.0	—	≤0.6	≤0.6	≥2.65	≤5.0
GL-50	50~60	≤2.5	—	≤0.6	≤0.6	≥2.55	≤5.0

1.2 耐火原料的加工过程

原料的加工过程主要有:原料拣选、粉碎、干燥和筛分等工序。

1.2.1 原料拣选

原料拣选包括原料拣选和除铁。

(1) 原料拣选。原料拣选是为了提高原料纯度,一般需经拣选或冲洗,剔除杂质。原料拣选是根据原料外观特征来进行的,选出混入原料中的杂物。如生料、熔瘤、铁皮、山皮、矸石、焦粒、石灰石、木片和杂质多的料块等。

原料拣选通常在粗碎前进行,粗碎以后在带式运输机皮带上进行的拣选,其拣选效率高,但拣选质量差。

(2) 除铁。除铁的目的是降低原料中的铁含量,提高制品的高温性能,减少制品中的熔洞废品。

铁质的主要来源是:(1) 原料中的铁质,在拣选时未被选除;(2) 原料在被破碎、粉碎过程中由于机械设备的磨损,带入的铁屑或碎铁粒;(3) 设备检修时,因修后清扫不净而遗留的铁质等。

除铁的设备多采用永久性磁铁或电磁铁。除铁设备大多安装在带式输送机上或溜槽里。

1.2.2 原料的粉碎

1.2.2.1 粉碎的原理

进入工厂的原料(生矿石或熟料),具有多种形状和尺寸,其大小可由粉末状到大于 350 mm 的大块。大块原料需加工成各种粒度的粉料,才能供配料用。

原料的粉碎就是用机械的方法(或其他方法)对大块原料施以外力,包括挤压、剪切、弯曲、撞击和研磨等作用力,以克服其内部结构力,使原料碎成小块或细粉的过程。因处理物料尺寸大小的不同可分为破碎和粉磨两个阶段。将大块物料碎裂成小块的过程称为破碎,将小块物料碎裂为细末的过程称为粉磨。粉碎过程通常还按以下方法进一步划分:

- 粉碎
  - 破碎
    - 粗碎——将物料破碎到 100 mm 左右
    - 中碎——将物料破碎到 30 mm 左右
    - 细碎——将物料破碎到 3 mm 左右
  - 粉磨
    - 粗磨——将物料粉磨到 0.1 mm 左右
    - 细磨——将物料粉磨到 60 μm 左右
    - 超细磨——将物料粉磨到 5 μm 或更小

除采用机械方法进行粉碎外,还有使用爆裂、电水锤、超声波和低声波、热力破碎和等离子破碎等粉碎方法,但目前尚未大规模使用。

影响粉碎的因素很多,不仅与原料本身的结构特性有关,而且与设备的特性、原料的块度和粉碎产物的颗粒度要求密切相关。一般用粉碎比表示物料在粉碎前后颗粒尺寸大小变化的程度,即物料在粉碎前后的平均直径比称为粉碎比(或称为粉碎度),其表达式为:

$$i=\frac{D}{d}$$

式中　i——粉碎比;

D——物料在粉碎前的平均直径;

d——物料在粉碎后的平均直径。

生产普通耐火制品所用的颗粒料皆为中碎以后所获得的产品。实际生产中,为了简便地表示和比较各种破碎机的破碎比,一般可用破碎机进料口的有效宽度和排料口宽度的比值来计算,即:

$$i=\frac{0.85B}{d}$$

式中　i——破碎比;

B——破碎机进料口宽度;

d——破碎机排料口宽度。

公式中 $0.85B$ 是破碎机进料口的有效宽度,因为进入破碎机的最大粒度比破碎机进料口的宽度小约 15%,才有利于破碎机夹住物料。一般来说,破碎比愈大,则破碎机械的生产能力愈低;原料硬度愈大,破、粉碎能力愈低。

1.2.2.2　粉碎作业的流程

根据设备和工艺要求的不同,粉碎作业一般分开路循环系统和闭路循环系统两种方式,参见图 1-1。

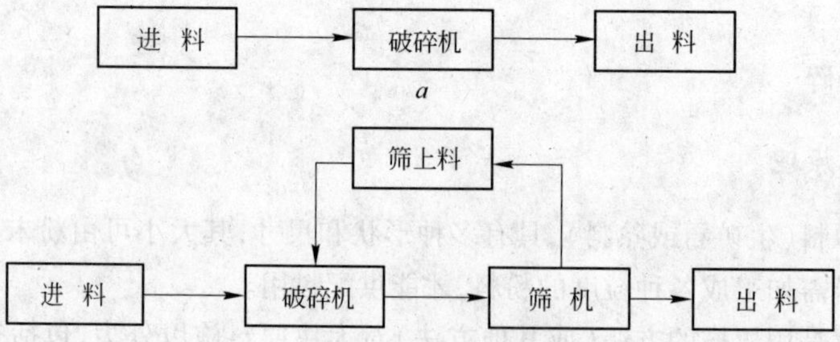

图 1-1　粉碎方式

a—开流式;b—闭流式

(1) 开路循环(开流式)。粉碎设备入料端连续加料,出料端不断出料。一般粉碎比不大的粗碎机(如颚式破碎机),多采用这种粉碎方式(图 1-1*a*),开流式循环流程简单,但物料只经过一次破碎,便要达到要求细度,势必会产生过多细粉,即通常所说的过粉碎现象,它不但会降低粉碎设备的效率,而且不利于提高制品的质量。

(2) 闭路循环(闭流式)。粉碎设备入料端连续加料,出料端不断出料,出料后经筛分机分级,不合格物料(筛上料)再重新进入粉碎机进行破碎(图 1-1*b*)。

闭流式循环作业流程复杂,需要很多附属设备,但粉碎效率高,粒度容易控制,能减少原料的过粉碎。

生产中,原料的破碎系统通常采用的是开流式,而粉碎系统则多采用闭流式。将开流式和闭流式流程经输送、给料设备等多种连接组合,则形成了耐火材料厂的破、粉碎系统的工艺流程。图 1-2 为马钢耐火材料厂破、粉碎系统生产工艺流程示意图。

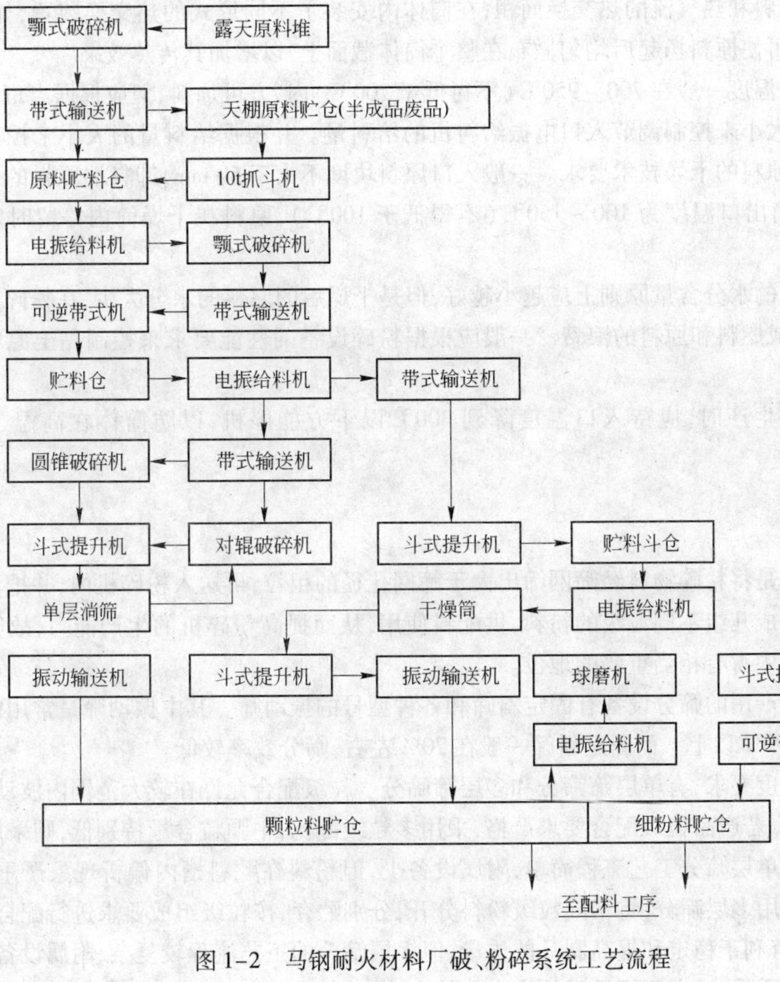

图 1-2 马钢耐火材料厂破、粉碎系统工艺流程

1.2.3 原料的干燥

对于耐火材料用结合黏土原料,因季节不同其含水量波动较大,最高可达 25% 左右。水分含量大的结合黏土原料,在粉碎时会影响粉碎效率,甚至会使粉碎作业无法进行。为了使生产正

常进行，通常将结合黏土放在通风良好的仓库贮存。当黏土原料的含水量不大时，可以直接用来粉碎；当水分含量过大时，在粉碎工序前，必须进行原料的干燥。

黏土原料的干燥是以对流干燥为主。干燥介质与原料在干燥设备内直接接触，原料与气流为顺流。其目的是防止结合黏土在干燥温度过高时，使原料中结晶水排除，丧失其可塑性和结合性。

干燥设备多采用转筒干燥器（俗称干燥筒），它是以对流换热为主的干燥设备，一般以热烟气为干燥介质。

转筒干燥器的主体为一个回转的金属圆筒。原料由一端加入，由另一端卸出。干燥介质按顺流与原料进行热交换。筒体是由厚度为 10 ~ 15 mm 的锅炉钢板焊接或铆接而成。筒体的长度一般为 8 ~ 18 m，直径为 1.5 ~ 2.4 m，筒体长度与直径之比一般为 5 ~ 8。筒体转速一般为 2 ~ 5 r/min，筒体倾角为 3° ~ 6°。

为了增加原料和热气流的热交换面积，在筒体内安装了不同形式的热交换装置，如扬料板、分格板等装置，可使原料扬起后均匀撒布在整个筒体截面上，以增加其传热效果。

干燥筒入口温度一般在 700 ~ 950℃（不得低于 700℃）内，方可加料，但应根据当班所干燥的原料类别、水分大小来控制调节入口电振给料机的给料量。并根据给料量的大小来控制加热炉的温度，以确保原料的干燥技术要求。一般入口原料块度不大于 50 mm，卸料端原料的水分应小于 1.5%，干燥筒出口温度为 100 ~ 150℃（不得低于 100℃），原料在干燥筒内停留时间应小于 30 min。

原料干燥后的水分含量原则上应越小越好，但是干燥后的原料的水分太少，在粉碎过程中的粉尘量大，会造成燃料和原料的浪费。一般应根据粉碎设备的性能要求来控制黏土原料中的水分含量。

干燥筒停止生产时，应待入口温度降到 300℃ 以下方能停机，以防筒体在高温下变形或损坏。

1.2.4　筛分

筛分的目的是将粉碎物料经筛网筛出大于筛网孔径的粗粒，再送入粉碎机内，并把小于筛网孔径的粉料筛分成几组不同粒级的粉料，供配料使用，从而提高粉碎机的生产能力，故筛分工序在耐火材料生产中占有相当重要的地位。

耐火材料生产用的筛分设备有固定斜筛和各种型号的振动筛。其中振动筛是常用的筛分设备，筛分效率达 90% 以上。而固定斜筛一般在 70% 左右，筛分效率较低。

根据配料粒度要求，有单层筛筛分和多层筛筛分。粒级配合允许在较大范围内波动时，采用单层筛分较合适，若产品粒级配合要求严格，采用多粒级配比，中颗粒含量特别低，则采用双层或多层筛分较好。单层筛分工艺流程简单，附属设备少，但粉料在贮料槽内偏析现象严重，使泥料粒度波动大。采用多层筛分，将不同粒级粉料分开，分别贮存，按粒级组成要求进行配合，则泥料粒度组成稳定，有利于稳定和提高制品的质量，但多层筛分的工艺流程较复杂，附属设备较多，选用时要根据制品质量、生产规模及具体生产条件来确定。

耐火材料生产中广泛使用的筛网有冲孔筛板、金属编制筛网等。

筛板和编制筛网的规格，各国大多定有标准，称为筛制。世界各国通用的筛网规格主要有英美的泰勒标准筛制、德国标准筛制和苏联标准筛制等。

耐火材料厂常用的筛网是泰勒制筛网。

复习思考题

1. 黏土的主要化学成分和矿物成分是什么?(初)
2. 简述使用耐火黏土的注意问题?
3. 简述铝土矿的分类?(初)
4. 简述使用镁质矿物原料的注意问题?
5. 简述使用硅质原料的注意问题?
6. 简述耐火原料加工的基本过程?

2　耐火原料加工设备操作技术

耐火材料原料加工的设备主要是指粉碎机械，根据处理物料尺寸的不同，可以粗略地分为破碎机和粉磨机两大类。破碎机又可分为粗碎机、中碎机和细碎机；粉磨机又可分为粗磨机、细磨机和超细磨机。但是这一分类方法很不严密，目前有许多粉碎机械就介于几个粉碎阶段之间。例如大型锤式破碎机和反击式破碎机等，在一个机械中可同时完成中碎和细碎操作。

按照机构和工作原理的不同，硅酸盐工业中常用的破碎机械有颚式破碎机、圆锥破碎机、辊式破碎机、锤式破碎机和反击式破碎机等。常用的粉磨机有轮碾机、笼式粉碎机、球磨机、辊式磨机、振动磨机和自磨机等。本章主要介绍耐火原料加工中常用的颚式破碎机、圆锥破碎机、辊式破碎机和球磨机的操作技术。

2.1　颚式破碎机的操作技术

颚式破碎机最早出现于1858年，它是由布莱克发明的。经过近150年的实践和不断完善，加上它的构造简单，坚固耐用，工作可靠，操作维修方便，能处理块度变化范围较大的物料，是粗碎和中碎作业使用最广泛的一种破碎机。所以，至今仍在冶金、矿山、化工、建材、耐火材料及其他工业部门广泛应用。

2.1.1　颚式破碎机的工作原理及类型

颚式破碎机的工作原理，如图2-1所示。

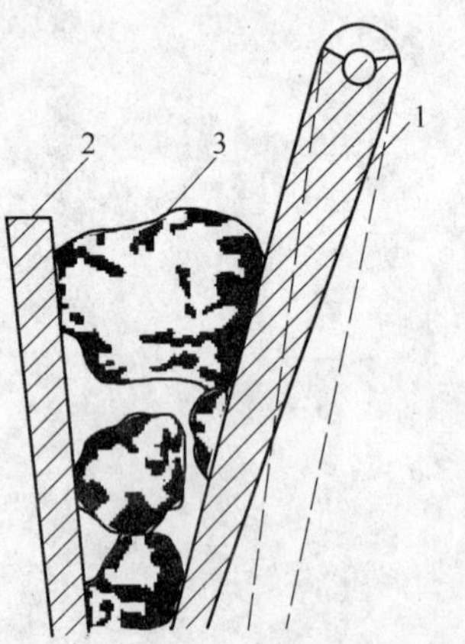

图2-1　颚式破碎机工作原理图

1—活动颚板；2—固定颚板；3—物料

颚式破碎机的工作，是靠活动颚板对固定颚板作周期性往复运动，时而靠近，时而离开。离开时大块物料由加料口落入颚板间，已被破碎的物料则由于重力作用而自动落下。靠近时，由于物料受到挤压、劈裂等作用而被破碎。

颚式破碎机一般按动颚的运动特征进行分类，主要有两种类型（图2-2*a*、图2-2*b*）。

（1）动颚作简单摆动的双推力平板机构（简摆式）的颚式破碎机。

（2）动颚作复杂摆动的单推力平板机构（复摆式）的颚式破碎机。

近年来，液压技术在破碎机设备上的应用，出现了液压颚式破碎机（图2-2*c*）。

大中型颚式破碎机多半制成简摆式，复摆式多用于中小型颚式破碎机。目前大型颚式破碎机已向复摆式发展。

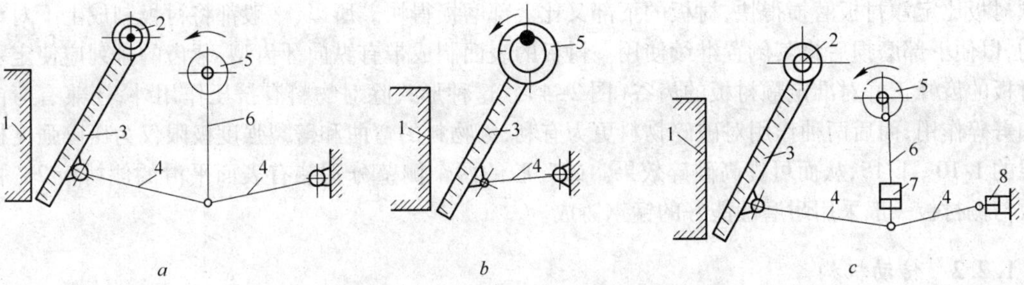

图 2-2　颚式破碎机的主要类型

a—简摆颚式破碎机；*b*—复摆颚式破碎机；*c*—液压颚式破碎机

1—固定颚板；2—动颚悬挂轴；3—可动颚板；4—前(后)推力板；5—偏心轴；6—连杆；7—连杆液压油缸；8—调整液颚油缸

2.1.2　颚式破碎机的构造

耐火材料厂现使用的大多是中小型复摆式颚式破碎机，如 PEF400×600 型破碎机。主要由破碎部件(即动颚与定颚)、传动机构、锁紧装置、调整装置和保险装置组成，参见图 2-3。

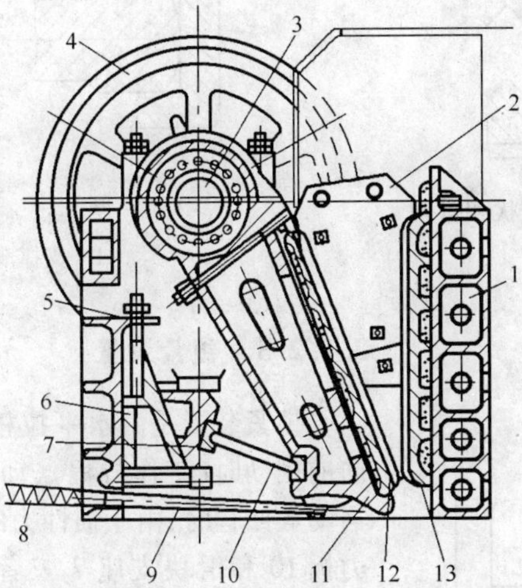

图 2-3　PEF400×600 复摆式颚式破碎机

1—机架；2—侧衬板；3—偏心轴；4—飞轮；5—调整螺栓；6—调整楔铁；7—滑块支座；8—拉紧弹簧；9—拉杆；10—推力板；11—动颚体；12—动颚衬板；13—定颚衬板

2.1.2.1　破碎部件

破碎部件主要由动颚和定颚构成。动颚是由动颚体 11 和动颚衬板 12 所组成。动颚衬板的下端支承在动颚体下端的凸台上，上端用楔铁靠螺栓紧固。定颚由机架 1 的前壁和定颚衬板 13 组成。为了防止定颚衬板 13 上下窜动，用螺栓把它紧固在机架 1 上。为使衬板受力均匀，衬板与机架 1 及动颚体 11 必须紧密接触，衬板与机架及动颚体之间要敷一层塑性垫片，如铅板、铝板或锌合金等，在中小型破碎机中一般采用灌锌或灌水泥的方法。动颚衬板和定颚衬板是直接与物料接触的工作件，工作时承受很大的破碎力及与物料的摩擦作用，故易损坏，需经常更换。动颚衬板比定颚衬板磨损得快，衬板的下部又比上部磨损得快。所以，一般都将衬板制成上下对称的，以便下部磨损后将其倒置继续使用。衬板的表面制成带有纵向牙齿型，牙齿的排列应使定颚衬板的齿峰正好对准定颚衬板的齿谷（图 2-4）。这种形式除对物料有挤压作用外，还兼有弯曲和劈碎作用，而后两种作用对破碎物料更为有利，因物料的弯曲和劈裂强度极限仅为压碎强度极限的 1/10 ~ 1/15，从而可提高破碎效果。破碎腔的两个侧壁分别装有表面平滑的侧衬板 2。衬板与侧衬板一般采用耐磨性能好的锰钢铸成。

2.1.2.2 传动机构

传动机构的作用是传递动力，减速和把电动机的转动转化为动颚的周期性摆动。动颚靠偏心轴支承和带动，偏心轴的轴承则采用滚动轴承（大型破碎机一般用滑动轴承）。当电动机转动时，通过三角皮带带动偏心轴 3 旋转，动颚体用滚动轴悬挂的偏心轴的偏心部分随之摆动进行破碎作用。推动板起支撑动颚的作用，其分别与动颚体 11 及滑块支座 7 中支撑滑块滚动接触（参见图 2-3），其滚动接触形式如图 2-5 所示，接触后并将破碎力传到机架后壁。工作时推力板承受挤压或弯曲作用，通常用灰口铸铁制成整体。

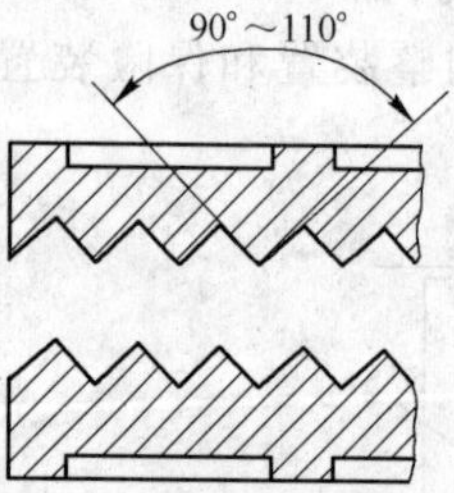

图 2-4 衬板的牙齿形状和排列

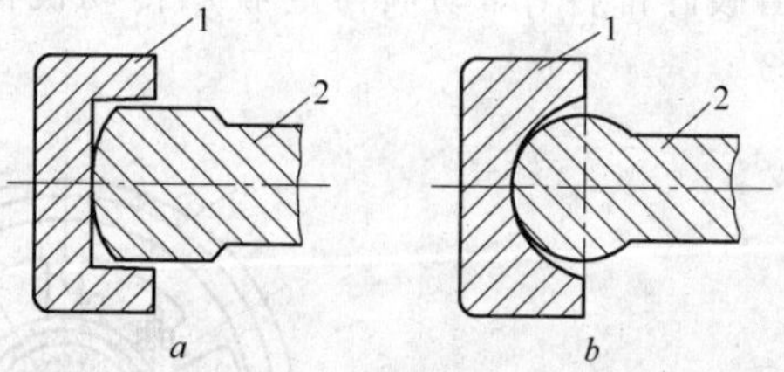

图 2-5 推力板的支撑

1—支撑滑块；2—推力板

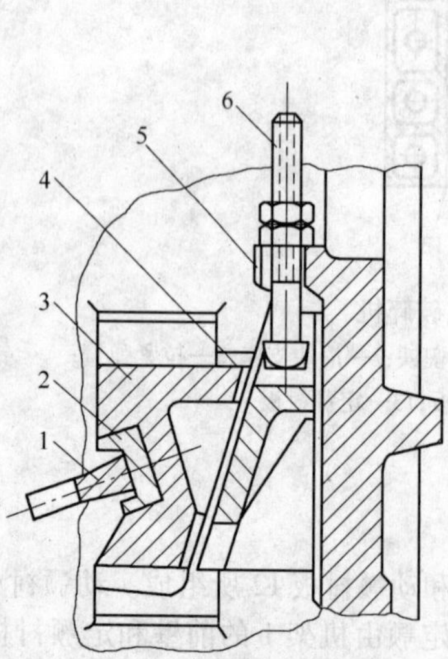

图 2-6 楔铁调整装置

1—推力板；2—滑块；3—滑块支座；4—调整楔铁；5—机架；6—调整螺栓

2.1.2.3 锁紧装置

锁紧装置是由水平拉杆 9 和弹簧 8 组成。当动颚向前摆动时（工作行程），动颚与推力板将产生惯性力；当动颚回程时，由于惯性力的作用，可能使动颚体 11、推力板 10 和滑块支座 7 三者脱开。为避免产生这种现象，将水平拉杆 9 铰接于动颚体的下部，另一端用弹簧 8 拉紧在机架 1 的后壁上。这样，当动颚工作时，弹簧被压缩；当空转行程时，靠弹簧力使上述三者保持紧密接触，并能促使动颚向回摆动以利于正常运转。

2.1.2.4 调整装置

调整装置的作用是调整排料口大小，如图 2-6 所示。为了满足产品粒度变化的需要，需解决工作衬板的磨损造成排料口增大，而导致的破碎物料粒度的逐渐变粗的问题，所以必须设置调整装置定期调整排料口的尺寸。其调整装置是在滑块支座 3 与机架 5 后壁之间，设有可升降的调整楔铁4,借助调整螺栓6可使调整楔铁4沿着机架的后壁上升或下降,通过滑块支座3、滑块2、推力板1带动动颚体向左或向右移动,使排料口增大或减小。

2.1.2.5　保险装置

保险装置是为了有效地防止颚式破碎机超负荷导致电动机或机器零件损坏而采用的一种安全措施。该机采用的是推力板作为保险装置。推力板10对动颚体除有支撑作用外,还用它来做保险装置。当破碎腔内进入金属物块或物料堵塞时,推力板因受突然超载而自行断裂,使动颚停止摆动,从而启动保护设备免受损坏。有时还采用更换不同长度的推力板的方法来调整排料口的大小。

2.1.3　颚式破碎机的规格型号和技术性能

颚式破碎机的规格以给料口的宽度和长度来表示。即 $B \times L$,其中 B 为给料口的宽度,L 为给料口的长度。由于工作时衬板上有牙齿,一般是以定颚(或动颚)的齿峰至动颚(或定颚)的齿谷作为给料口的宽度。例如PEF400×600表示复杂摆动式颚式破碎机的进料口宽度为400,长度为600。其中"P"、"E"、"F"分别为"破碎机"、"颚式"、"复杂摆动式"三词第一个字的第一个汉语拼音字母。当为简摆式则用"J"表示,如PEJ900×1200。表2-1列出了耐火材料厂常用的几种颚式破碎机规格及技术性能。

表2-1　颚式破碎机规格及技术性能

项目＼规格	PEF150×250	PEF250×400	PEF400×600	PEF600×900
进料口尺寸/mm	150×250	250×400	400×600	600×900
排料口调节范围/mm	10~40	20~80	40~160	75~200
最大进料粒度/mm	125	210	340	480
偏心轴转速/$r \cdot min^{-1}$	300	300	250	250
生产能力/$t \cdot h^{-1}$	1~4	5~20	17~115	56~192
电动机功率/kW	5.5	15	30	80
电动机转速/$r \cdot min^{-1}$	1500	1000	750	730
机器质量/t	1.1	2.8	6.5	17.6
公称破碎比	4~6	4~6	4~6	4~6

2.1.4　颚式破碎机的操作技能

正确操作是保证颚式破碎机连续正常工作的重要因素之一,操作不当或操作过程中的疏忽大意,往往是造成设备和人身伤亡事故的重要原因,正确操作就是严格按操作规程的规定执行,有以下几个步骤。

(1) 检查与准备操作有以下几项:

1) 检查紧固破碎机的各部位连接螺栓;

2) 检查各润滑点的润滑情况,补充注入充足的润滑油;

3) 检查并排除破碎腔内非破碎物和物料;

4）检查并调整排料口尺寸使之符合生产工艺要求，同时调整弹簧拉紧装置的松紧合适程度；

5）检查衬板磨损情况及推力板磨损情况；

6）检查各种电气设备及安全防护装置是否完好。

当以上几项准备工作完成以后，方可操作颚式破碎机。

（2）开机操作。为了保证颚式破碎机生产过程的连续性，作业线上各设备的开车顺序按工艺过程的方向从后到前进行（停车顺序则相反），即皮带运输机→颚式破碎机→电振给料机。其操作步骤为：

1）开车启动前应向皮带运输机操作岗位发出开车启动信号（电铃）；

2）当皮带运输机操作工返回信号（回铃、信号灯亮）、启动皮带运输机并运转正常后，方可启动颚式破碎机；

3）待颚式破碎机运转正常（空转1～2 min），再开启点振给料机进行给料。

（3）产品粒度的工艺调整操作。破碎机的衬板在工作中不断遭受磨损，排料口宽度逐渐变化，为保证破碎产品的粒度符合要求，必须及时调小排料口。调节排料口时，可利用机架后部楔形铁调节装置进行。借助推力板支座与机架后壁之间的两个楔块的相对移动来实现破碎排料口的调整。调整操作时，可转动螺栓上的螺帽，使调整楔块4沿着机架的后壁作上升或下降移动，带动滑块2向前或向后移动，从而带动推力板和动颚，以达到排料口调整的目的。此法可以达到无级调整，调整方便。楔形调节装置上升时，排料口变小，反之则加大。

颚式破碎机的排料口宽度应在允许的排料口调整范围内进行调节，但不得小于允许值的最小排料口宽度。因为排料口太小，一方面使生产效率降低，另一方面使两颚板间夹角增大，有可能夹不住物料，造成破碎腔堵塞的故障。故排料口只能按破碎机说明书规定在允许的范围内调节。

（4）停机操作。破碎机停车前，必须首先断开电振给料机电源，停止向破碎机内给料，待破碎腔内的物料完全破碎排除后，才能关闭破碎机主电动机电源，其后向皮带运输机操作岗位发出停车信号（铃声），其过程为：关闭电振给料机电源→待破碎腔物料破碎完全并排除→关闭破碎机电动机电源→向皮带操作岗位发停车信号→停止皮带机运转。

（5）操作注意事项如下：

1）操作中必须注意均匀给料，物料不能挤满破碎腔，所要破碎的物料块的最大尺寸不应大于进料口宽度的0.85倍。对于PEF250×400颚式破碎机，其给料块度应小于210 mm；对于PEF400×600颚式破碎机，其给料块度应小于340 mm。破碎机开始正常工作后，应经常观察给料情况，严防金属物块等非破碎物进入破碎机，一旦发现这些物体进入破碎腔而又通过该机排料口时，应立即通知皮带运输岗位及时取出，以免进入下一段破碎机，造成设备事故。

2）破碎机必须空载启动，启动后经一段时间，运转正常后方可开动给料设备。应当注意，破碎机因故障突然停车，当事故处理完毕准备开车以前，必须清除破碎腔内积压的物料，方可重新启动开车运转。

3）运转中，如果发现进料口被物料口卡住或物料在破碎腔内堆积过多而将破碎腔堵塞，应该暂停给料，用钢钎或者钩子翻动疏通，严禁用手直接钩翻物料。若采用上述方法仍不能解决问题时，则应及时停机处理。

4）机器运转中，应该采取定时巡回检查，通过看、听、摸等方法观察破碎机各部件的工作状况、各润滑点的润滑状况和轴承温度。如听到破碎机有激烈的非正常撞击声，说明联接零件松弛或推力板安装得不正常，应检查并停机排除；如果用手触摸轴承外壳感到烫手，轴承温度超过

60℃以上时,必须停止运转,进行检查;如轴承温度很高时(微红并冒青烟,有油脂焦煳味),应立即停止运转,及时采用有效措施降低轴承温度,如:加大给油量、强制通风或者采取水冷却等。待轴承温度下降后方可停车进行检查和排除故障。

5）为确保破碎机的安全运转,不允许不熟悉操作规程的人员单独操作破碎机。

6）切记在调整减小排料口的同时,要适当放松拉紧弹簧,否则有可能造成弹簧或弹簧拉杆损坏。

(6)常见故障判断与排除方法。耐火材料生产设备操作工人不但要熟悉生产工艺过程,而且还要熟悉掌握本岗位所属生产设备的操作、维护以及判断常见的故障,知道故障发生原因,懂得排除方法,做到"三好"(管好、用好、修好设备)、"四会"(会使用、会维护、会小修、会排除设备故障)。

1）一般常见故障的原因分析和排除方法。在日常生产维护中常见的故障判断,原因分析和排除方法可参见表2-2。

表2-2 颚式破碎机常见故障及其产生原因和排除方法

故　障	原因分析	排除方法
破碎产品粒度增大	1. 工作衬板下部磨损程度超过了技术要求; 2. 排料口尺寸调得过大	1. 更换或调头使用衬板; 2. 调整排料口
推力板发出撞击的声响	1. 弹簧、拉紧装置拉力不足; 2. 弹簧失效或损坏; 3. 支承滑块严重磨损或松弛;推力板头部严重磨损	1. 将弹簧、拉紧力调整合适程度; 2. 更换弹簧; 3. 检查推力板支撑坐垫,若超过了规定尺寸则更换
破碎机工作中听到金属的撞击声,破碎齿板抖动	破碎腔侧衬板和工作衬板松动,固定螺栓松动或断裂	拧紧楔块和衬板上的固定螺栓,或者更换工作齿板上的固定螺栓
飞轮回转,破碎机却停止工作,推力板从支撑滑块中脱出	1. 弹簧损坏; 2. 弹簧拉杆拉坏; 3. 拉杆螺帽松脱或滑扣	1. 更换弹簧; 2. 更换弹簧拉杆; 3. 拧紧或更换拉杆螺帽
排料口尺寸无法调整	1. 调整丝杆滑扣; 2. 楔铁、顶板座、推力板磨损严重	1. 更换调整丝杆; 2. 更换楔铁、顶板座及推力板
偏心轴瓦或瓦座有异常响声	1. 间隙过大; 2. 轴承损坏	1. 重新调整间隙或更换轴瓦; 2. 检查并更换轴承
破碎机振动	地脚紧固螺栓松动,特别是组合机架的螺栓松弛或轴承压盖螺栓松弛	拧紧或更换松弛的连接、紧固螺栓
剧烈的劈裂声后,动颚停止摆动,飞轮继续回转,拉杆弹簧松弛(连杆摇晃)	1. 破碎腔掉入非破碎物体使推力板折断; 2. 推力板的支撑垫破损或推力板脱落	1. 更换推力板; 2. 检查更换推力板支撑垫或重新安装推力板
破碎机的转速慢或皮带打滑	皮带松弛或拉长	调整皮带的张紧力或更换新皮带
轴承温度超过60℃	1. 滑动轴承、轴瓦间隙过小或磨损量超过了规定值; 2. 滚动轴承损坏(保持架或滚柱破损); 3. 润滑油不足或过量,油路堵塞; 4. 油质不好有杂质; 5. 皮带轮皮带过紧; 6. 主轴弯曲; 7. 过载	1. 检查并重新调整轴承间隙,或刮研整修轴瓦; 2. 检查更换滚动轴承; 3. 加大或减小润滑油量清洗油路; 4. 更换新润滑油; 5. 调整皮带的紧张程度; 6. 在技术条件允许的情况下,对轴承进行校直处理,否则换新轴; 7. 给料须均匀

2）故障处理实例如下。

① 颚式破碎机运转中突然停电的处理：当颚式破碎机在运转中突然停电，此时应首先将设备电源关闭，然后将破碎腔内的物料全部清除，并检查机器是否正常。当恢复通电时，再按前面所述开车操作顺序进行操作（注意：停电后破碎腔内物料没有清除时，严禁重新启动破碎机，否则将造成破碎机带负荷启动以致过载而损坏电动机或机器零件）。

② 更换（或掉头使用）工作衬板：在更换工作衬板时，应将设备电源断开，并挂上“检修设备，严禁合闸”的警示牌，拆除破碎机的安全封闭罩，在破碎机进料口上方悬挂一只起重葫芦，将颚板与衬板的固定螺栓松开，用手锤敲下楔块，再用一多股钢丝绳拴住颚板衬板，拉动葫芦链条起吊至颚口外，视衬板磨损情况决定调头使用或更换。将决定调头的衬板旋转180°，用多股钢丝绳拴住，用葫芦吊至颚口，再放进颚板凹槽内，用固定螺栓将颚板、衬板穿好大致固定，将楔块用手锤敲进楔槽内，再用活动扳手或套筒将联接螺栓紧固，将安全封闭罩装上，用螺栓将封闭罩与机体拧紧。在试机前用手盘三角皮带轮，运转应轻便灵活，无沉重卡死感觉，至此可合闸试机。

2.2 圆锥破碎机的操作技术

圆锥破碎机是耐火材料厂的主要破碎设备之一。它由盖茨于1883年发明并研制。因其破碎作用主要是挤压，所得的颗粒料中细粉量小，粗颗粒量大，且呈棱角状，有利于配料和提高制品的密度和强度，称为耐火材料生产中用于物料中碎、细碎的主要设备。如黏土熟料、高铝熟料、烧结镁砂、硅石等，均以圆锥破碎机作为二次破碎主要设备。

2.2.1 圆锥破碎机的工作原理

圆锥破碎机的工作原理与颚式破碎机工作原理基本相似（图2-7）。它的工作部件是由两个截头圆锥体，即由活动圆锥（动锥）5和固定圆锥（定锥）4组成。动力由电动机1经一对圆锥齿轮2和3带动偏心套8转动，偏心套8又带动主轴9回转，从而使动锥5以O为中心绕破碎机中垂线做锥面旋摆运动。动锥的锥面时而靠近时而离开定锥锥面，使物料在破碎腔6

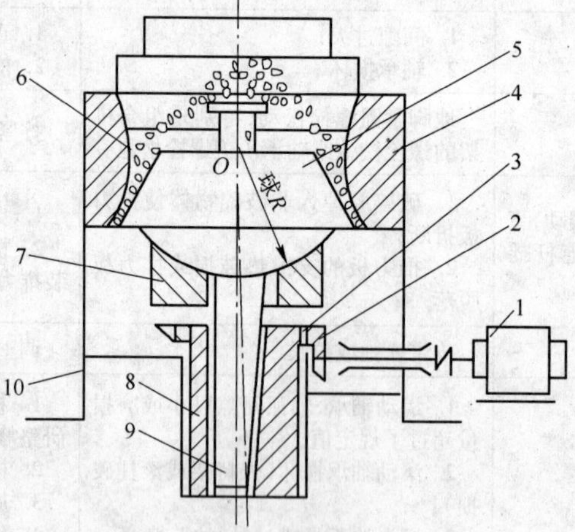

图2-7 圆锥破碎机破碎原理图

1—电动机；2—小圆锥齿轮；3—大圆锥齿轮；4—定锥；5—动锥；6—破碎腔；7—球面轴承；8—偏心套；9—主轴；10—机架

内不断受到挤压和弯曲作用而破碎，被破碎的物料靠自重和离心力沿动锥斜面滑下，从破碎腔底部排出。

圆锥破碎机按照使用范围分为粗碎、中碎和细碎三种。粗碎圆锥破碎机又叫旋回破碎机。中、细圆锥破碎机又叫菌形圆锥破碎机。

中、细碎圆锥破碎机可分为：标准型（中碎用）、中间型（中、细碎用）和短头型（细碎用）三种。三者的区别主要在于：破碎腔剖面形状和平行带的长度 L 不同，其形状见图 2-8，破碎腔的尺寸见表 2-3。

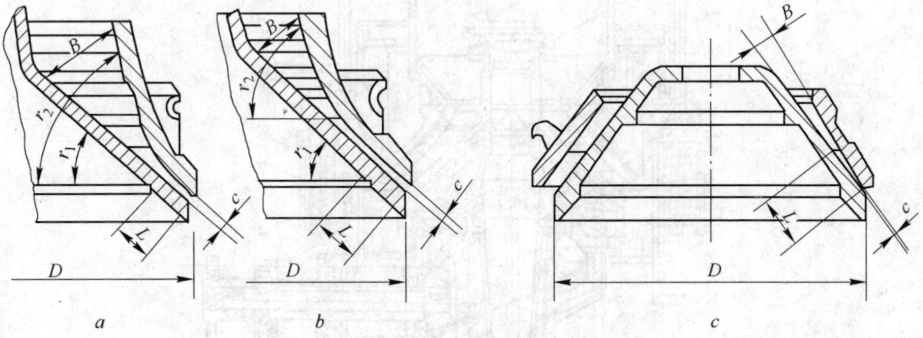

图 2-8 圆锥破碎机破碎腔剖面图

a—标准型；*b*—中间型轮；*c*—短头型

表 2-3 圆锥破碎机的破碎腔尺寸

尺寸/mm ＼ 型式	标准型					中间型				短头型				
规格 D	600	900	1200	1750	2200	900	1200	1750	2200	600	900	1200	1750	2200
给料口尺寸 B	75	135	170	250	350	70	115	215	275	40	50	60	100	130
排料口尺寸 c	12～25	15～50	20～50	25～60	30～60	5～20	8～25	10～30	10～30	3～13	3～13	3～15	3～15	3～15
平行区长度 L	60	75	100	150	170	90	120	150	200	125	150	200	275	350

标准型平行带 L 最短；短头型平行带 L 最长；中间型介于它们两者之间。此外，中、细碎圆锥破碎机按保险方式和排料口调整装置的不同分为弹簧圆锥破碎机和液压圆锥破碎机。

2.2.2 圆锥破碎机的构造

耐火材料生产使用的大都是中、细碎短头型弹簧圆锥破碎机，如图 2-9 所示，因为它的破碎腔圆锥面缓斜，有较长的平行带，物料在平行带受到不只一次的挤压，破碎的物料粒度均匀，生产效率高。其主要构造是由机架、破碎部件、传动机构、调整与锁紧装置、保险装置、给料装置、防尘装置和润滑系统等部分组成。

2.2.2.1 *破碎部件*

破碎部件由动锥和定锥组成。它们均用耐磨材料高锰钢制成，动锥主要由动锥体 6、动锥衬板 15 和主轴 22 等组成。动锥体 6 压装在主轴 22 上，动锥体与动锥衬板之间应浇注锌合金，以保证它们的紧密结合，主轴下部呈截锥形插入偏心套 18 的锥形孔中，当偏心套转动时就带动动锥作旋摆运动。整个动锥的重量及破碎力的垂直分力都是由球面轴承架 5 来承受的。为此，动锥体 6 的下部表面必须做成球形，并与青铜球面轴瓦 16 有相同的球径，球面轴瓦 16 与装配在机架 20 上的球面轴承架 5 用埋头螺钉固定在一起，则动锥所受的全部荷载均由机架承担。

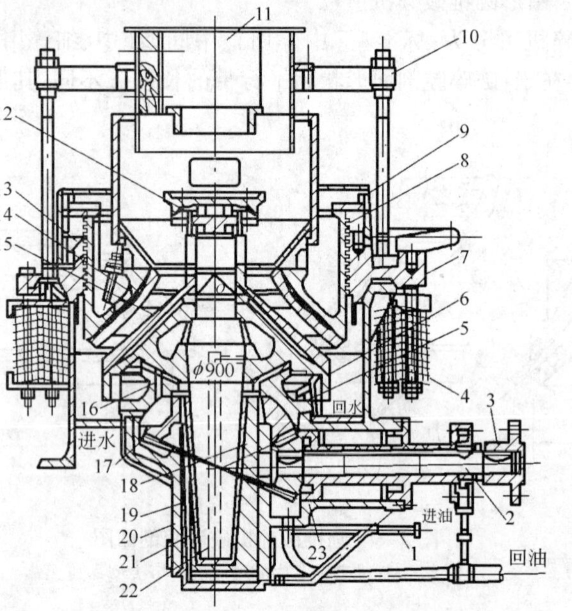

图 2-9 ϕ900 短头型圆锥破碎机

1—进油管；2—传动轴；3—联接轴；4—保险弹簧；5—球面轴承架；6—动锥体；7—支撑套；8—调整套；9—防尘罩；10—支架；11—进料箱；12—分配盘；13—锁紧套；14—定锥衬板；15—动锥衬板；16—球面轴瓦；17—大圆锥齿轮；18—偏心套；19—大衬套；20—机架；21—锥形衬板；22—主轴；23—小圆锥齿轮

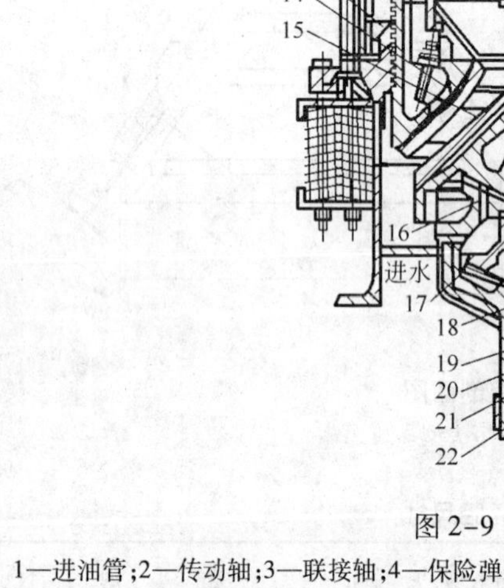

图 2-10 支撑环与弹簧的安装

1—支撑环；2—支撑环与机架的接触面；3—机架；4—防尘毡圈

定锥主要是由定锥衬板 14 和调整套 8 组成。定锥衬板是 U 形螺栓悬挂在调整套 8 的径向筋上。为了保证紧密接触，它们之间也应浇注锌合金。调整套 8 与支撑套 7 用螺纹连接，而支撑套 7 又用保险弹簧 4 借助弹簧螺杆装在机架上部。弹簧工作高度 H 应按设备使用要求调整，PYD900 的 H 为 327 mm（图 2-10）。

2.2.2.2 传动装置

圆锥破碎机传动装置的作用是把电动机的旋转运动转化为动锥的旋摆运动。电动机的运转通过弹性联接轴 3、传动轴 2、小圆锥齿轮 23 传递给大圆锥齿轮 17。大齿轮 17 与偏心套 18 之间为静配合，并用键联接，偏心套 18 装在机架 20 里面的大衬套 19 中，在偏心套内镗有锥形孔，孔内镶有锥形衬套 21、动锥主轴 22 的下端就是装配在此衬套中，整个偏心套的重量均由底部的止推轴承承受，止推轴承又坐落在机架的底盘上。为了减少摩擦，止推轴承由三个圆垫组成：最上面的是钢垫,用销钉与偏心套联接,两者共同旋转;最下面的是钢垫和机架联接;中间是青铜垫,可做相对运动。

当偏心套 18 旋转时,主轴 22 的中心线以破碎机的中垂线为轴在空间画一个圆锥面,使动锥体 6 绕点 O 做旋摆运动,动锥的锥面时而靠近时而离开动锥的锥面,使物料在破碎腔内不断受到挤压、弯曲作用而被破碎。

2.2.2.3 调整与锁紧装置

根据耐火材料制品粒度的要求及动、定锥衬板的磨损程度,圆锥破碎机排料口的大小必须是可以调节的,同时为防止调整后排料口由于振动而变动,还设有锁紧装置。

调整与锁紧装置如图 2-11 所示,主要由调整套 4、支撑套 9、锁紧套 5、防尘罩 1、推动缸 11 和锁紧缸 8 等组成。

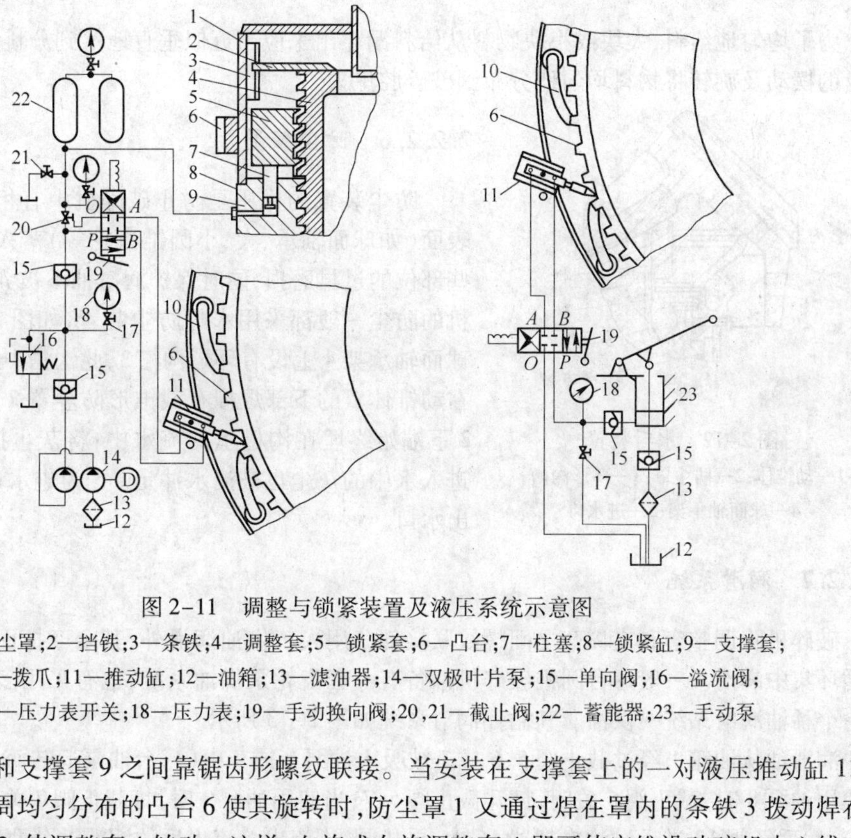

图 2-11 调整与锁紧装置及液压系统示意图

1—防尘罩;2—挡铁;3—条铁;4—调整套;5—锁紧套;6—凸台;7—柱塞;8—锁紧缸;9—支撑套;10—拨爪;11—推动缸;12—油箱;13—滤油器;14—双极叶片泵;15—单向阀;16—溢流阀;17—压力表开关;18—压力表;19—手动换向阀;20,21—截止阀;22—蓄能器;23—手动泵

调整套 4 和支撑套 9 之间靠锯齿形螺纹联接。当安装在支撑套上的一对液压推动缸 11 推动防尘罩 1 外周均匀分布的凸台 6 使其旋转时,防尘罩 1 又通过焊在罩内的条铁 3 拨动焊在调整套上的挡铁 2,使调整套 4 转动。这样,左旋或右旋调整套 4 即可使定锥沿破碎机中心线上升或下降,从而达到调整排料口大小的目的。当排料口调整好之后,再用拨爪 10 卡住防尘罩的凸台,以防止由于振动产生退扣;同时用装载支撑套 9 和锁紧缸 8 上的柱塞 7 顶压锁紧套,使锯齿形螺纹联接双向贴近,防止螺纹松动,可保证排料口大小不变。

圆锥破碎机排料口的调整与锁紧动作,是由手动液压装置来控制的。其液压系统如图 2-11 所示。

2.2.2.4 保险装置

圆锥破碎机的保险装置是装在机架一圈的多组弹簧,参见图 2-9。定锥与支撑套 7 靠锯齿形螺纹联接，而支撑套又借助于弹簧4的压力使它与机架上部贴紧，保险弹簧4具有保证正常破碎所具有的初压力。当金属块或其他不能破碎的物料进入破碎机时，动锥与支撑套向上抬起使弹簧产生压缩，以增大动锥与定锥表面间的距离，使非破碎物料从排料口排出，以保护破碎机不受损坏，然后定锥与支撑套借助弹簧的弹力恢复原位。这样能在一定程度上保证破碎机的安全。目前，在圆锥破碎机上，国内外已经采用了很有发展前途的液压保险装置。

2.2.2.5 给料装置

圆锥破碎机的给料装置主要由给料漏斗、进料箱11和分配盘12组成，参见图2-9。给料装置的作用是保证给入的物料顺利和均匀地分布在动锥周围的破碎腔中。否则会引起破碎机过负荷，并使破碎锥及调整环的衬板过早磨损，同时也会造成粒度不匀，并使产量下降。因而均匀地给料对确保破碎机最大生产能力、避免定锥衬板局部过早磨损，获得均匀的产品粒度都具有重要意义。

为了均匀地给料，大块或小块物料从给料漏斗出来应当近似垂直地落到分料盘上，然后由分料盘的摆动及旋转将物料均匀地分布到破碎腔里去。

2.2.2.6 防尘装置

防尘装置的作用是防止破碎机中有相对运动的润滑表面（如球面轴承、大、小圆锥齿轮等）落入灰尘。避免这些部位的过早磨损，同时保护润滑油不被弄脏。圆锥破碎机的防尘一般都采用水封防尘装置，如图2-12所示。在球面轴承架4上设有环形沟槽3，此沟槽中通入流动的水，在动锥体1的下部焊接有截锥形防尘罩2，工作时防尘罩2下端始终埋在沟槽里的流水中，将灰尘挡在外面，部分进入水中的灰尘也被流水冲走。5为进水口，另一端设有出水口。

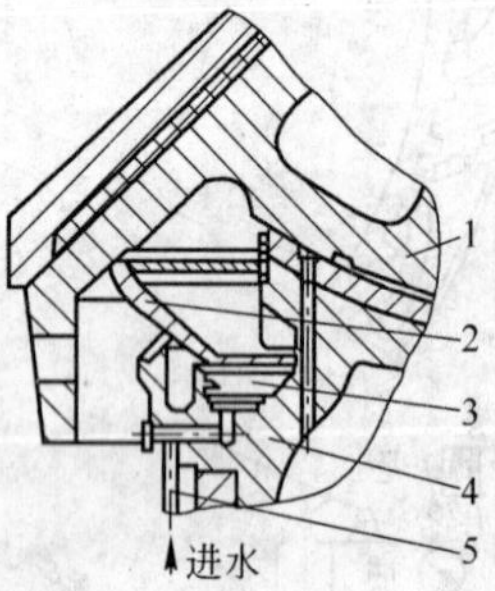

图2-12 水封装置
1—动锥体；2—防尘罩；3—环形沟槽；4—球面轴承架；5—进水口

2.2.2.7 润滑系统

破碎机除调整套和支撑套之间螺纹联接部分用人工供油润滑外，其余摩擦面均采用稀油强制循环集中润滑。一般每台圆锥破碎机都备有一套齿轮泵供油系统，也有采用多台圆锥破碎机靠一个稀油润滑站统一供油。其循环润滑系统如图2-13所示。

润滑油从油箱1经过截止阀5、6或7被吸入油泵8或9中（一台油泵运转而另一台是备用。当使用油泵8时，截止阀6关闭，打开截止阀5、7；当使用油泵9时，将截止阀7关闭，打开截止阀5、6），然后经阀12进入过滤冷却器16中，再从阀14流出。流出后的润滑油分两路，一路进入偏心轴套下部，沿主轴与锥衬套间隙和偏心轴套与直衬套间隙上升，到顶端后落到伞齿轮上，然后由下部回油孔回到油箱去。与此同时一部分油沿主轴中心孔上升到球面轴承进行润滑，之后从轴承上的回油孔落到伞齿轮上，回到油箱；另一路润滑油从传递轴承，经过小伞齿轮下部回油孔及传动轴架上的回油孔经用虚线表示的回油管回到油箱。

润滑油的牌号，一般冬季采用L-AN32号或L-AN46号润滑油；春秋季用L-AN68号润滑油；夏季用L-AN100号润滑油。也可按设备使用说明书要求选用润滑油。

循环油不仅保证全部摩擦表面得以润滑，而且还可将摩擦表面产生的热量带走。因而，控制破碎机润滑系统的油温、油量和油压，对于保证润滑系统的正常工作是十分重要的。

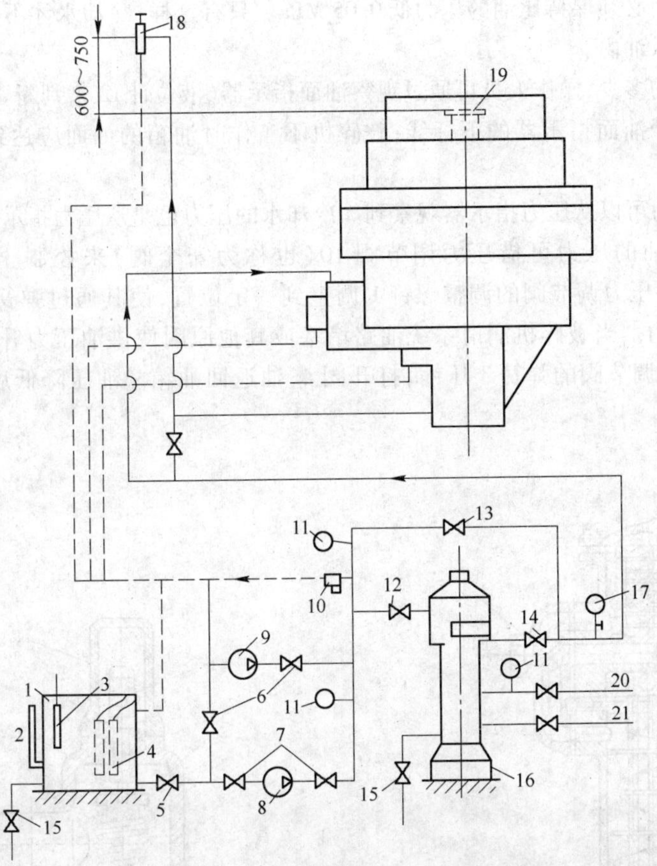

图2-13 中细碎圆锥破碎机的循环润滑系统

1—油箱;2—油面指示器;3—温度计;4—加热器;5,6,7,12,13,14,15—截止阀;8,9—润滑油泵;10—安全阀;11—压力指示器;16—过滤冷却器;17—油压继电器;18—可调节的油流指示器;19—分配盘;20—进入冷却器的水;21—由冷却器排出的水

润滑油回油温度通过温度计3随时观察,借助于调节过滤冷却器16的水量来控制。冬季油温太低时,可利用加热器4自动加热。

润滑油可通过过滤冷却器清除杂质,保证油质纯洁,并冷却降温。当过滤冷却器堵塞或维修时,润滑油可不经过它(关闭截止阀12、14,打开截止阀13)而绕道经过截止阀13继续给破碎机供应润滑油。

过滤冷却器是一个直立的圆柱形铸件,如图2-14所示。它由上、下两部组成。上部是网式过滤器1,下部是冷却器2,冷却水在冷却器的管内循环流动,润滑油则流过管子的外部,即流过管间空隙。冷却水的温度可以在5~25℃范围内变动。冷却水愈冷,油液就冷却得愈发强烈,润滑油的消耗量也会愈少。润滑油经过滤器处理后的标准温度为30~35℃,最高温度为45℃。

网式过滤器必须定期清洗。根据装设在过滤冷却器前后的压力计所示的压力差可以判断过滤网清洁状况。过滤冷却器前后的压力降值为0.1 MPa时,必须清洗过滤器。

转动过滤冷却器转阀3,可以使润滑油流经冷却器而不经过过滤器。因此,清洗过滤器可以不关闭冷却器。但是不经过滤器供给润滑油的工作时间不能超过30 min。

冷却水的压力必须保持比油的压力低 0.05 MPa。只有这样，冷却水才不会渗过冷却管板上的不严密处而进入油内。

油箱中油量的多少，操作人员可通过观察油面指示器（液位计）2 来判断。破碎机工作时，油箱中的油面不低于油面指示器的下标线；破碎机不工作时油箱的油面应达到油面指示器的上标线。

润滑油的压力可以从压力指示器观察到。冷却水的压力也是从压力指示器观察到的。

破碎机润滑油的压力可借压力调节阀 10（也称为安全阀）来控制。安全阀的结构如图 2-15 所示。将压力调节阀的调整螺钉 1 调整到一定位置，使其通过弹簧座 2 压缩弹簧 3，给阀 4 一定的压力。当破碎机润滑系统油路堵塞或其他原因使供油压力升高时，在升高的油压作用下，油压将调节阀的弹簧 3 压缩，打开阀 4，油返回油箱。油压降低后在弹簧 3 的作用下，阀 4 自动关闭。

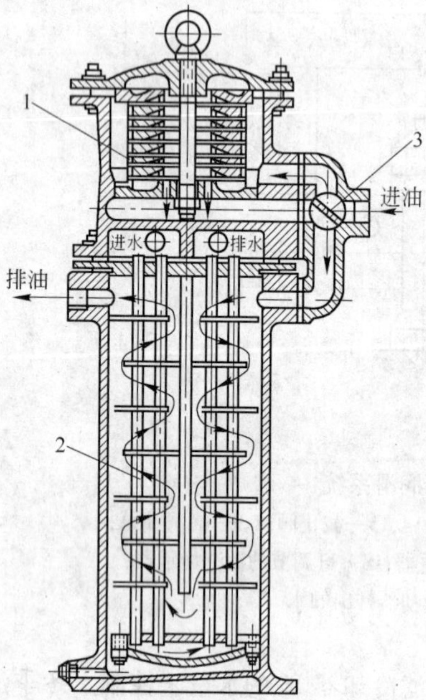

图 2-14 过滤冷却器

1—网式过滤器；2—冷却器；3—转阀

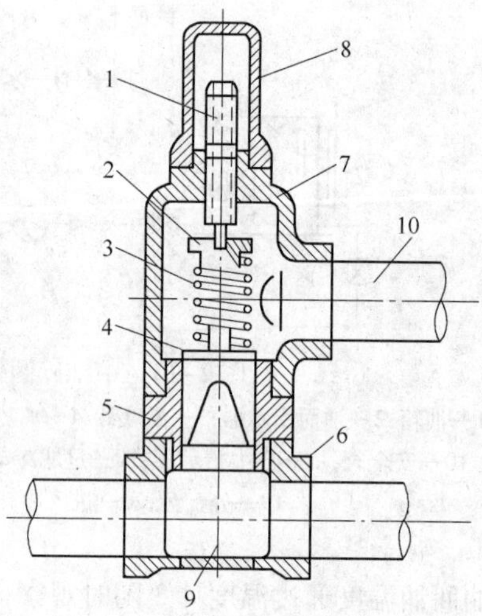

图 2-15 压力调节阀

1—调整螺丝；2—弹簧座；3—弹簧；4—阀；5—阀体；6—三通；7—阀套；8—罩；9—进油管；10—排油管

油路中压力表指示的油压应在 0.05～0.12 MPa 范围内。当油压太低时，图 2-13 中油压继电器 17 使破碎机的电动机断电，机器停止运转。

在圆锥破碎机润滑系统中，装有可调节的油流指示器 18（见图 2-13），它是供操作人员随时观察破碎机偏心部件润滑情况用的。

润滑系统的油泵电动机与破碎机电动机必须连锁起来。这样做，不开动油泵电动机，破碎机电动机就开动不起来，借以保证破碎机运转之前能得到充足的润滑油。若在运转中油泵自动停机，则破碎机也随之停机，避免机械损坏。

新安装的破碎机在最初 3～4 个月内，润滑油每 1～1.5 个月更换一次，以后 3～4 个月更换一次，并且要定期补充润滑油。

2.2.3 圆锥破碎机的规格型号和技术性能

圆锥破碎机的规格是用动锥底部直径来表示，形式则用汉语拼音表示，P 代表破碎机，Y 代表圆锥，B 代表标准型，Z 代表中间型，D 代表短头型。如 PYD900，则表示为短头型圆锥破碎机、动锥底部直径为 900 mm。表 2–4 列出了部分中、细碎圆锥破碎机的规格和技术性能。

表 2–4 中细碎圆锥破碎机规格和技术性能

参数		破碎机形式					
		PYB900	PYZ900	PYD900	PYB1200	PYZ1200	PYD1200
动锥底部直径/mm		900	900	900	1200	1200	1200
进料口宽度/mm		135	70	50	170	115	60
推荐最大给料尺寸/mm		115	60	40	145	100	50
排料口调整范围/mm		15 ~ 50	5 ~ 20	3 ~ 13	20 ~ 50	8 ~ 25	3 ~ 15
动锥转速/$r \cdot min^{-1}$		340	340	340	300	300	300
主电动机	型号	Y 型	Y 型	Y 型	Y 型	Y 型	Y 型
	功率/kW	55	55	55	110	110	110
	转速/$r \cdot min^{-1}$	735	735	735	735	735	735
	电压/V	380	380	380	220/380	220/380	220/380
弹簧总压力/kN		700	700	700	1500	1500	1500
产量/$t \cdot h^{-1}$		50 ~ 90	20 ~ 65	15 ~ 50	110 ~ 168	42 ~ 135	18 ~ 105
机器质量/t		11	11	11	23	23	23

2.2.4 圆锥破碎机的操作技能

圆锥破碎机的构造虽然比较复杂，但只要操作工人了解和掌握正确的使用操作方法，就能生产出合格的产品，延长机器的使用寿命。

2.2.4.1 检查与准备操作

圆锥破碎机开机前必须进行下列检查工作：

(1) 检查调整排料口宽度使之符合规定尺寸，检查破碎腔内是否有物料和其他杂物，如有必须排除。

(2) 检查油箱中的油位及油温。油位高度不得低于油箱中液位指示器所示的最低极限油位，油温不宜低于 20℃。如果低于 20℃，则应使用电热器加热。

(3) 将水管阀门打开，使之向水封防尘装置供水并检查其排水情况。防尘装置的供水水压应比润滑油压低 0.05 MPa，以免水渗到油里去，一般控制在 0.025 ~ 0.05 MPa 范围内。

(4) 检查各种电器连锁、联络装置和通风除尘设施及安全防护等装置是否完好。

做了以上检查并确信无误时，才可进行开机操作。

2.2.4.2 开机操作

(1) 启动通风除尘设备，使之运转正常。

(2) 开动润滑供油泵，其工作稳定油压最低不得低于0.05 MPa，最高不得高于0.15 MPa，过滤冷却器冷却水的压力应比油压低0.05 MPa，以免水渗到油里去，根据油流指示器、压力表、温度表检查全部润滑设备的工作情况。

(3) 润滑供油泵运转3～5 min，待回油正常后，用手盘动破碎机使之能轻便的运转2～3转，则可向中心电磁站发出可以开机信号，并同上、下工序联系，按下列顺序操作开机：提升机→对辊→圆锥破碎机。

(4) 待破碎机启动空转1～2 min并一切正常后，即可通知前道工序——皮带运输机操作岗位开动皮带机进行给料。

2.2.4.3 产品粒度的工艺调整操作

圆锥破碎机工作时，应力求有较小的排料口，才能得到较多的细颗粒产品，以便提高球磨机生产率，降低细磨费用。因此要求操作人员必须根据圆锥破碎机衬板磨损情况，及时调整排料口。

圆锥破碎机的排料口宽度是利用调整环与支撑套间的锯齿形螺纹来升降调整环进行调整的。调整的方法参见图2-11。

(1) 停止破碎机给料，打开截止阀21，将锁紧油缸卸荷，使锯齿形螺纹放松，再把截止阀21关紧；对无锁紧缸而用拉紧螺栓拉紧的破碎机，则应先放松调整环的拉紧螺栓，解除螺栓的拉紧力。

(2) 将手动换向阀放到*PA*通、*BO*通的位置，参见图2-11，启动叶片油泵或压动手松液压泵，压力油从*A*孔进入推动缸使其推动头向前推进，从而带动调整套向右或向左转动，借助锯齿形螺纹传动使得固定锥上升或下降，实现排料口的调整。

(3) 当推动缸向前推过一个凸台的行程后，拨爪由于拉伸弹簧的作用向回摆动，落在另一个凸台位置上，卡住支撑套。为使推动缸复位，将手动换向阀放到*PB*通、*AO*通的位置，压力油从*B*孔进入推动缸，推动头后退复位。

(4) 需要反向调整排料口时，可将推动缸以*O*点为中心旋转，使推动头与另一拨爪接触再按上述程序进行调整。

(5) 排料口调整完毕，再将手动换向阀放到中间位置(各向都不通)，打开截止阀20，当油压达到10 MPa后，关闭截止阀20，停泵。此时锁紧螺母顶起调整套，使锯齿形螺纹紧密接触(对无锁紧缸的破碎机，则应将拉紧螺栓紧固)。

调整以后的排料口宽度不允许小于规定调整范围的最小尺寸(对于PYD900，排料口宽度不得小于3 mm)，并用铅块通过排料口测量其尺寸。经过加工的新衬板测量一点即可。如果是未经加工或已磨损的衬板应测量6～8点。排料口达到要求宽度后，将支撑套及调整套的固定装置全部装好，否则不允许开机工作。

为了避免调整套转动困难，必须定时向调整套与支撑套的丝扣里加油，每月不管是否需要调整排料口，必须将它转动两次。

2.2.4.4 停机操作

停机操作的顺序如下：

(1) 停止给料(发信号给皮带运输机岗位，通知其关机停止给料)；

(2) 破碎机继续运转，将已经进入破碎腔内的物料完全破碎并排出；

(3) 关闭破碎机的主电机；

(4) 停止润滑油供油泵；

(5) 发出信号给斗式提升机岗位，通知其停机；

(6) 停止通风防尘设备的运转；

(7) 在冬季停机以后应将水封中的水放净，以免冻结。

2.2.4.5 操作注意事项

圆锥破碎机在负荷运转中，当班操作人员必须遵守和注意下列事项：

(1) 水封防尘装置防水必须控制水量，并经常观察检查水封防尘装置的排水(如无排水则应停机检查，如果排水中有油是因为球面轴承座上的回油环槽或回油孔堵塞了，应采取措施疏通)，使水封槽内水面高度适中，以防从某些间隙流到外部。

(2) 根据对破碎产品粒度的要求与衬板的磨损程度，每隔1~2周定期调整排料口(排料口间隙的测量可用铅块或铝块在破碎腔四个相对称的位置上测定)。给料必须均匀，物料应从破碎机分料盘上均匀地洒落在破碎腔中，否则将导致破碎机超负荷和定锥衬板局部过早磨损，降低生产能力和增加动力消耗等。给入料的最大粒度不大于进料口宽度的85%(对于PYD900，给入的物料应不大于40 mm)。料块过大会使主轴折断。主轴折断的原因之一是颚式破碎机排料中有很多过大料块，而这些料块又很坚硬所致。

(3) 经常检查稀油循环润滑系统的油压、油温油流量是否正常以及油质是否纯洁和油泵管是否漏油。油压应在0.05~0.15 MPa范围内，若有的压力升高或不回油，可能是油管或零件上的油槽被堵塞。此时应停机拆检清洗。应注意：若仅是油压升高而油温未升高，此时可调节调节阀，使压力降低，而不必停机。进入破碎机的油温不应超过50℃，回油温度不应超过60℃。若回油中出现断续不规则的油烟时，可能是锥衬套或偏心轴套局部过热，应停机检查。若发现油温过高时，不能立即停机，应空负荷运转一个短时间，待油温降低到一定程度再停机。否则有轴承抱轴的可能。油流量应以油流指示器内的油流为不间断的细流柱为佳。油泵的油箱每三个月应清洗一次过滤器，并换油或补充加油。

(4) 当保险弹簧具有正常的压缩力(紧度)时，如果支撑套经常跳起，此时不可简单采取拧紧弹簧的办法，而要查找支撑套跳起的原因。造成支撑套跳起的原因除破碎腔中进入非破碎物外，还可能由于排料口过小，衬套磨损不均匀，给料不均匀或过多，物料潮湿使排料口堵塞等因素造成。

(5) 经常巡回观察、检查圆锥破碎机的工作情况，如地脚螺栓、圆锥头部的卡紧螺栓、分料盘是否松动，并特别注意调整套衬板的固定螺栓是否松动，如果松了会引起衬板松动脱落。新换的衬板在工作24 h以后应停机将固定螺栓拧紧一次。

(6) 经常注意观察圆锥破碎机主电动机电流值是否正常(对于PYD900破碎机，其电流表数值指示应小于100 A)。当电流值超过设备规定值时，应停机查找原因，待原因查出并排除故障后，方可按操作程序重新启动。

2.2.4.6 常见故障判断与排除方法

尽管圆锥破碎机的结构比较复杂，在操作使用中经常会出现这样或那样的故障，但只要在操作中善于观察和积累经验，就会减轻设备故障程度，并能及时排除。

(1) 常见故障及其产生原因和排除方法见表2-5。

表 2-5　中、细碎圆锥破碎机常见故障及其产生原因和排除方法

故　障	产生原因	排除方法
油泵运转,油流指示器内没有油流,油压低于0.05 MPa	1. 油温低; 2. 阀门没有旋到预定位置(完全打开); 3. 油泵有毛病; 4. 油路堵塞	1. 将油加热; 2. 将阀门完全打开; 3. 停止破碎机检查更换油泵; 4. 清理油路和更换清洁油
过滤器前后的油压差值大	过滤器堵塞	油压差超过 0.05 MPa 时,将三通阀转直接工作,清洗过滤器,但直接向破碎机供油的工作时间不能超过 2 ~4 h
供油系统的油压升高且油温也升高	油管堵塞或破碎机内部油路堵塞	检查清洗油路
油箱中的回油量减少,油位明显下降	1. 破碎机底盖漏油; 2. 传动轴承壳法兰盘漏油; 3. 球面轴承座回油环槽堵塞或供油过多,油从水封防尘装置漏掉; 4. 油管接头不严; 5. 润滑工作面的密封不严; 6. 油压太高	1. 找出原因消除之,然后向油箱添油; 2. 找出原因消除之,然后向油箱添油; 3. 清洗回油环槽,调整供油量并向油箱添油; 4. 检查处理; 5. 检查更换密封装置; 6. 调整油压达道技术要求数值
油中进水,油箱中油液面升高	冷却器中水压高于油压	将冷却器中的水压调整到低于油压 0.05 MPa
水封防尘装置排水中含有油液,油温、油压并未升高	球面轴承座回油环槽堵塞	清洗回油环槽,向油箱添油
回油温度超过 55℃,油压并未升高	1. 油质不良或供油量不足; 2. 轴承损坏; 3. 被润滑的工作面有问题	1. 更换油或增大供油量; 2. 更换轴承; 3. 停机检查润滑工作面,有问题则及时处理
从冷却器出来的油温超过45℃	1. 冷却水不足; 2. 冷却水温度高; 3. 冷却器水管堵塞	1. 增高水压及水量; 2. 采取适当的凉水措施; 3. 清理水管
水封防尘装置通不进水或无回水	水路堵塞或水管破裂	清理水路,发现损坏的部分应及时修理或更换
破碎物料时有强烈的噼啪杂音	1. 破碎壁(动锥衬板)松动; 2. 轧臼壁(定锥衬板)松动; 3. 轧臼壁的"U"形螺栓松动	1. 定期检查压紧衬板的锁紧螺母。若锌合金松脱了,应重新浇注; 2. 定期检查和紧固 U 形螺栓,当充填的锌合金脱落时,则应重新浇注锌合金; 3. 停机检查并紧固
有剧烈的撞击声,支撑套(定锥部分)跳起,然后破碎机又正常工作	破碎腔里进入破碎物后排出	设置可靠的除铁设备和加强人工选料除铁
破碎产品含有大块物料	动锥衬板磨损	下降定锥,减小间隙
设备发出喑哑的碎裂声后,虽然电动机等转动但动锥却不动	1. 大、小圆锥齿轮的轮齿折断; 2. 主轴或传动小齿轮轴折断; 3. 齿轮的键剪断	停止破碎机,检查更换已破坏的机件
破碎机发生剧烈的振动,动锥旋转过快	动锥主轴被偏心轴套卡死,这是由于: 1. 运转时缺油或油太脏; 2. 球面轴承瓦损坏,动锥下沉; 3. 偏心轴套、锥形套的间隙太小或抱死	1. 清洗油路或换新油; 2. 更换球面轴承瓦,并同时检查摩擦片,如有磨损则更换; 3. 重新调整零件的配合间隙

续表 2-5

故　障	产生原因	排除方法
破碎机振动,弹簧失效或折断,弹簧螺栓折断	1. 给料不均或过多; 2. 给料中有大块物料; 3. 给料潮湿,排料口小被堵塞; 4. 除铁; 5. 弹簧的预紧度不足	1. 调整给料量; 2. 禁止超过规定块度的料进入破碎腔; 3. 加强选料,禁止潮湿物料进入破碎腔; 4. 加强选料,设置除铁设备; 5. 调整弹簧达到规定的预紧力,弹簧压缩后长度 H 不得超过规定尺寸,对 PYD900, $H=372$ mm
电动机的电流过高	1. 给料过多; 2. 润滑不良,运动阻力大; 3. 传动轴承或球面轴承损坏; 4. 大圆锥齿轮的上部与球面轴承座下部摩擦; 5. 主轴折断	1. 调整减小给料量; 2. 检查润滑系统,经常润滑; 3. 检查更换轴承; 4. 在球面轴承座下部加垫; 5. 更换主轴

(2) 破碎机带负荷停机故障的处理如下:

1) 油温过高,油面低于规定限度以及给油压力低于规定值等原因使继电器动作而切断电源,此时破碎机由于电源切断而停止运转;或油泵及其他与破碎机有联锁装置的设备发生故障,使破碎机停止运转。在这种情况下必须找出故障原因予以消除,并将机体内物料清除以后再按规定程序开机。

2) 外部电源中断使电动机停止运转,此时应将电气开关拉下,清除机体内的物料,等电源恢复后再按规定程序开机。

3) 有金属块或其他非破碎物体进入机体内使破碎机因过负荷而停止运转,此时应将卡住的物体清除后再按规定程序开机。清除非破碎物体时,可将调整套松开并向上旋转,使排料口开大些,非破碎物体即可排除,如果是金属块卡住且金属块不大时可用乙炔气(气割)把它割掉。

2.2.4.7 检修(安装)后的试机验收

破碎机检修或安装完毕后,操作人员必须进行检查和试机方能进行正式生产。

试机前要检查各部件的联接是否紧固,弹簧的压紧程度是否符合要求。将排料口调整到规定尺寸并用铅块检查,用手盘动破碎机旋转 2 ~ 3 转,然后按照开机程序启动试运转,试运转中应检查下列各项:

(1) 破碎锥(动锥)正向或反向转动每分钟不应超过 15 转;

(2) 圆锥齿轮传动不应有冲击及周期性杂音;

(3) 油泵的油压应在 0.05 ~ 0.15 MPa 范围;

(4) 回油温度在空转 7 ~ 8 h 以后,不应超过 50℃,负荷运转后的回油温度不应超过 60℃;

(5) 空载试机 7 ~ 8 h 后,如未发现问题可立即进行有载试机 16 h 左右,试机过程中负载应逐渐增加到满载,此时,破碎机不应有急剧的振动,给料、排料应正常,油温不应超过 60℃;

破碎机经试运转后,工作正常,便可正式验收进行生产。

如有问题应向检修人员及时指出,直到调整消除以后方可正式验收。

2.3 辊式破碎机的操作技术

辊式破碎机最早使用于 1806 年,是一种最古老的破碎设备。由于它构造简单,便于制造和维护。粉碎产物中主要是棱角状的颗粒料,细粉含量较少,这对配制合理粒级提高制品密度和质量很有利。但它的产量低,粉碎比小,辊筒磨损大,加料块度不能太大,所以辊式破碎机主要用于镁质原料粉碎或与短头圆锥破碎机配套使用。

2.3.1　辊式破碎机的工作原理及分类

辊式破碎机(又称对辊破碎机,简称对辊),其工作原理如图2-16所示。两个圆柱形辊子是主要的工作构件。辊子2支撑于固定轴承4上,辊子1支撑于活动轴承5上。活动轴承5借弹簧6推向左方的挡块位置处。两个辊子由电动机经皮带轮和齿轮传动机构带动作相向旋转,如图2-16中箭头所示。物料3经给料部给入两个辊子之间。物料由于受辊子与物料之间的摩擦力作用,而被带入两个辊子之间(即破碎腔)受挤压破碎后,自下部排出。

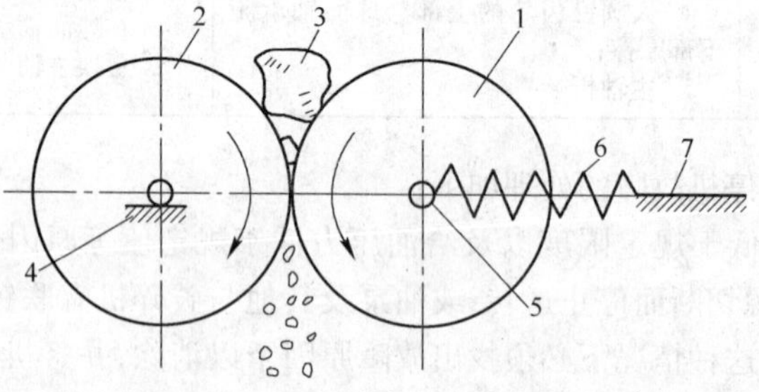

图2-16　双辊破碎机的工作原理
1,2—辊子;3—给料部;4—固定轴承;5—活动轴承;6—弹簧;7—机架

辊式破碎机按辊子表面形状可以分为光面辊破碎机和齿面辊破碎机两种类型。光面辊破碎机对物料的作用主要是压碎并兼有磨碎作用,齿辊破碎机对物料的作用除挤压外,还伴有剪切、研磨和劈裂等综合作用;按辊子的安装方式可以分为一个辊子的轴承座是活动的,而另一个辊子的轴承座是固定的和两个辊子的轴承座都是活动的两种,参见图2-17。

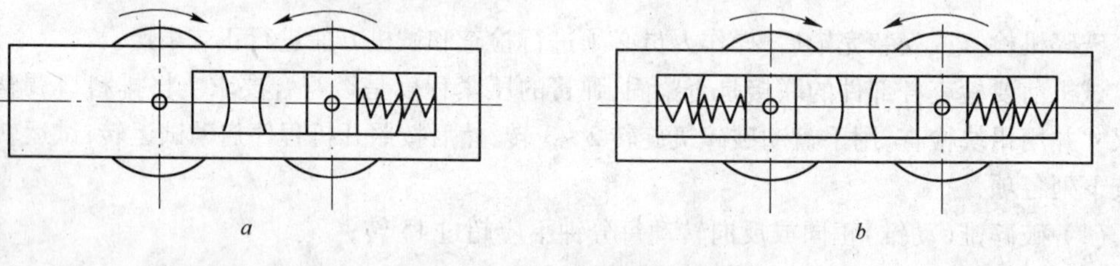

图2-17　辊式破碎机示意图
a—两个辊子轴承座一个活动、一个固定;*b*—两个辊子轴承座均为活动的

2.3.2　双辊式破碎机的构造

双辊式破碎机的构造如图2-18所示,由破碎辊、传动系统、调整装置、保险装置和机架等部分组成。

(1) 破碎辊。两个结构完全一样的破碎辊(简称辊子),由辊体2(13)和辊皮1(14)组成。辊皮借助于辊体端部锥形表面和三块锥形弧铁并利用螺栓与辊体联接紧固在一起。两个辊体用键装配在水平轴5和7上。

辊皮在工作时直接与物料接触,易磨损,通常用耐磨的高锰钢制作。

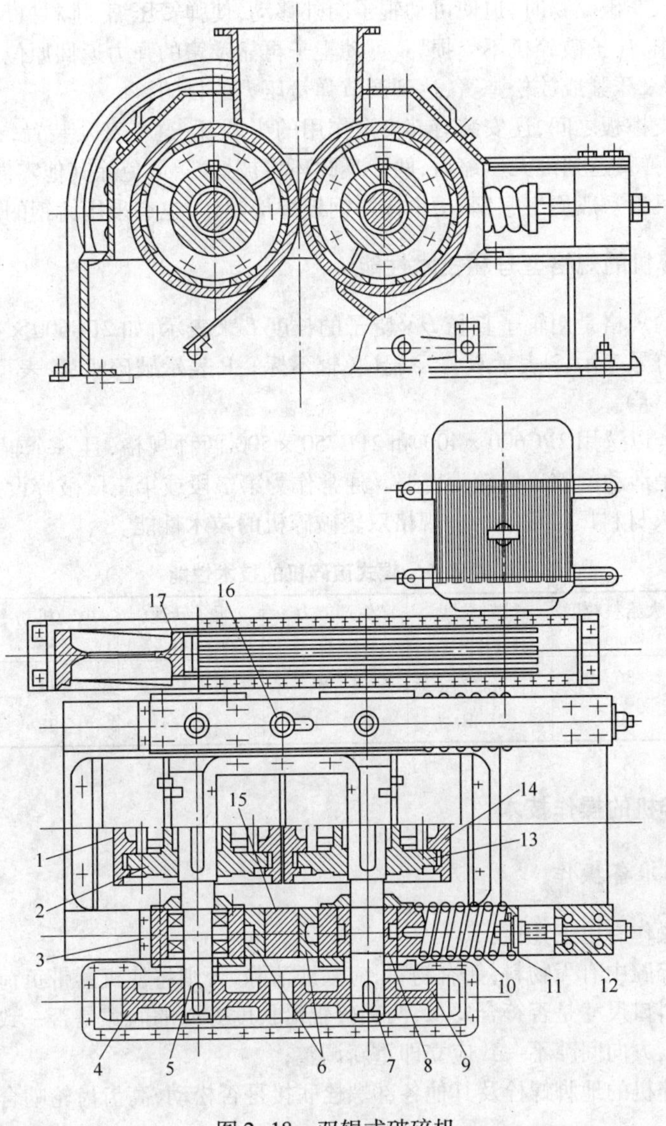

图 2-18 双辊式破碎机

1,14—辊皮;2,13—辊体;3,8—轴承;4,9—长齿齿轮;5,7—轴;6—支承座;10—弹簧;11—支撑板;12—螺栓;15—楔铁;16—螺母;17—大皮带轮

(2) 传动系统。电动机通过三角皮带带动大皮带轮 17 和一对互相啮合的高齿(又称长齿)齿轮 4 和 9,使两个辊子作相对旋转运动。特制的高齿齿轮可保证当调节排料口的大小或破碎时两辊之间进入非破碎物迫使两辊之间距发生变化时,齿轮仍能正常啮合。

(3) 调整装置。排料口大小的调节,是通过转动螺母 16,楔铁 15 可沿支座 6 向上(或向下)移动,迫使右侧辊子向右(或向左)移动,则可改变两个辊子之间的间隙达到调整排料口的目的。也有的辊式破碎机的排料口调整是通过增减装在活动轴承座滑轨上的挡块(垫块)数目或挡块的厚度(即改变活动轴承的极限位置)来进行的。

(4) 保险装置。辊式破碎机是靠弹簧 10 的松紧程度来确保破碎机在正常工作的过载时起保护作用。弹簧 10 具有保证正常破碎所具有的初压力,以保证排料口大小不变,使产品粒度均匀。当破碎机进入非破碎物时，迫使可动辊子向外移动，使弹簧压缩，排料口尺寸增大，使非破碎物从两辊之间排出，保护破碎机不受损坏，可动辊子再靠弹簧的弹力返回原位。旋转螺栓可使螺母前进或后退，用来压紧或放松弹簧，达到调节弹簧压力的目的。

专用螺母与支撑板之间，还安装有起安全作用的半圆环，这个安全装置，在破碎尺寸较大物料或非破碎物时，弹簧达到最大压缩后，两个半圆环将被切断，可免除其他零件的损坏。

（5）机架。机架一般用工字钢、槽钢或厚钢板焊接制作，也有采用铸钢的。

2.3.3 辊式破碎机的规格型号和技术性能

辊式破碎机的规格是用辊子直径 $D\times$辊子的长度 L 来表示，如 2PG600×400，在数字前面的数字和汉语拼音符号表示：2 表示双（二）辊（单辊不标）；P 表示破碎机；G 表示辊式；C 表示辊面呈齿形状（光面不标）。

耐火材料生产以选用 2PG600×400 和 2PG750×500 两种规格，且一个辊子轴承座固定，另一个辊子轴承座是活动的破碎机较为普遍。通常作为第二段或第三段破碎设备。

表 2-6 是耐火材料厂常用的两种规格双辊破碎机的技术性能。

表 2-6 辊式破碎机的技术性能

规格型号	最大给料粒度 /mm	排料粒度 /mm	生产能力 $/t\cdot h^{-1}$	辊子转速 $/r\cdot min^{-1}$	电动机功率 /kW	设备质量 /t
2PG600×400	36	2～9	4～15	120	11	2.55
2PG750×500	40	2～10	3.4～17	50	28	12.55

2.3.4 对辊破碎机的操作技术

2.3.4.1 检查与准备操作

检查与准备操作有以下几项：

（1）检查破碎腔中有无物料，如有物料，应立即清除，否则将使机器带负荷启动；

（2）检查排料口尺寸是否符合要求，两破碎辊沿长度方向的间隙是否一致，如排料口不符合要求和两辊沿长度方向间隙不一致应立即重新调整；

（3）检查破碎机的地脚螺栓及其他各部螺栓联接是否松动，高齿齿轮啮合是否正常，如有问题则立即处理；

（4）检查除尘设施，安全防护装置、电气联络、紧急开关及其他一些附属设施是否完好。

2.3.4.2 开机操作

当经过上述各项检查并确信无误后，即可进行开机操作，其程序如下：

（1）首先启动除尘系统的设备；

（2）发出信号（铃响灯亮）；

（3）当斗式提升机和振动输送机启动后，即可启动对辊破碎机；

（4）当对辊破碎机启动后，接口启动圆锥破碎机；

（5）当圆锥破碎机启动并运转正常后，则可向皮带运输机操作岗位发出开机信号。

2.3.4.3 产品粒度的工艺调整操作

由于双辊破碎机辊皮的磨损，对各种产品粒度的不同要求，需要经常调整其排料口的尺寸。

调整可用活动扳手旋转螺母16(见图2-18),通过楔铁15沿支承座向上(或向下)移动,迫使可动辊向外移动,则可改变两个辊子间的距离,达到调整排料口的目的。此种方法一般在大型破碎机中使用,小型破碎机常利用改变轴承衬垫的方法来达到调整排料口间隙的目的。当辊皮磨损时,也可利用此法使两辊靠近。

检查排料口尺寸是否符合规定要求,应沿辊子长度方向的两端测量间隙是否一致,如果不一致应立即调整,绝不允许在两辊子之间的间隙(排料口)不一致的情况下工作。耐火材料厂为了获得比较满意的产品粒度,大多将排料口尺寸调到稍小于产品粒度的尺寸,这是为了适应弹簧在工作中有微量压缩。

2.3.4.4 停机操作

停机操作顺序与开机操作顺序相反,即:皮带运输机→圆锥破碎机→双辊破碎机→斗式提升机→振动输送机→除尘设备。

(1) 首先通知前道工序(即皮带运输机)停止送料;

(2) 当圆锥破碎机破碎腔内物料破碎完毕并完全排出后,关闭其电动机电源;

(3) 当对辊破碎机破碎腔中物料全部破碎并排出后,关闭其电动机电源;

(4) 向振动输送机、斗式提升机操作岗位发出停机信号(铃响灯亮);

(5) 最后断开除尘设备电源。

2.3.4.5 操作注意事项

(1) 对于2PG600×400破碎机,其给料粒度应小于30 mm,最大不应超过36 mm,否则破碎机将“咬”不住大块物料来进行破碎,使得其在辊皮上跳动,加快了辊皮磨损;

(2) 加料时应沿辊子长度方向均匀而连续加料,加料不匀,不但降低生产能力,而且使辊皮磨损不均匀,使辊皮使用寿命缩短;

(3) 破碎机运转时要经常注意检查保险弹簧的松紧情况,当弹簧松弛或两弹簧松紧程度不均匀时,将会使可动辊子不断地在导轨内左右移动,辊皮两端间隙不一致,这不仅使导轨及轴承壳容易磨损,并且大块物料容易通过,使产品粒度不均;

(4) 每班要清扫破碎机工作时产生的灰尘并给轴承、齿轮加润滑油,工作时轴承温度不得超过60℃。如果超过则应停机检查;

(5) 当破碎机在运转时破碎腔中进入非破碎物或大块物料卡住破碎机以及遇上紧急故障时,操作者可直接切断该破碎机主回路上的事故开关。

2.3.4.6 常见故障判断与排除方法

双辊破碎机常见故障的产生原因及排除方法见表2-7。

表2-7 双辊式破碎机常见故障及其产生原因和排除方法

故　障	产生原因	排除方法
产品粒度过大	1. 辊皮磨损严重; 2. 弹簧装置压紧力不足或衬垫太薄; 3. 排料口过大	1. 更换辊皮; 2. 增加弹簧预压紧力或增加衬垫的厚度; 3. 调整排料口
破碎机运转中振动	1. 给料不均匀或块度过大; 2. 破碎腔中进入非破碎物; 3. 联接螺栓松动	1. 调整给料速度和给料块度; 2. 取出非破碎物; 3. 检查拧紧螺栓

续表 2–7

故　障	产 生 原 因	排 除 方 法
破碎机辊体转动但辊皮不转（或辊皮速度低于辊体转速）	辊皮与辊体固定装置损坏或过松	停机检查辊皮与辊体固定装置的状况，重新拧紧或更换固定装置
传动部转动但辊子不转（卡辊）	1. 高齿齿轮损坏； 2. 皮带过松打滑； 3. 轴承密封件或轴承损坏	1. 停机更换高齿齿轮； 2. 重新调整皮带张力； 3. 更换轴承密封件或轴承
产品粒度不均匀	1. 辊皮磨损不均匀； 2. 加料偏斜不均匀	1. 更换辊皮； 2. 将下料调整均匀分布
产品粒度波动过大，弹簧端辊子不起作用	1. 辊子之间间隙大； 2. 弹簧损坏； 3. 活动轴承座卡死	1. 调整辊子的间隙； 2. 更换弹簧； 3. 找出原因并排除
电动机的电流大	1. 破碎比大； 2. 给料粒度过大	1. 调整破碎比； 2. 控制给料粒度

2.3.4.7　检修安装后的试机验收

对辊破碎机大、中修完毕后，操作人员应进行检查验收和试运转，合格后方可投入生产运行。验收工作应从以下几个方面进行：

(1) 所有螺栓联接部分应紧固不得有松动现象；

(2) 两破碎辊辊皮应平整不得有环状沟槽；

(3) 活动轴座滑道及弹簧保险装置螺纹应调节灵活可靠；

(4) 对辊破碎机在运转中其齿轮传动不得有冲击及周期性杂音；

(5) 轴承转动时应无明显杂音；

(6) 三角皮带张力应适中，运转中不得有打滑现象；

(7) 所有防尘密封罩应恢复完好，给料装置应安装对中、正确，以免造成给料不均。

以上各项均符合要求，操作人员方可签字验收，如在验收后负荷运转 8 h 内发现检修质量有问题，应及时同检修人员联系处理。

2.4　球磨机的操作技术

在耐火材料生产过程中，细磨是一个重要的工序。在配料时需要加入一定熟料的细粉充填粗、中颗粒的间隙，提高砖坯及制品的致密度。对细磨后的物料要求，达到小于 0.088 mm 的细粉量占85% ~90%以上。为了提高粉磨效率，耐火材料工业采用的细磨设备主要是双室式球磨机。球磨机破碎比一般为 200 ~ 300，最大值可达 1000 左右。能适应各种不同的操作条件，产品粒度易调节和控制，操作可靠，维护简便，但工作效率低，单位产量能耗浪费大，约占整个能耗的 95%，其中大部分转为热量而散失，且运转时噪声大，体形笨重，钢球（棒）消耗大。

2.4.1　球磨机的工作原理及类型

图 2–19 是球磨机工作原理示意图。球磨机的磨碎部分主要由筒体和两个具有中空轴颈的端盖组成，端盖利用螺栓固定于筒体的法兰上，中空轴颈支撑在法兰上，筒体上还固定有大齿圈，内表面敷设有耐磨的锰钢衬板，筒体内装有研磨体（钢球或钢棒），筒体的转动是靠筒体一端的

大齿轮与传动轴上的小齿轮互相啮合来实现的。当筒体回转，研磨体被提升到一定高度后呈抛物线落下或泻落而下，待磨的物料从左端用鼓形给料器（俗称“磨头”）经中空轴颈送入筒体内，并逐渐向右方扩展移动，最终从右方的中空轴颈排除机外。物料在筒体内的移动是靠不断地给料所产生的压力及自行溢流来实现的。在自左向右移动的过程中，物料遭到钢球的不断冲击和研磨作用而逐渐磨碎。

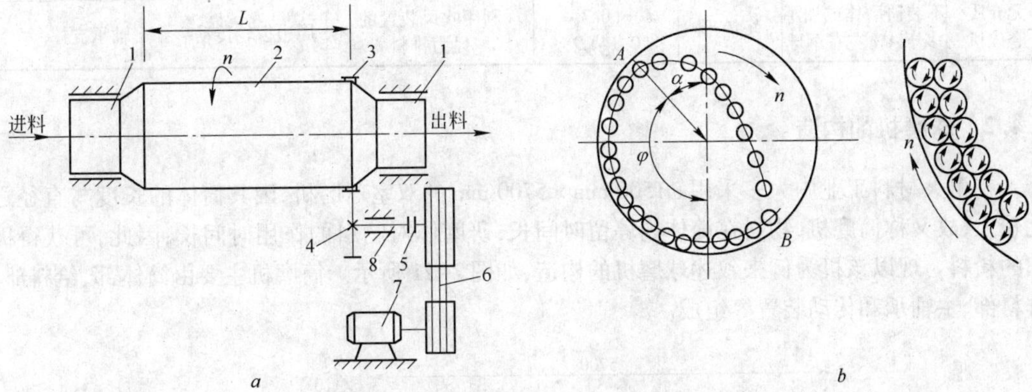

图 2-19　球磨机工作原理示意图

a—球磨机传动机构示意图；*b*—筒体内研磨体运动简图

1—中空轴；2—筒体；3—大齿圈；4—小齿圈；5—联轴器；6—皮带飞轮减速机构；7—电动机；8—传动轴

磨碎机的类型较多，其类型可按筒体内装载的研磨体、筒体形状及排料方式的不同来分。磨碎机的分类参见图 2-20 和表 2-8。

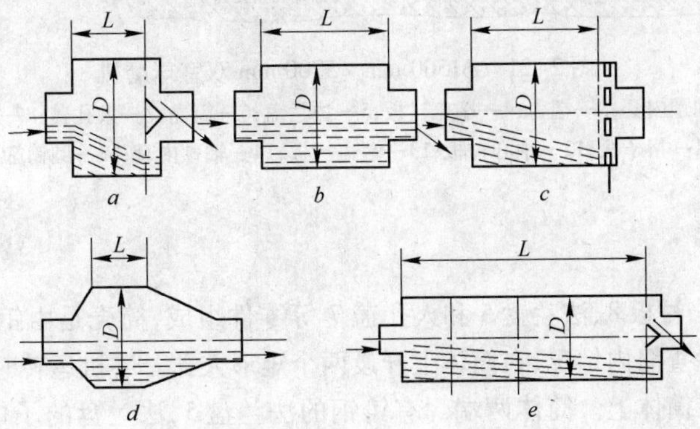

图 2-20　磨碎机的分类

a—短筒形（格子排料）；*b*—长筒形（溢流排料）；*c*—长筒形（周边排料）；

d—锥形（风力或溢流排料）；*e*—管形（格子排料）

表 2-8　磨碎机的分类

类　型	研磨体	筒体形状	L/D	排料方式	传动方式	筒体支撑方式
球磨机	金属球 （钢球或铁球）	短筒形	$L \leqslant 2D$	1. 溢流排料； 2. 格子排料	1. 周边齿轮传动； 2. 摩擦传动	1. 轴承支撑； 2. 托辊支撑； 3. 混合支撑
		管形	$L=(3\sim6)D$	1. 溢流排料； 2. 格子排料	1. 中央传动； 2. 周边齿轮传动	轴承支撑

续表 2-8

类型	研磨体	筒体形状	L/D	排料方式	传动方式	筒体支撑方式
球磨机	金属球（钢球或铁球）	锥形	$L=(0.05\sim1)D$	1. 溢流排料；2. 格子排料	周边齿轮传动	轴承支撑
棒磨机	金属棒	筒形		1. 溢流排料；2. 开口式低水平排料	1. 周边齿轮传动；2. 摩擦传动	轴承支撑
无介质磨碎机	不装研磨体或加不多于4%左右钢球	短筒形	$L=(0.3\sim0.14)D$	利用吹风装置的风力排料	周边齿轮传动	轴承支撑

2.4.2 球磨机的构造

在耐火材料工业中大多采用 $\phi1500$ mm×5700 mm 的双室球磨机，因其筒体的长度与直径之比较大，故又称筒磨机，物料在筒体内停留时间长，研磨体对物料的作用时间长，因此，可获得极细的粉料。现以该机为例来叙述球磨机的构造，如图 2-21 所示。筒磨机主要由筒体部、给料部、排料部、主轴承和传动装置等组成。

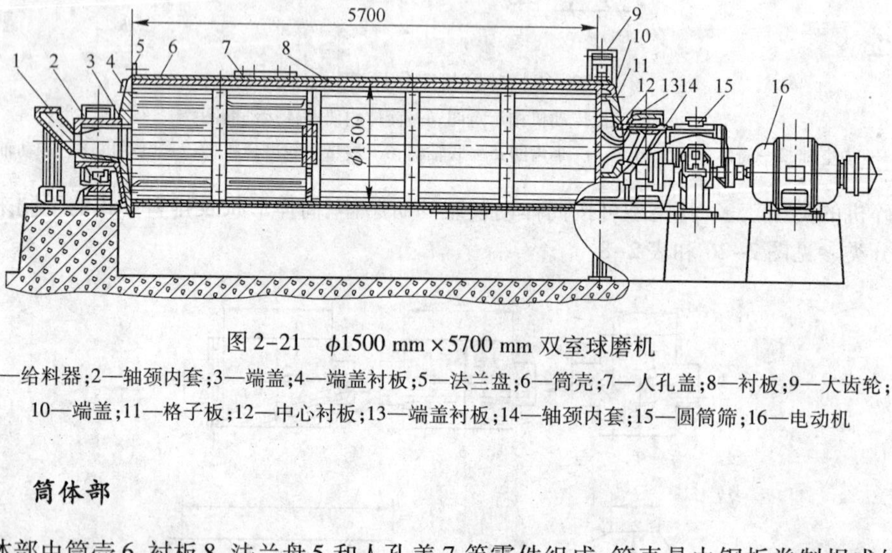

图 2-21 $\phi1500$ mm×5700 mm 双室球磨机

1—给料器；2—轴颈内套；3—端盖；4—端盖衬板；5—法兰盘；6—筒壳；7—人孔盖；8—衬板；9—大齿轮；10—端盖；11—格子板；12—中心衬板；13—端盖衬板；14—轴颈内套；15—圆筒筛；16—电动机

2.4.2.1 筒体部

筒体部由筒壳 6、衬板 8、法兰盘 5 和人孔盖 7 等零件组成，筒壳是由钢板卷制焊成的圆筒。为便于更换衬板和检查筒内情况，在筒体上开设两个矩形人孔。磨机运转时人孔须用盖子密封，用螺栓将盖子固定在筒体上。筒体两端焊有铸钢的法兰盘 5，法兰盘的子口和端盖用螺栓联接在一起。筒体上还固定有大齿圈。

筒壳 6 内壁装有衬板 8。每块衬板用埋头螺栓固定在筒体上，螺栓头埋入衬板内，由筒外拧紧螺帽加以固定，衬板交叉错开排列。球磨机在操作运转中，衬板会发热膨胀，故安装时，衬板间应留 5 mm 左右缝隙。为减少螺栓使用数目，可采用绕筒体一周的这一圈衬板只用两根螺栓的固定方法。如图 2-22 所示。采用这种方法的优点是：在筒体上钻一排孔，对筒体强度削弱的少，容易密封防尘，维修方便，节省了大量螺栓，减少了紧固衬板螺栓的劳动强度和工作量。缺点是安装技术要求高，若一圈中的一块衬板坏了，则这圈的全部衬板都应重新检查安装。衬板的形状对球磨机的粉碎效果影响较大，一般采用波形或条形，衬板的作用在于防止筒体磨损，提升研磨体和物料。衬板是易磨损件，因而应具有耐磨和便于拆装的特点，常用耐磨性能较好的高锰钢铸成，也有用耐磨铸铁制成。为了延长衬板的使用寿命，国外在大力研制和推广橡胶衬板，国内油管科研部门和生产厂家也在研制和试用，其效果较好。据有关资料介绍，橡胶衬板的使用寿命相当于铸钢衬板的 3 倍左右，工作时噪声小，质量轻，便于更换，但橡胶衬板耐工作温度不够。

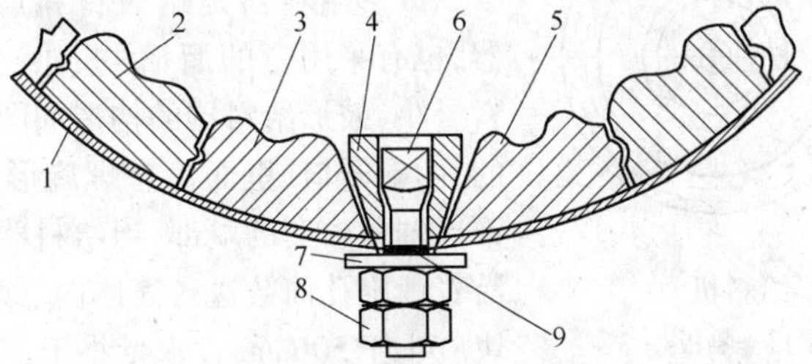

图 2-22　衬板断面形状

1—筒体；2—主衬板；3—左衬板；4—楔形衬板；5—右衬板；6—衬板螺栓；7—垫圈；8—螺帽；9—涂铅油的线

在筒体内装设的隔仓板将球磨机分成两个仓室。其作用是使相邻两个仓室的研磨体隔开，调整隔仓板的位置，可以改变各仓的长度，粉碎黏土原料时，第一个仓比第二仓短。隔仓板是由一组带有筛孔的扇形板与中心板组成，如图 2-23 所示。扇形板呈辐射状支撑在筒体中，其集合处由中心板固定成为一体。扇形板的箅孔成倾斜排列，断面呈梯形，梯形的大端指向排料方向。

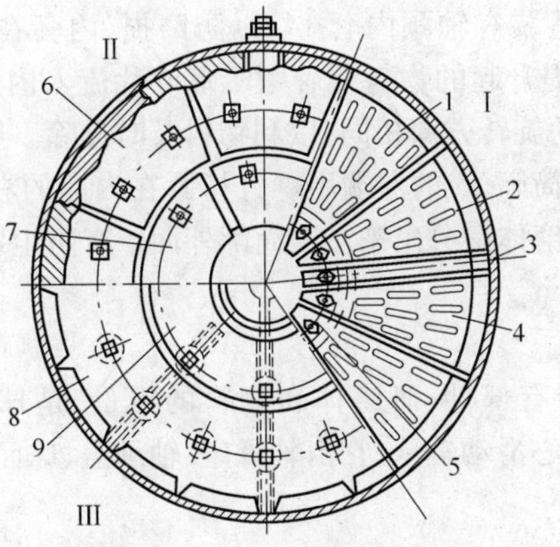

图 2-23　组合管磨机筒体断面

Ⅰ—隔仓板断面；Ⅱ—进料端衬板；Ⅲ—出料网板

1—扇形板；2—右扇形板；3—中间扇形板；4—左扇形板；5—隔板盘；6—外衬板；7—内衬板；8—外出料网板；9—内出料网板

在双室球磨机中，第一仓用于粗磨，研磨体在筒体内以冲击粉碎为主兼有研磨作用，第二仓用于细磨，其中所装的研磨体尺寸相对于第一仓室要小，主要以研磨作用来粉磨物料。双室球磨机的第二仓室比第一仓室要长，这是为了保证有足够的时间对物料进行细磨。

2.4.2.2　给料部

给料部由鼓形给料器、带有中空轴颈的端盖、截锥形轴颈内套和扇形端盖衬板等零件组成。制成圆锥形的端盖是铸钢件，一端带有中空轴颈，中空轴颈起支撑筒体和进料通道作用。在端盖圆锥部分内壁上敷设有表面平滑的扇形锰钢衬板，以免端盖磨损，每块衬板用两个螺栓固定在端盖上，在中空轴颈里装有铸制的截锥形内套，以防止中空轴颈的磨损。

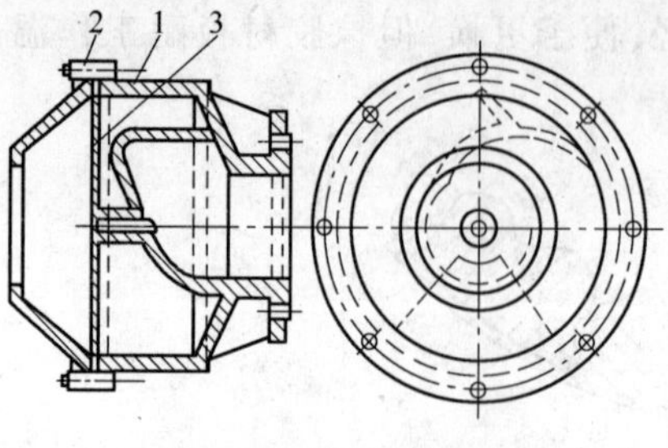

图 2-24　鼓形给料机

1—筒子；2—盖子；3—隔板

鼓形给料器是耐火材料厂较为常用的一种给料器，也有采用弯的溜槽（漏斗）给料装置，但该装置给料量小，鼓形给料器的构造如图 2-24 所示。它是铸制的，两端开口，里面铸有螺旋形主体，用螺栓紧固在截锥形轴颈内套的端部，当给料器随筒体旋转时，物料即沿着螺旋孔筒被送入筒体内。鼓形给料器的最大加料块应小于 50 mm，含水量小于 2%。

2.4.2.3　排料部

排料部（见图 2-21）由带有中空轴颈的端盖 10、格子板 11、中心衬板 12、轴颈内套 14 及圆筒筛 15 等组成。在端盖 10 的内壁铸有 8 条放射状的筋板，将端盖分成 8 个扇形室，每个扇形室安装衬板 13 和格子板 11，衬板和格子板分别用螺栓紧固在端盖上，在中心部位利用中心衬板的止口托住所有的格子板，以防偏斜脱落。筋板（扬料板）的作用是使已经通过格子板的物料能顺利地从排料口卸出。

排料格子板是用高锰钢制成。箅孔的尺寸、形状和排列方式对粉磨效果均有影响。一般箅孔段形状成梯形，大口指向排料方向，以防堵塞。

端盖 10 上的中空轴颈里装有轴颈内套 14，以防磨损，内套在格子板的一端制成喇叭形叶片，以引导由筋板（扬料板）提升起的物料顺着喇叭形叶片流入内套中，内套内表面上铸有螺旋叶片，其螺旋方向与球磨机的旋转方向相同，以利物料及时排除。用螺钉将轴颈内套右端的凸缘固定在中空轴颈的端部。圆筒筛 15 的左端用螺钉拧紧在内套的右端，它随筒体一起旋转，可将粉料中的大颗粒及磨小的研磨体筛分出来。圆筒筛外面罩有防尘罩，下端设有排料口。

2.4.2.4　主轴承

主轴承承受着球磨机所有部件、研磨体和物料的重量，是球磨机重要的部件，其构造如图 2-25 所示，是属于自位调心滑动轴承，它由轴承座、轴承盖、球面瓦（内镶有巴氏合金轴衬）及密封装置等组成。

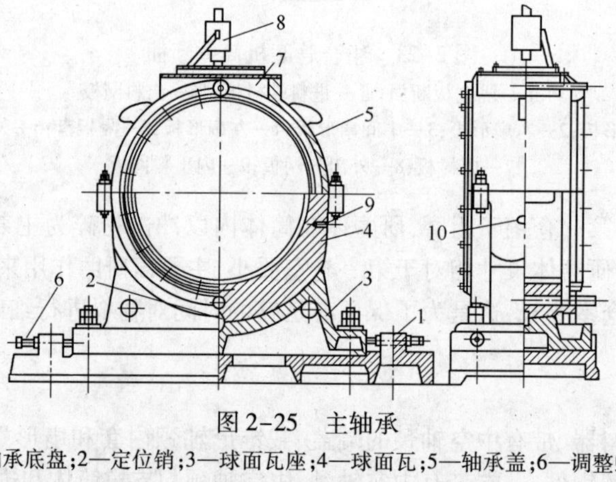

图 2-25　主轴承

1—轴承底盘；2—定位销；3—球面瓦座；4—球面瓦；5—轴承盖；6—调整螺钉；7—油盒；8—油杯；9—冷却水进口；10—冷却水出口

由于球磨机的筒体较长，制成筒体的两轴承间距大，在制造和安装时又有一定的误差，将很难保证标准的同心度。在筒体转动时产生的动负荷作用下，筒体会产生挠性变形；轴和轴瓦将容易造成局部接触，安装自位调心球面瓦是为了避免上述原因引起设备故障，使作用在主轴承上的载荷分布均匀。为防止球面轴瓦在球磨机运转时产生较大的位移而从球面瓦座中滑出，在球面瓦和球面瓦座之间装有定位圆柱销。为便于轴承的安装对正，用调整螺钉调整球面瓦座的位置。

主轴承上还设有冷却水通道，利用水来冷却轴瓦。主轴的润滑主要是采用油杯滴油和浸油毛线装在轴承盖的上部油盒内进行，此时润滑油除润滑轴承外，还起冷却作用。

2.4.2.5 传动机构

球磨机的传动机构是由大齿圈、传动轴、小齿圈、联轴器及大、小皮带轮等组成。电动机的动力经三角皮带（或减速器）传动带动小齿轮轴转动，并啮合固定在筒壳上的大齿圈而使筒体旋转。为防止灰尘落在齿轮上，用防尘罩将大、小齿轮密封。

2.4.3 球磨机的规格型号及技术性能

球磨机的规格是以筒体的内径 D 和筒体的有效长度 L 来表示，其表示式为 $D \times L$，如 ϕ1500 mm×5700 mm 球磨机。

ϕ1500 mm×5700 mm 球磨机是耐火材料厂常用的一种细磨设备。它的技术性能见表2-9。

表2-9 ϕ1500 mm×5700 mm 双室球磨机技术性能

<table>
<tr><th colspan="3">项 目</th><th colspan="2">ϕ1500 mm×5700 mm</th></tr>
<tr><td colspan="3">最大给料粒度/mm</td><td colspan="2"><50</td></tr>
<tr><td colspan="3" rowspan="2">排料粒度/mm</td><td rowspan="2"><0.088</td><td>高铝料应达85%以上</td></tr>
<tr><td>黏土料应达80%以上</td></tr>
<tr><td colspan="3">生产能力/$t \cdot h^{-1}$</td><td colspan="2">3~7</td></tr>
<tr><td colspan="3">筒体转速/$r \cdot min^{-1}$</td><td colspan="2">21</td></tr>
<tr><td rowspan="4">研磨体</td><td rowspan="2">前仓</td><td>球的直径/mm</td><td colspan="2">70~100</td></tr>
<tr><td>装入量/t</td><td colspan="2">4.9</td></tr>
<tr><td rowspan="2">后仓</td><td>钢棒尺寸/mm</td><td colspan="2">ϕ24×36</td></tr>
<tr><td>装入量/t</td><td colspan="2">7.35</td></tr>
<tr><td rowspan="4">传动机构</td><td colspan="2">传动形式</td><td colspan="2">三角皮带和齿轮传动</td></tr>
<tr><td colspan="2">电动机型号</td><td colspan="2">Y型</td></tr>
<tr><td colspan="2">电动机功率/kW</td><td colspan="2">130</td></tr>
<tr><td colspan="2">电动机转速/$r \cdot min^{-1}$</td><td colspan="2">730</td></tr>
<tr><td colspan="3">设备重量/t</td><td colspan="2">30（除研磨体）</td></tr>
</table>

2.4.4　球磨机的操作技能

2.4.4.1　检查与准备操作

检查与准备操作有如下要点：

（1）检查紧固衬板、仓门盖、轴承座、联轴器及其他各部联接螺栓，不允许在螺栓松动的情况下启动；

（2）清除齿圈，齿轮间物料尘粒，并检查其啮合是否良好；

（3）给主轴承滴油杯和大、小齿轮（圈）及其他各润滑点添加润滑油、脂，其主轴承滴油杯的滴油量每分钟不少于60滴；

（4）检查球磨机周围有无阻碍运动的杂物，新安装、检修后或停机超过8 h的球磨机，在启动前须盘动2～3转，以免发生碰撞、卡住及超载现象，对一直在进行正常生产的球磨机则不必盘动；

（5）检查球磨机的电气设备、连锁装置、音响信号和通风除尘等附属设备是否完好；

（6）检查出料端筛网是否磨损，如磨破则立即更换；

（7）打开主轴冷却水闸阀。为节约用水，其回水量应尽量小，小到当用手触摸回水时感到温热即可；

（8）研磨体的补充。由于研磨体和物料不断地运动，研磨体本身也受到剧烈冲击和研磨。研磨体的消耗量很大，每隔一定时间应往磨机内补充一部分新的研磨体。影响研磨体磨损因素较多，如研磨体的材质及装载量、被磨物料的性质、磨机转速及衬板形式等。一般来说，物料粉磨到0.074 mm时，每吨物料铬钢球的消耗量约为1 kg，每吨物料碳钢球约为1.25 kg，每吨物料铸铁球约为1.5 kg。但研磨体的补充，目前仍根据各耐火材料厂具体条件下对研磨体磨损使用实测的经验数据，结合磨机实际动力负荷（如电流大小），来确定研磨体的补充数量及两次补充的时间间隔。当磨机运转相当长一段时间后，需将研磨体全部倒出更新（或剔除磨小的研磨体）。

2.4.4.2　开机操作

开机操作步骤如下：

（1）首先启动除尘设备并使之运转正常；

（2）发信号给皮带运输机和斗式提升机岗位操作工，通知其启动皮带输送机和斗式提升机；

（3）当皮带机和斗式机运转正常后，合上空气开关，点动主电动机按钮，如无异常再按下主电动机启动按钮，启动球磨机；

（4）当球磨机运转2～3 min且一切正常后发信号给电磁振动给料机岗位操作工，通知其开动电振给料机。（必须注意，在不给料的情况下，球磨机不能长时间运转，一般不能超过10 min，以免损伤衬板和消耗研磨体）；

（5）电磁站的操作如下：

1）电磁站操作人员应对电磁站各操作系统有全面了解，熟知各操作按钮的作用与互相联系，并按操作规程熟练使用；

2）接班前或开机前，应进行全面检查，确信正常后，即可作好开机准备；

3）电磁站操作人员发出的信号必须有信号返回，否则不能开机（绿灯亮方可启动，红灯亮为机器正在运行）；

4）球磨机启动前，应检查相间电压是否正常，短接转子回路的闸刀开关和接触器是否断开。

2.4.4.3 产品粒度的调整控制

在耐火材料厂的粉磨系统中，一般不配制筛分设备，产品粒度是靠给料量和给料粒度来控制的。当需改变产品粒度时，可采取以下措施：如欲使粉料粒度变细，可适当减少物料给料量，或减小给料粒度并适当增加研磨体的装载量。

2.4.4.4 停机操作

停机操作与开机顺序相反，即：电磁振动给料机→球磨机→提升机→皮带机→除尘设备系统。

（1）发信号给电磁振动给料机岗位，通知其关闭电振给料机停止给料；

（2）当电振给料机停止给料后，球磨机应继续运行工作 3 min，使机内残存物料磨完排出后再关闭筒球机主电动机，以便下次启动时球磨机处于空载状况；

（3）发信号给斗式提升机、皮带输送机岗位，通知其停机；

（4）关闭主轴承冷却水闸阀和主轴承润滑油油杯油量调节器；

（5）停止通风除尘设备工作。

2.4.4.5 操作注意事项

操作注意事项如下：

（1）球磨机在运转过程中，应经常注意和检查主轴承的冷却水是否畅通，润滑滴油杯是否有油及滴油量是否正常，主轴承的温度不得超过 65℃，当用手触摸感觉不到烫手时方属正常。

（2）经常注意观察球磨机主电动机电流表数值，其电流不应有异常的波动，对 ϕ1500 mm × 5700 mm 球磨机电流值应小于 250 A。

（3）向筒体内给料应连续和均匀。如球磨机内物料给入过多时，初时尚可磨碎，当料给入过多时，则磨碎作用随之降低，或不起作用，粒度变粗，磨碎质量降低，此时球磨机发出喑哑的声音。如给料量过少，则研磨体互相撞击，增加钢耗并容易损坏衬板，此时球磨机发出轰轰声。生产实践中的经验是勤观察，做到“尖声尖气多加料”，“闷声闷气少加料”。如给料不多仍有喑哑声，说明筒内混入一定量难磨体（如鹅卵石之类），此时应将难磨体检出。筒体内无待磨物料的时间不得超过 10 min，否则将造成衬板磨损和增加钢球消耗；球磨机内加入的物料量，应与球量保持一定比例。当物料量比例增大时，粉碎的料量增加，但粒度较粗。当加入物料量过多时，会造成“胀肚”现象，此时既无产量又无质量。以上原因是因为物料量多，研磨体在筒内运动高度降低，减弱冲击砸碎作用和研磨作用。为了保证球磨机的正常生产，在研磨体一定的情况下，可根据球磨机的电流值，进行调整物料的加入量。

（4）注意传动装置工作状况，如发现传动轴承跳动，齿轮啮合声音不正常应及时停机检查处理，（一般轴座螺栓松弛有可能造成轴承跳动、齿轮啮合不正常等故障）。

（5）筒体工作应平稳，无剧烈的周期性的振动。

（6）球磨机在运转中，应严格控制给入物料的水分。注意观察磨机给料部、出料部、筒体是否堵塞和漏料。

（7）对衬板应定期检查其磨损情况，磨损至一定程度后即应更换衬板，衬板螺栓如有松动或折断，应及时拧紧或更换，以免损伤筒体及发生漏料。

（8）当变料生产时，应将筒体内残留物料出尽，方能给入换品种物料。

2.4.4.6　常见故障的判断与排除方法

球磨机常见故障的产生原因及排除方法见表 2-10。

表 2-10　球磨机常见故障及其产生原因和排除方法

故　障	产生原因	排除方法
主轴承温度过高或主轴承发生熔化、冒烟现象，或电动机超负荷造成过载保护装置断电	1. 主轴承的润滑滴油杯供油中断或油量太少； 2. 主轴承的冷却水少或水的温度较高； 3. 润滑油不清洁或变质； 4. 主轴承安装不正，轴颈与轴瓦接触不良，物料落入轴承中	1. 立即给滴油杯添加润滑油并调整滴油杯调节器，使每分钟不少于 60 滴； 2. 增加供水量或采取措施强制降低供水温度； 3. 更换新净润滑油； 4. 调整主轴承安装位置，修理轴颈和刮研轴瓦
启动球磨机时电动机超负荷或不能启动	1. 球磨机经过长时间停机，由于筒体内存有潮湿物料，所以初启动时，研磨体无抛落和泻落能力； 2. 久置未用，启动前又没有盘动球磨机	1. 停机打开人孔盖，从球磨机卸出部分研磨体，然后盘动或启动球磨机对剩下的研磨体进行疏松搅混； 2. 盘动球磨机后再启动
球磨机排料量减少，生产量过低	1. 给料水分太大，造成给料进料口通道窄小或堵塞； 2. 给料量偏少； 3. 隔仓板或出料格网板堵塞； 4. 研磨体磨损消耗过多或数量不足	1. 干燥物料，检查清理给料器、隔仓板和出料格网板； 2. 调整增加给料量； 3. 停机打开人孔盖； 4. 向筒体内添加研磨体（钢球、钢棒）
传动齿轮轴及轴承座振动	1. 固定轴承座的螺栓松动； 2. 传动轴与联轴器安装不同心； 3. 轴承损坏	1. 检查紧固轴承座螺栓； 2. 重新安装找正； 3. 更换轴承
齿轮传动时有不正常的撞击声	1. 齿轮啮合间隙过大或过小（不正确）； 2. 齿间进入异物； 3. 传动齿轮轴偏斜或轴承座固定螺栓松动	1. 重新调整齿轮的啮合间隙； 2. 清洗齿轮，更换润滑脂； 3. 找正传动轴，检查紧固轴座螺栓
球磨机筒体衬板和仓门盖螺栓处，人孔和筒体两端法兰结合面处有漏料细粉	1. 衬板螺栓松动或折断； 2. 衬板损坏； 3. 密封垫圈磨损； 4. 人孔盖、端盖与筒体密封不严，螺栓松动	1. 拧紧或更换螺栓； 2. 更换衬板； 3. 更换密封垫圈； 4. 检查更换损坏密封垫，螺栓拧紧
筒体内温度过高	1. 球磨机通风散热不良，排料不畅通，出现"胀肚"现象； 2. 筒体冷却不良	1. 清理通风管路，提高风量风压，检查进、出料器是否堵塞并使之畅通； 2. 加强筒体的冷却（筒体上方洒水管阀门打开）
球磨机工作过程中，其电流表数值波动大，超过额定值（不稳或过高）	1. 球磨机中研磨体过多或给料量过大； 2. 主轴承（中空轴）润滑不良； 3. 传动系统有过度磨损或故障； 4. 电气故障	1. 调整减少研磨体或给料量； 2. 增加润滑给油量； 3. 检查检修传动系统（特别是轴承、轴或齿轮）； 4. 检查排除电气故障
尾部排料圆筒筛的筛上料不断出现钢棒	1. 排料格子板磨损，箅孔磨大磨损； 2. 钢棒磨损，尺寸过小	1. 更换排料格子板； 2. 选出过小钢棒，添加新钢棒
球磨机内研磨体工作的声音弱而发闷（筒体发出沉闷声）	1. 给料过多或粒度增大； 2. 待磨物料水分大，隔仓板或排料格子板箅孔堵塞； 3. 物料大量黏附在研磨体及衬板工作表面上	1. 调整给料量或给料粒度； 2. 干燥待磨物料，降低其水分和停机清理箅孔； 3. 清除黏附的物料，或停止给料，球磨机继续运转直至正常

2.4.4.7 检修(安装)后的试机验收

球磨机大、中检修后,应进行检修质量和试运转的检查验收,合格后方可正式投入生产运行。检查验收工作应从以下几个方面进行:

(1) 所有防尘密封罩、给、排料管道、冷却水管道,润滑滴油装置等附属设施都应恢复完好,所有螺栓联接部都应紧固,不得有松动现象;

(2) 电动机电控系统、启动、运转和连锁装置工作正常;

(3) 在开机试运转前,应盘动筒体 2~3 转,当无卡、碰现象时,则可进行空载试运转,合上空气开关,点动球磨机,当无异常现象则启动球磨机;

(4) 空负荷(不加研磨体)试机应符合下列要求:

1) 当无负荷试运转时,传动齿轮应无明显的周期性噪声,传动轴及轴承应无明显振动,筒体运转应平稳,主轴承温升小于 50℃。

2) 空负荷运转应连续 8 h 无异常;

(5) 负荷试机应符合下列要求:

1) 运转前球磨机内加入规定负荷量的 20% ~30% 的研磨体和物料。运转后每隔 30 min 加入 10% ,直至满负荷运转 24 h;

2) 电动机电流无异常变化;

3) 球磨机工作平稳,不应有显著的振动现象;

4) 筒体各螺栓孔、人孔和法兰结合面不允许有漏料现象;

5) 其余应符合空负荷试机的要求。

复习思考题

1. 简述颚式破碎机的工作原理及分类。(初)
2. 简述简单摆动式颚式破碎机的特点和构造。(初)
3. 简述复杂摆动式颚式破碎机的特点和构造。(初)
4. 为什么颚式破碎机的颚板上要装工作衬板,工作衬板为何要制成上下对称?
5. 简述推力板的作用。颚式破碎机上设置了过载保险装置,为什么又不能让金属块等非破碎物进入破碎腔?
6. 颚式破碎机在使用与维护上都应注意哪些问题?(初)
7. 熟悉本厂颚式破碎机的规格、技术性能,掌握其型号的命名方式(含义)。(初)
8. 颚式破碎机开机操作应作哪些准备工作,其操作顺序如何?(初)
9. 颚式破碎机运转中,如果破碎腔堵塞,如何处理?
10. 颚式破碎机运转中,如果突然停电,如何处理?
11. 颚式破碎机正常运转时应该注意和做哪些事情?
12. 颚式破碎机停机应按什么顺序操作,否则将造成什么后果?(初)
13. 颚式破碎机的工艺调整是通过什么机构进行的,能否将排料口调得很小,为什么?
14. 简述如何判断颚式破碎机常见故障发生的原因及排除方法。
15. 简述如何按操作要求进行实际操作。(初)
16. 颚式破碎机在工作中突然停电,如何作好恢复送电前的工作?
17. 颚式破碎机排料块度不符合工艺尺寸要求,如何按操作要求将排料口调整至规定尺寸?(初)

18. 请你组织并参加更换工作衬板的实际工作。
19. 中、细碎圆锥破碎机有哪几种形式，它们的主要区别在什么地方，PYD900 圆锥破碎机主要由哪几个部件或系统组成？
20. 圆锥破碎机运转中对润滑系统的油温、油压、油量有什么要求，在一年的四个季节里各应选择什么牌号的润滑油？（初）
21. 中、细碎圆锥破碎机的规格形式各用什么表示，你厂使用的是哪种规格形式的圆锥破碎机？（初）
22. 圆锥破碎机开机启动前应作哪些检查准备工作，圆锥破碎机开机与停机操作程序如何？按以上要求能熟练进行开机与停机操作。（初）
23. 当排料口尺寸不符（或模拟不符）工艺要求时，能熟练调整排料口并会检查。（初）
24. 圆锥破碎机在运转过程中，操作人员应注意哪些事项和做哪些工作？
25. 掌握一般常见故障的产生原因及排除方法，并能自己动手排除。
26. 圆锥破碎机在运转中有哪些情况会使其带负荷停机，在重新开机启动前应做哪些工作？（初）
27. 圆锥破碎机在大、中修后，操作人员应会组织进行试运转验收工作。其验收工作的要点和注意事项有哪些？
28. 辊式破碎机是怎样分类的，其规格是如何表示的？熟悉你厂所用的辊式破碎机规格和技术性能。（初）
29. 对辊式破碎机是由哪几个部件、装置组成的？简述双辊破碎机的工作原理。（初）
30. 对辊式破碎机作业程序要点有哪些，能熟练按作业程序进行操作。（初）
31. 对辊式破碎机排料口调整形式有几种，你厂对辊破碎机排料口调整形式是哪种形式？能按工艺粒度要求熟练调整排料口。（初）
32. 对辊式破碎机常见故障有哪些，其产生的主要原因有哪些？掌握一般故障的排除方法并能自己动手排除。
33. 对辊式破碎机在运转中，操作人员应做的工作和注意事项有哪些？（初）
34. 对辊式破碎机在大、中修后，操作人员应会组织进行试运转验收工作，其验收工作的要点和注意事项有哪些？
35. 磨碎机的分类方法有哪些，它的规格型号是怎样规定的，你厂使用的是哪种规格型号的磨碎机？（初）
36. ϕ1500 mm × 5700 mm 球磨机是由哪几个部件和机构组成的？简述各部件和机构的作业以及球磨机的工作原理、工作过程。（初）
37. 熟悉你厂所使用的球磨机的技术性能。
38. 简述球磨机的操作程序要点，并熟练按此程序进行操作。（初）
39. 球磨机的排料粒度是靠什么来控制的，如欲使排除粉料粒度变细，可采用哪些方法，反之又如何？
40. ϕ1500 mm × 5700 mm 球磨机的前仓和后仓所用的研磨体有哪些要求（形状、尺寸、添加量等）？（初）
41. 球磨机在运转中，操作工人应注意的事项和做的工作有哪些？
42. 球磨机常见故障产生的主要原因和排除方法有哪些？能自己动手排除一般故障。
43. 球磨机在大、中修后，操作人员应怎样进行检查验收工作？其验收工作的要点有哪些？

3 耐火原料加工的附属设备及其使用方法

耐火材料生产原料加工的附属设备主要是指给料设备和运输设备。

为了保证破、粉碎设备有较高的生产能力和工作效率,均匀给料是必要的,而且当工艺条件发生变化时,还可以调节给料量,使之能保持在良好的条件下运行。为此,必须配用适当的给料机作为自动给料之用。耐火材料厂常用的给料设备有:电振给料机、格式给料机、槽式给料机、带式与螺旋给料机等(本书只介绍电振给料机)。

原料加工运输设备是固定安装并用来垂直提升及沿倾斜和水平方向上搬运和输送物料。合理地选用运输设备不仅可以充分发挥破碎、磨碎、筛分、混合等设备的生产能力,缩短生产周期,减轻劳动强度,改善劳动条件,而且在运输过程中可同时完成拣选(除铁)、计量、干燥等加工工艺。耐火材料厂常用的固定式运输设备主要有带式输送机、斗式提升机、振动输送机和螺旋输送机等。

3.1 电磁振动给料机

电磁振动给料机(以下简称电振给料机)在耐火材料生产中用途很广,它能把块状、颗粒状物料从贮料仓中排出并均匀连续和定量地送到受料设备中去。如从料仓中排料,向带式输送机、斗式提升机和螺旋输送机给料,也可向各种破碎、磨碎和混合设备喂料以及在配料中向称量斗加料等。当工艺条件发生变化时,能进行给料量调节,由于给料量易于调节,便于实现给料量的自动控制,因而可实现配料工艺流程的自动化。

电振给料机是一种比较新型的给料设备,它同其他给料设备相比具有以下优点:

(1) 体积小、重量轻、结构简单、无转动部件、不需润滑、使用维护方便;

(2) 电磁振动给料机由于运用了机械振动学的共振原理,双质体在临界共振状态下工作,因而消耗电能少;

(3) 由于控制系统可以用电压调节方法来调节给料机振幅,因而可方便地、无限地调节给料量,实现生产流程的集中控制和自动控制;

(4) 由于给料槽中的物料在给料中连续被抛起,呈跳跃状态向前运动,所以给料槽体磨碎较小。

其缺点是第一次安装时调整较困难。对黏性较大和湿粉状物料不宜采用此设备。

3.1.1 构造和工作原理

电振给料机主要由槽体、电磁激振器和减震器三部分构成,如图 3-1 所示。

槽体 1 是给料机输送物料的工作部件,形状如畚箕,由 3 ~ 5 mm 厚的钢板焊接而成,根据需要也可用别的材料制造。由料仓下来的物料经槽体输送给下一个受料设备。

电磁激振器是给料机的动力源,它使槽体产生振动。由以下几个部分组成,参见图 3-1。

(1) 连接叉。连接叉 2 是铸铁件,它与槽体刚性连接,将激振力传给槽体。

(2) 电磁铁。电磁铁一般由“山”字形铁芯 5 和线圈 6 组成,铁芯用厚度为 0.35 mm 的硅钢片迭装,线圈套在铁芯上,铁芯用螺栓与壳体 9 刚性连接。

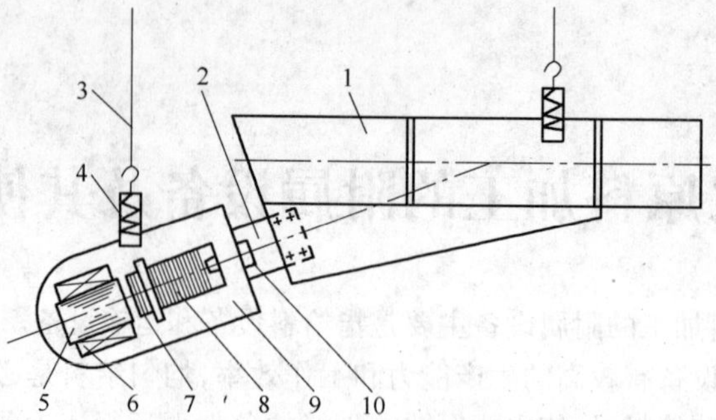

图 3-1 电磁振动给料机示意图

1—槽体；2—连接叉；3—吊杆；4—减振器；5—铁芯；6—线圈；7—衔铁；
8—板弹簧；9—壳体；10—板弹簧压紧螺栓

(3) 衔铁。衔铁 7 由厚度为 0.35 mm 的"一"字形硅钢片迭装而成，并紧固于连接叉上。

(4) 壳体。壳体 9 也是铸铁件，它除了作为支撑零件外，还是振动系统的配重。

(5) 板弹簧。板弹簧 8 由若干片优质弹簧钢迭成，中间用螺栓(图中未画)夹紧在连接叉中，两端分别用螺栓 10 夹紧在壳体上，以构成给料机的弹性系统。板弹簧是给料机的主要工作零件，其质量好坏直接影响给料机的工作性能。

减振器 4 由四个螺旋弹簧组成，其中两个连在槽体上，另外两个连在激振器上，从而可把整个给料机悬挂起来。

电磁激振器线圈通过的电流是经过单相半波整流的脉冲电流。当线圈接通电源后，在正半周内，线圈有电流通过，铁芯产生脉冲电磁力吸引衔铁，与衔铁相连接的板弹簧受力弯曲，并带动连接叉和槽体向线圈方向运动。在负半周，线圈中无电流通过，电磁力消失，在板弹簧恢复力的作用下，衔铁和槽体离开线圈，朝相反方向运动，这样电振给料机槽体就以交流电源频率沿激振器的方向(倾斜方向)作每分钟 3000 次的简谐振动，参见图 3-2。

电振给料机作用原理如图 3-3 所示。在电磁力作用下，槽体沿 S 方向作简谐振动，β 为振动的方向(振动角)，G 为物料颗粒的重量。

图 3-2 电磁激振器

1—槽体；2—连接叉；3—吊杆；4—减振器；5—铁芯；
6—线圈；7—衔铁；8—板弹簧；9—壳体；10—空气隙

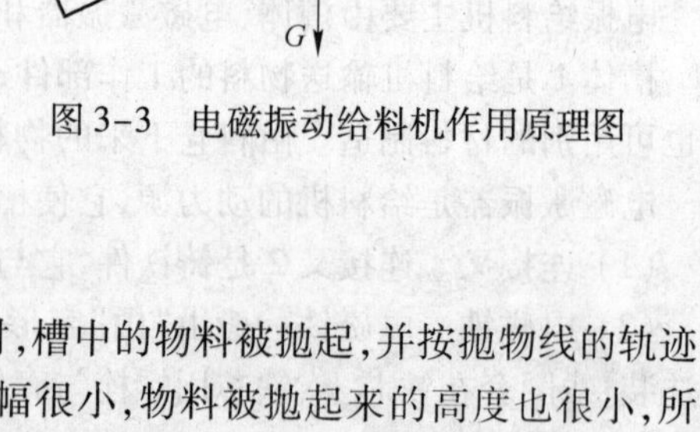

图 3-3 电磁振动给料机作用原理图

当槽体振动加速度的垂直分量大于重力加速度时，槽中的物料被抛起，并按抛物线的轨迹向前进行跳跃运动。由于电振给料机振动频率很高，振幅很小，物料被抛起来的高度也很小，所以只能看见物料在槽中连续向前流动，只有当单颗物料在槽中时，才能看见微小的跳跃运动。

3.1.2 给料量的调节原理

电振给料机的给料量调节是通过调节其槽体振幅来达到的。因电振给料机槽体振幅与电磁激振器的激振力幅值大小成正比，所以一般是用改变激振力的方法来调节的。

对于半波整流激磁的电振给料机，其激振力幅值的计算公式为：

$$F = 8\left(\frac{U \times 10^{10}}{5000 \times 4.44zf}\right)^2 \cdot \frac{1}{S}$$

式中 F——激振力，N；

U——电源电压的有效值，V；

z——激振器线圈匝数；

f——电源的频率，s^{-1}；

S——激振器磁极总面积，m^2。

从上式可知，激振力幅值与电压的平方成正比，与线圈匝数的平方成反比，所以可用调节电源电压和改变线圈匝数的方法调节振幅。由于改变线圈匝数比较麻烦，故很少采用，通常是用调节电压的方法。图 3-4 所示的是调节电压经半波整流供给激振器的调压器电原理图。调压器实际上是一个自耦变压器，其结构简单，调节范围大，但是不易实现自动控制。此外，还可用可变电阻调节器、可变电感调节器，可变电容调节器和可控硅整流调节器来调节电流，限于篇幅，本书就不再赘述了。

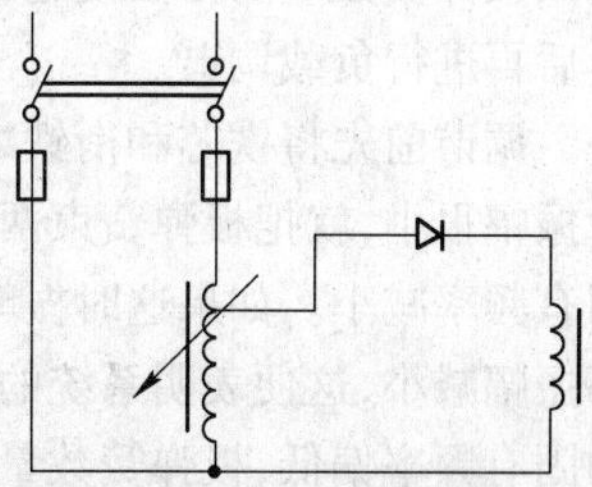

图 3-4 调压器电原理图

实际生产中，当需调节给料量时，可旋动控制箱面板上的振幅调节旋钮，观察电流的指示数值并根据生产实际要求确定最佳给料量。

3.1.3 安装、调整机调谐

电振给料机正常运行的稳定性和可靠性在很大程度上与设备的正确安装和调整有关。

3.1.3.1 安装

(1) 主体的安装。电振给料机一般是整体安装到工作位置上去。对于现场条件需要把槽体和激振器拆开便于安装时，应注意在重新组装后必须把所有紧固螺栓拧紧，否则将影响电振给料机运转的稳定性。

(2) 安装角度因方向的不同而不同，具体如下：

1) 纵向：对于流动性好的物料，电振给料机槽体的安装角度应向下倾斜 10°；对于黏性物料，安装角度向下倾斜 15°～20°，以利物料输送。

2) 横向：电振给料机安装时横向应水平，否则在输送过程中物料将会向一边偏移。

(3) 吊杆的安装。吊杆应该挂在主构架上，如果构架刚性不够将对电振给料机的正常运转造成不利影响。吊杆向外张开的角度为 10°左右，且两侧张开角度应该对称，这样可以避免电振给料机过分地侧向移动。

在负载的影响下，电振给料机可能发生某些摇摆。所以应该使电振给料机与附近的物体(钢架、钢槽等)保持一定的间距，以免碰撞，纵向间距不小于 50 mm，横向间距不小于 25 mm。

(4) 电气设备安装。电振给料机的电气安装应该按接线图与电气原理图进行接线。其机壳与控制箱体按电气设备安装规程进行接地保护。

3.1.3.2 调整调谐

(1) 机体与气隙调整。首先检查所有紧固螺栓,不允许有松动现象存在,然后检查激振器的激振力作用线(激振器中心线)是否通过槽体的重心以及检查激振器的中心线与槽体中心线是否在同一垂直面内,如果激振器力的作用线与槽体重心有偏移,则电振给料机除产生定向振动外,还将产生附加扭转振动;如果激振器中心线与槽体中心线不在同一垂直面内,则物料的输送方向将发生偏斜。另外必须把铁芯和衔铁之间的气隙调至标定值,如气隙太大,则会增大电流和功率消耗,并使振幅减小;如气隙太小,铁芯和衔铁就会发生碰撞,造成铁芯和衔铁等部件的损坏。铁芯和衔铁的两工作面应调至平行。

(2) 振动系统的调谐。电振给料机系统的调谐是一项十分重要的工序,其调谐的好坏将直接影响设备能否正常和稳定地运行,主弹簧为板弹簧的电振给料机在半波整流激磁时,通常是用增减板弹簧数量的方法使电振给料机的固有频率改变,以达到给定的调谐值。调谐先空载运行,然后再进行负载调谐。

调谐前先将铁芯和衔铁之间的气隙调到额定值,然后接通电源,使电流达到额定值。如果这时振幅很小,就把板弹簧束两端的顶紧螺栓稍微松动,使弹簧的有效长度增加,使系统(机器)的固有频率减小。如果这时振幅开始增大,这表明系统的固有频率偏高,板弹簧数量必须减少;如果振幅减小,这便表明系统的固有频率偏高,板弹簧数量必须减少;如果振幅减小,这便表明系统的固有频率偏低,板弹簧数量必须增加。根据实际情况可抽掉或增加一些板弹簧来加以调整。调谐完毕后,板弹簧束的所有顶紧螺栓必须压得很紧。

由于电振给料机运行的稳定性和可靠性在很大程度上受板弹簧顶紧螺栓和铁芯、衔铁紧固螺栓的紧固程度影响,所以在试运转过程中要反复拧紧,直至设备运转稳定为止。

3.1.4 电振给料机的使用及注意事项

3.1.4.1 使用

电振给料机在启动时没有大的启动电流,其启动几乎不引起供电电网的电压降低或破坏其他电气设备的正常运行。同时电振给料机的槽体振幅在空载和负载情况下变化很小,启动时其振幅顺时即可达到给料稳定值,停机时,其振幅瞬时即可衰减为零。这种特性提高了定量给料的准确程度,并使电振给料机可以在额定电压下带负荷直接启动与停机。

欲使电振给料机给料时,可接通转换开关,信号灯发亮,激振器线圈绕组接入电源,电振给料机开始工作。刚安装的电振给料机,应调节调压器或电位器旋钮,逐渐使振幅达到额定值,这时电压、电流均应达到额定值。而对一直进行工作的给料器,一般不轻易旋动调节旋钮,只有在工作状况和需要的给料量发生变化时,才能旋动调节旋钮。此外,调节料仓和漏斗闸门的开度可以得到适合的物料层厚度,以达到所要求的生产能力。

3.1.4.2 注意事项

(1) 运行中应经常检查所有螺栓紧固情况,特别是主弹簧的顶紧螺栓;

(2) 铁芯和衔铁之间的气隙在任何时候都应保持平行和清洁;

(3) 对于工作在尘土较多的场合或输送铁磁性物料时,激振器的密封盖必须盖好;

(4) 线圈压板必须压紧,防止因振动而使线圈磨破,线圈引出线可以穿橡胶套管;

（5）主弹簧在设备运转当中如振动突然发生变化，除马上检查电气控制部分外，还应检查主弹簧是否有断裂现象。如有损坏应换上同样规格尺寸的弹簧；

（6）更换耐磨衬板时，应换上相同厚度的耐磨衬板。

3.2　带式输送机

带式输送机习惯上称为皮带运输机，是耐火材料工业中应用最广泛的一种连续式运输机械。带式输送机输送的物料范围广，能长距离输送，输送能力高，输送量大，功率消耗较少，结构简单，工作可靠，维护方便。主要用于输送容量为1.0～2.5 t/m^3 的粒状、块状等散装物料，也可用于成件物品的运送和作为工作单机之间半成品的输送设备，但其占地面积大，爬升角度受到一定限制，较难密封。

带式输送机分移动式和固定式两种类型。移动式带式输送机用于位置不固定的料场、仓库等处物料的短距离堆垛、装卸和输送。图3-5所示即为移动式带式输送机。

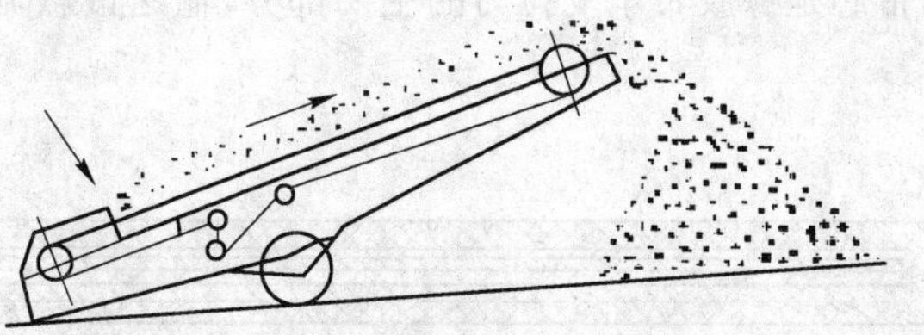

图3-5　移动式带式输送机

固定式带式输送机则用于固定场所物料的输送。它可水平布置也可斜倾布置，主要布置形式如图3-6所示。

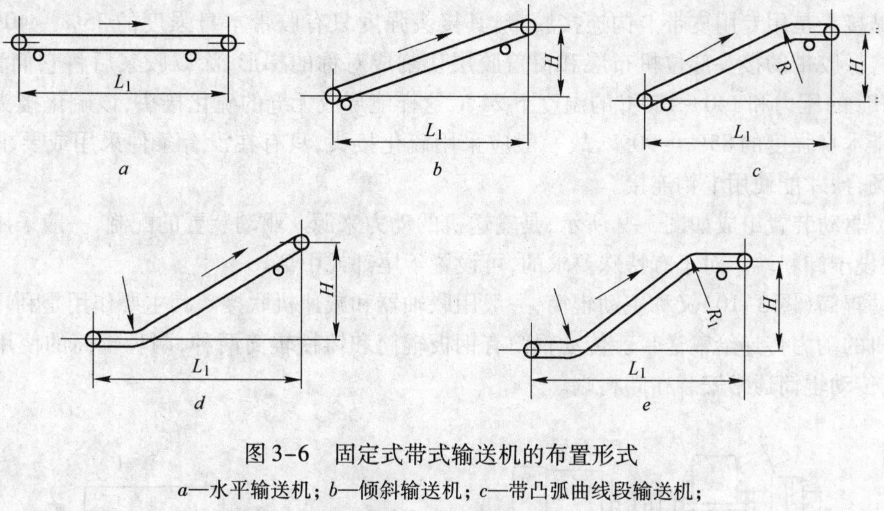

图3-6　固定式带式输送机的布置形式

a—水平输送机；*b*—倾斜输送机；*c*—带凸弧曲线段输送机；

d—带凹弧线段输送机；*e*—带凸弧及凹弧曲线段输送机

3.2.1　构造和工作原理

带式输送机的构造如图3-7所示。主要由闭合的输送带5，驱动装置（图中未画出）、传动滚筒3、改向辊筒7、托辊4和11、拉紧装置8和机架等部分组成。物料从输送机的加料端加入，随着输送带的前进，把物料带到卸料端卸下，以完成物料的输送工作。

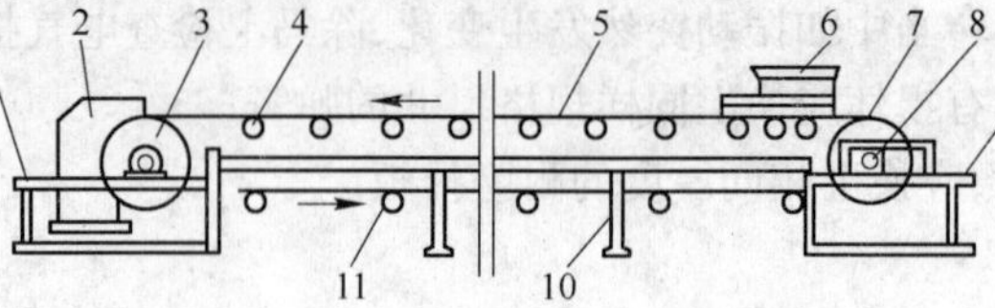

图 3-7　带式输送机示意图

1—头架；2—头罩；3—传动辊筒；4—上托辊；5—输送带；6—加料漏斗；
7—改向辊筒；8—拉紧装置；9—尾架；10—中间架；11—下托辊

带式输送机各组成部分分述如下：

（1）输送带在带式输送机中起牵引和承载作用。常用的有橡胶带和塑料带两种。橡胶带见图 3-8，内部有数层帆布作为带芯，层与层之间用橡胶黏合，上下两面和左右侧面另覆盖橡胶保护层。橡胶带的上面为工作面，要与物料接触，保护层较厚。下面为非工作面，保护层较薄，使用时注意不要弄错。帆布带芯是橡胶带承受拉力的主要部分，输送带愈宽，承受拉力愈大，层数也愈多。

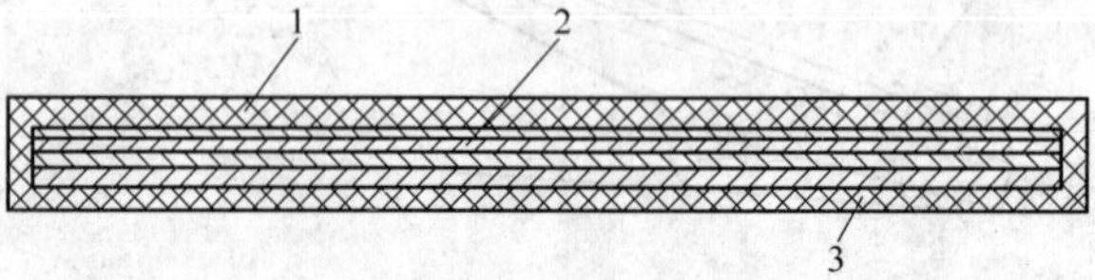

图 3-8　橡胶输送带的横断面

1　工作面，2　带芯，3　非工作面

橡胶带接头处的连接质量直接影响带的使用寿命。橡胶带接头有机械接头和硫化接头两种。机械接头是用专用皮带卡钩连接胶带，其接头强度只有胶带本身强度的 35% ~40%；硫化接头是将橡胶带的接头部位帆布层和覆盖胶层切割成对称的梯形，涂以胶浆后将它们置于 0.5 ~0.8 MPa 的压力和 140 ~150℃的温度下 24 h，这样能形成无缝的硫化接头，该硫化接头的强度可达胶带本身强度的 85% ~90%，故一般应采用硫化接头，只有在没有条件采用或要求检修时间短的场合，才能使用卡钩连接。

（2）驱动装置组成如图 3-9 所示，是输送机的动力来源。驱动装置的配制，一般采用单辊筒驱动，并设于卸料端。对于有特殊要求的，可设置于尾部或中部。

传动辊筒（图 3-10）又称主动辊筒，一般用联轴器和减速机联接。其主要作用是利用摩擦力把电动机的动力传递给输送带。传动辊筒有钢板辊筒和铸铁辊筒两种，两种辊筒的使用性能基本一致，传动辊筒通常安装在卸料端。

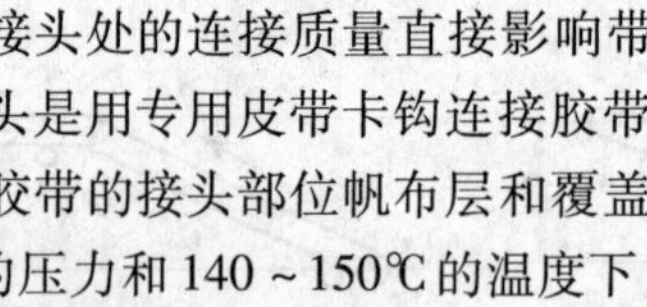

图 3-9　驱动装置

1—电动机；2，4—联轴器；3—减速器

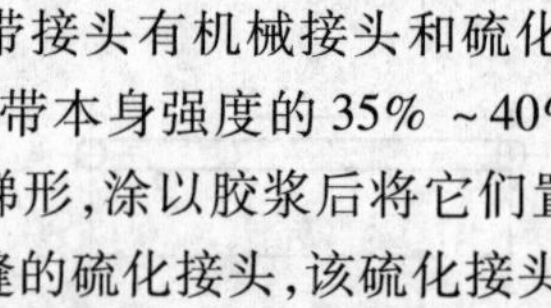

图 3-10　传动辊筒

1—辊筒；2—轴承座

还有一种把电动机和减速机都装在辊筒内部的传动辊筒，称为电动辊筒，见图 3-11。电动辊筒密封性好，操作安全，结构紧凑，易于安装布置。

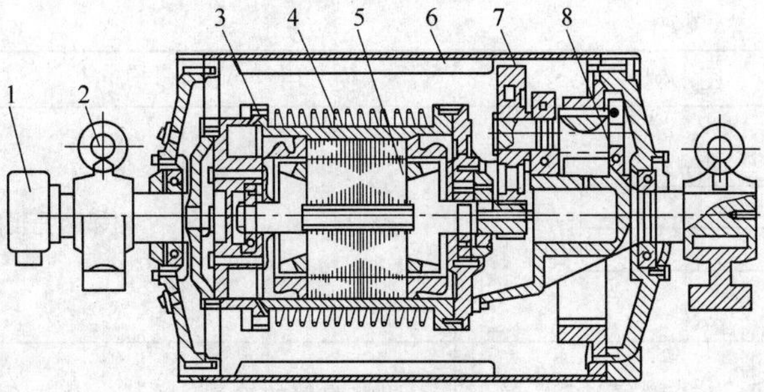

图 3-11　电动辊筒

1—接线盒；2—轴承座；3—电机外壳；4—电机钉子；5—电机转子；
6—辊筒外壳；7—正齿轮；8—内齿圈

改向辊筒又称从动辊筒，如图 3-12 所示。改向辊筒的作用只是改变胶带的运动方向，不需传递动力，负荷较轻，故其大部分结构尺寸都比传动辊筒小，改向辊筒也有钢板辊筒和铸铁辊筒两种，两种辊筒的使用性能基本一致。托辊的作用是支撑输送带机带上的物料，以限制输送带下垂，如图 3-12*b* 所示。表 3-1 为托辊的图例及布置要求。

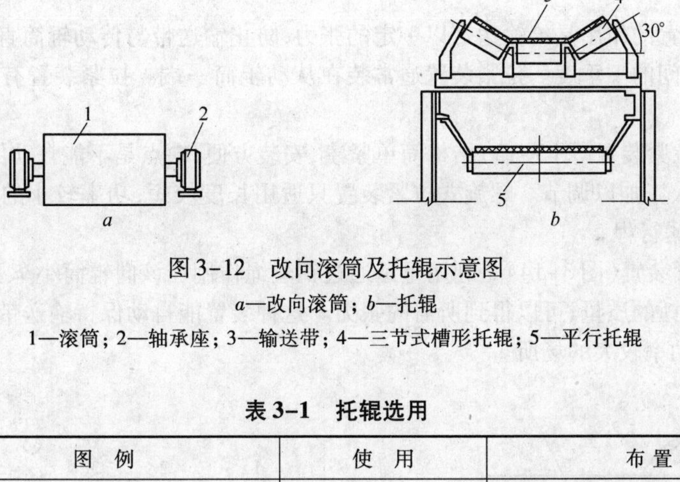

图 3-12　改向滚筒及托辊示意图

a—改向滚筒；*b*—托辊

1—滚筒；2—轴承座；3—输送带；4—三节式槽形托辊；5—平行托辊

表 3-1　托辊选用

形　式	图　例	使　用	布置要求
平行上托辊	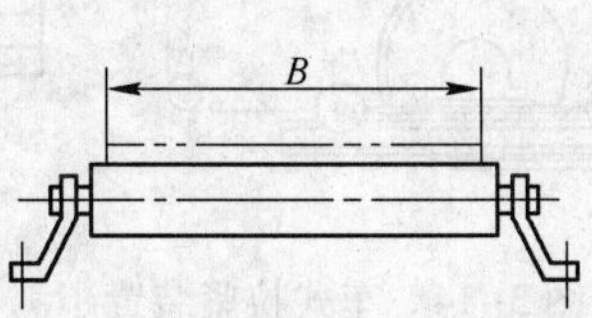	承载段	1. 输送散装物料：相邻两托辊间距 L_0 = 1200 mm； 2. 输送成件物品：物品中 $G \leqslant 20$ kg 时，间距为 1 m，$G > 20$ kg 时，物品应始终同时处在两个托辊上； 3. 受料段：间距应为 $1/3 \sim 1/2L_0$； 4. 凸弧段：间距应为 $1/2L_0$
槽形上托辊	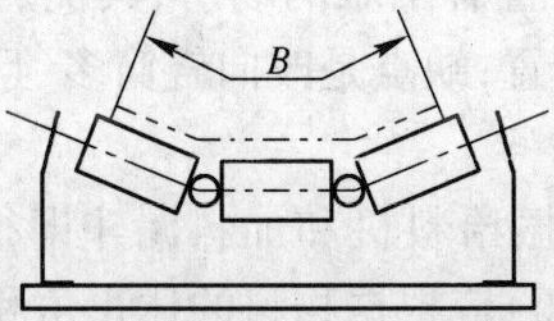	承载段	1. 输送散装物料； 2. 受料段； 3. 凸弧段； （1～3）同平行上托辊 4. 头部滚筒中心和相邻的一组槽形上托辊间距为 1.3 L_0，尾部滚筒中心和相邻的一组槽形上托辊间距大于 L_0，必要时根据需要可适当缩小

续表 3-1

形　式	图　例	使　用	布 置 要 求
平行下托辊	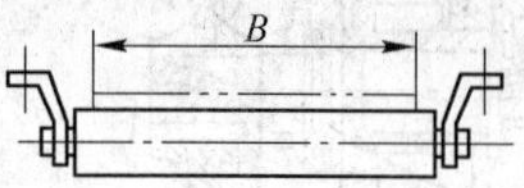	空载段	相邻两托辊间为 2 L_0 ~3 m
调心托辊	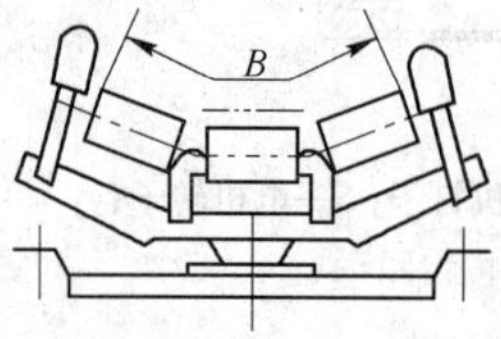	调整跑偏的输送带，槽形调心托辊和平行调心托辊用于承载段，平行辊调心下托段用于空载	承载段：每隔 15 ~ 20 组上托辊布置一组； 空载段：每隔 10 ~ 15 组下平行托辊布置一组
缓冲托辊	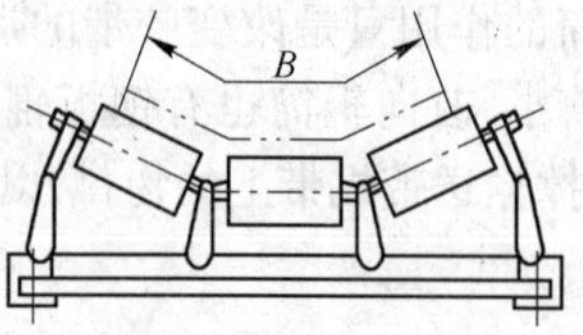	受料处，减轻物料对输送带冲击	根据冲击情况取 1/2 ~ 1/3L_0 或更小为相邻两托辊间距

(3) 拉紧装置的作用是给输送带以一定的张力，防止输送带与传动辊筒直接打滑，并可减小输送带在两托辊间的下垂度。拉紧装置通常装在从动辊筒一端。拉紧装置有螺旋式，车式和垂直式等几种。

1) 螺旋式拉紧装置(图 3-13)结构简单紧凑，安装方便，缺点是不能自动保持输送带有恒定的张力，必须由人工加以调节。螺旋式拉紧装置只适用长度较短，功率较小的输送机，一般选用机长的 1% 为拉紧行程。

2) 车式拉紧装置(图 3-14)是利用重锤通过钢丝绳作用在该向辊筒小车上的拉力使输送带张紧的。调节重锤的质量，可以得到所需的张力。这种装置能自动保持输送带的张力不变，适用于输送机较长，功率较大的场所。

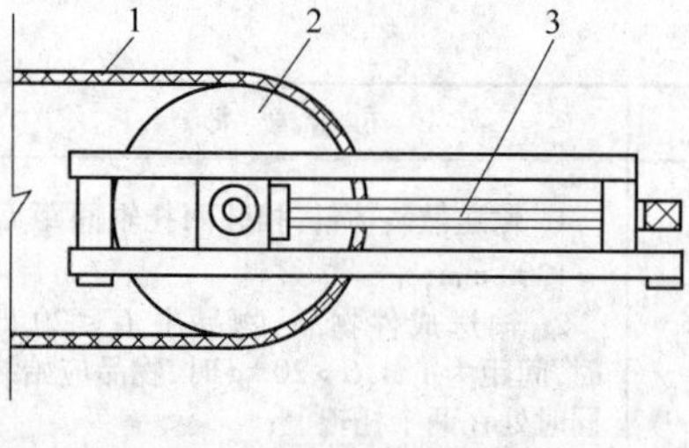

图 3-13　螺旋式拉紧装置

1—输送带；2—改向辊筒；3—螺杆

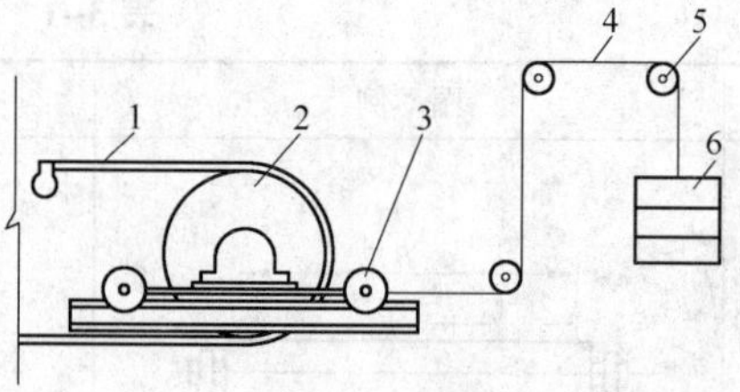

图 3-14　车式拉紧装置

1—输送带；2—改向辊筒；3—小车；4—钢丝绳；5—滑轮；6—重锤

3) 垂直式拉紧装置(图 3-15)适用采用车式拉紧装置有困难的场所，其优点是利用了输送机走廊下面的空间，也能自动调整输送带的张力，便于布置；缺点是改向辊筒多，且物料容易掉入输送带与拉紧辊筒之间而影响胶带的使用寿命。

(4) 为了将物料均匀地加到输送带上，常常采用电振给料机和加料漏斗即行加料(电振给料机的使用详见 3.1 节)。加料漏斗出口的倾角(图 3-16)应根据物料的休止角和输送带速度决定，一般为 25° ~ 45°。在加料漏斗的出口端，最好制成一段筛板，这样可使物料中的细粉预先从筛孔中漏到输送带上，在带上形成一层细粉衬垫，避免大块物料加入时与输送带直接碰击，从而保护了输送带。此时，在筛板后部应装一挡板，以免细粉落下时灰尘外溢。

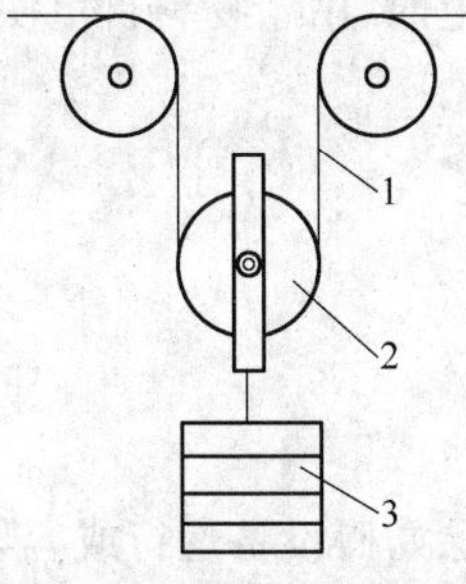

图 3-15　垂直式拉紧装置

1—输送带；2—改向辊筒；3—重锤

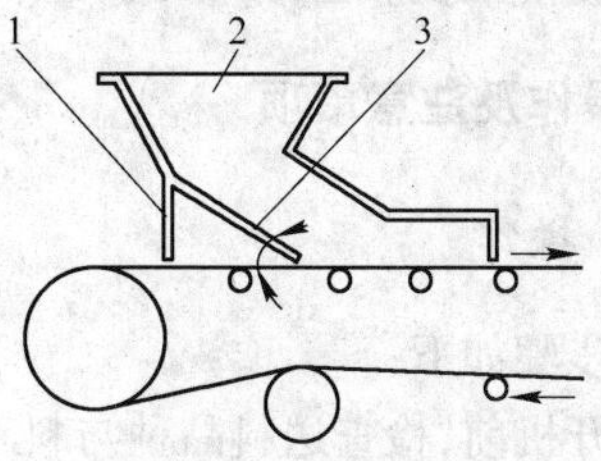

图 3-16　加料漏斗

1—挡板；2—漏斗；3—筛板

物料从输送带上卸下来有两种情况，一是终端卸料（图 3-17）；另一种情况是中途卸料。终端卸料不需另装卸料装置，物料输送到终端在重力作用下会自动卸下。中途卸料的卸料装置有犁式卸料器（包括刮板卸料）和电动卸料车两种，如图 3-18 和图 3-19 所示。

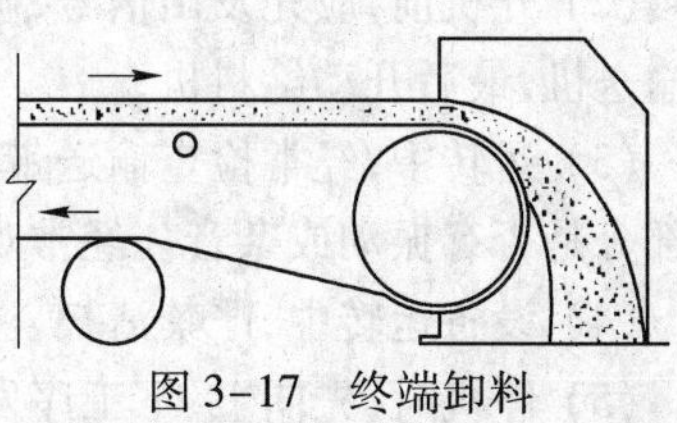

图 3-17　终端卸料

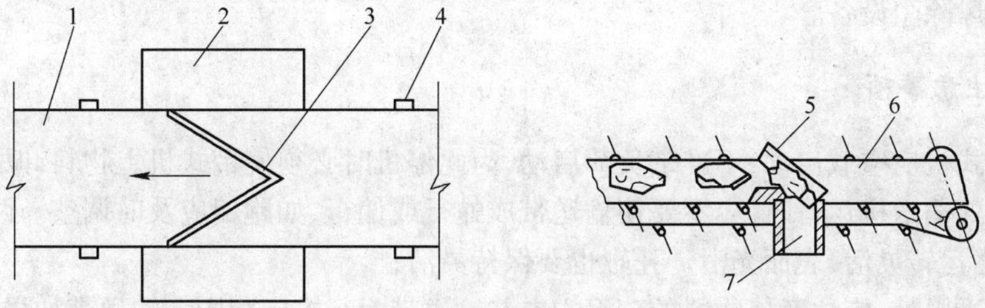

图 3-18　中间卸料器

1—输送带；2—料斗；3—刮板；4—托辊；5—犁式卸料器；6—输送带；7—卸料口

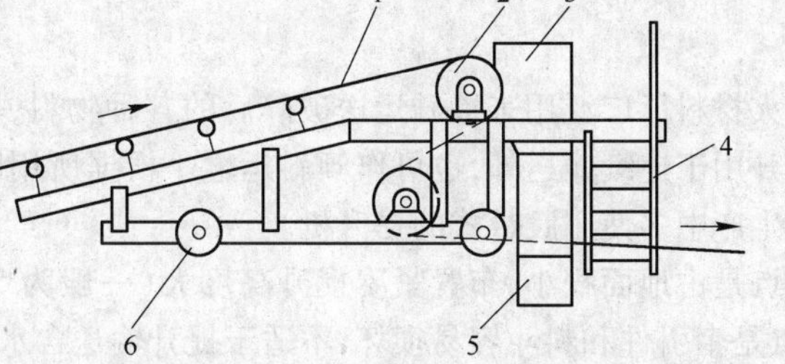

图 3-19　卸料车

1—输送带；2—滚筒；3—料斗；4—钢梯；5—溜管；6—车轮

犁式卸料器，结构简单，造价低廉，缺点是对输送胶带磨损比较严重。电动卸料车装在输送机两侧的轨道上，并能在行程区间内任何一点卸料，缺点是结构复杂，造价较高且输送带多次改向，动力消耗也大。

输送机还配置有清扫器，给料装置和磁分离装置，还可增设称量装置。对倾斜的带式输送机还须增设制动装置。

清扫器用于清扫黏在输送带工作面或落在输送带非工作面上的物料。

为了确保和提高耐火材料制品的质量，在输送物料过程中，利用磁分离来分离铁质。

制动装置是用来防止倾斜的带式输送机在停车或突然停电时，由于物料自重使输送带逆转，造成物料脱落堆积。当倾角大于40°时应增设制动装置。

3.2.2　操作及注意事项

3.2.2.1　操作

操作步骤如下：

(1) 开机前，检查送料品种与料斗内的贮料是否一致，清除妨碍设备运行或容易造成混料的杂物。根据润滑部位规定用的油脂种类进行注油，检查卸料开关及电气部分是否灵活好用，对于移动式，可逆式输送机应检查换向开关是否灵敏，滑线部分是否牢固可靠；

(2) 开机前，应先发出信号，确认无误后方可开机。开机时先开防尘和除铁设备，再开动带式输送机，最后开动给料机；

(3) 运转中，经常检查输送带是否跑偏或掉料。当发现输送带歪斜时，要及时调整。检查传动部分是否有振动或杂音。经常观察皮带上物料情况，及时取下物料上的异物及杂质；

(4) 设备运转中，严禁清扫、注油、调整维修和跨越设备，以免发生安全事故；

(5) 停机时，先向上、下工序发出停机信号，待上、下工序返还信号后，方可停止带式输送机，最后停止通风除尘设备。

3.2.2.2　注意事项

(1) 带式机应空载启动，不准带负荷启动，为此停机时必须使带式机上物料卸尽；

(2) 带式输送机运行时，应不要使输送带成蛇行或偏行，如跑偏应及时调整。两侧如有导向立辊，应使之运转灵活，表面光滑。托辊也要保持灵活；

(3) 在受料处，应注意使物料的落下方向与输送带运行方向相同。输送带如局部受伤，应急时修理，以防损伤扩大；

(4) 设备运行时，应经常巡回检查，发现问题要及时处理。

3.3　斗式提升机

斗式提升机是耐火材料厂广泛用来提升运送破碎后的各种物料，一般是从下层提升到楼上以备筛分。除垂直提升用于连续输送外，也可作倾斜运输。根据所用牵引件的不同分为胶带式和链条式。耐火材料生产中多使用胶带式的提升机。

斗式提升机的优点是占地面积小，布置紧凑提升高度大(一般为5～30 m)，密封性好，构造简单和维修方便；缺点是牵引件和料斗容易损坏，不适于提升输送含水量大及黏性大的物料。

3.3.1　构造和工作原理

斗式提升机主要由驱动装置、上部传动滚筒、挠性牵引件、斜斗、下部拉紧滚筒等组成。其构造如图3-20所示。在挠性牵引件(胶带)1上每隔一定间距用专用胶带螺栓紧固着钢质料斗2，传动滚筒4装于上部区段，传动滚筒结构如图3-21所示。传动滚筒轴用联轴器与驱动装置中的减速机联接。驱动装置由Y型电机、三角皮带轮，三角皮带、减速机以及联轴器组成。驱动装置的全部部件安装紧固于提升机上部区段的平台6上。为了防止由于偶然的原因(如停电)，所引

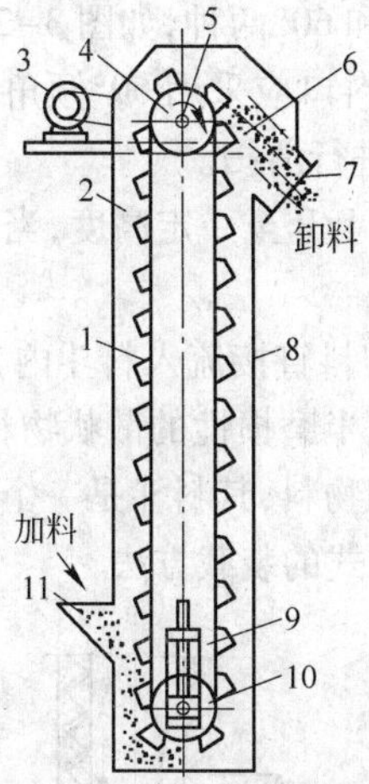

图 3-20 斗式提升机示意图

1—牵引件；2—料斗；3—电动机；4—传动滚筒；5—传动滚筒轴；6—平台；7—卸料口；8—机壳；9—张紧装置；10—拉紧装置；11—进料口

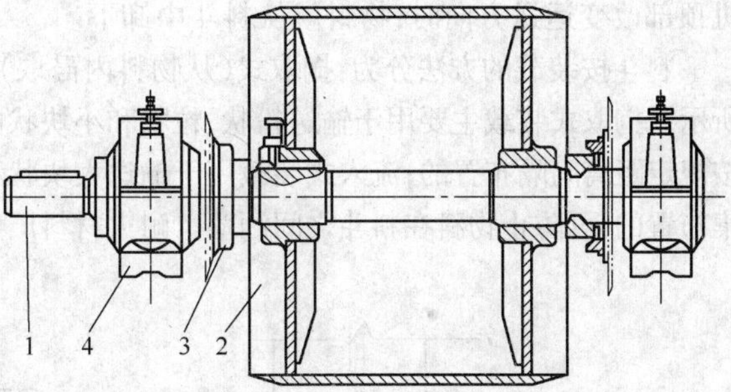

图 3-21 提升机传动滚筒图

1—传动轴；2—传动滚筒；3—防尘环；4—调心轴承

起的停机胶带与料斗向相反的方向运动而将料斗中的物料倾倒于提升机下部区段，在提升机驱动装置中设有逆止制动装置，其结构如图 3-22 所示。图中三角皮带轮 1 仅能按顺时针方向旋转，若三角皮带轮按箭头方向旋转时，片形弹簧 2 将棘爪 3 压入棘轮 4 中而发生制动作用。拉紧滚筒装于提升机下部区段的滑板上。其结构如图 3-23 所示。拉紧滚筒轴承固定于螺旋拉紧装置的滑板上，滑板装于下部区段的导轨内，滑板上 U 形钢板内装有调整螺母，借助于下部区段上的调整螺杆的旋转即可使拉紧滚筒沿提升机下部区段中心线作上下调整移动。全部运行部件均装在机壳内，这样可防止操作时灰尘外溢，在机壳的适当位置还应装有监视门，作为检修和观察之用。

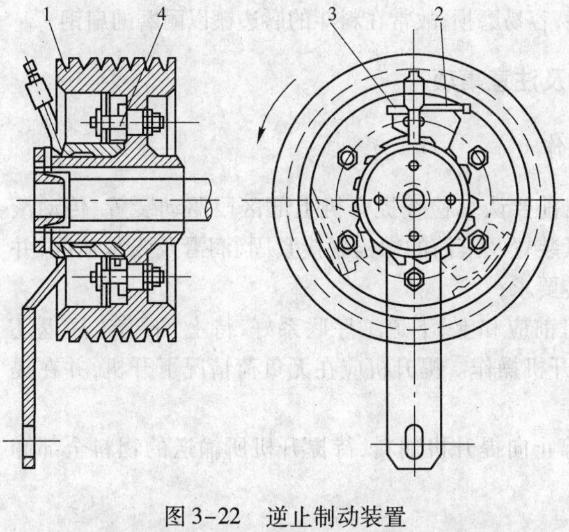

图 3-22 逆止制动装置

1—三角皮带轮；2—片形弹簧；3—棘爪；4—棘轮

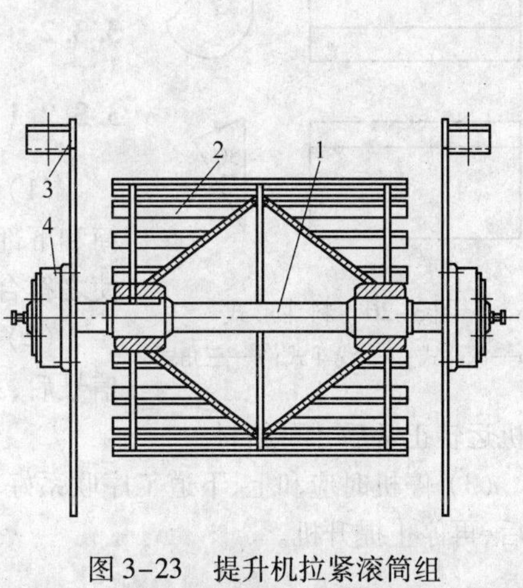

图 3-23 提升机拉紧滚筒组

1—拉紧滚筒轴；2—拉紧滚筒；3—滑板；4—拉紧滚筒轴承

在提升机下部区段端面装有进料口，其加料口的倾角有45°和60°两种，如图3-24所示。对于输送较潮湿和黏性较大的物料，为了保证物料能顺利加入，加料口应采用60°倾角。工作时下部区段底部如积有输送物料，可停机将底部两侧小门打开，以便进行清扫。

物料由下部端面的进料口加入，盛于料斗中的物料随着料斗上升至一定高度，当料斗在提升机顶部改变运送方向时，物料就从料斗中卸下。

料斗按装载的方法分为：掏取式（从物料内舀取）和流入式（物料直接流入料斗内），如图3-25所示。掏取式装载主要用于输送粉状、粒状和小块状的无磨损性或半磨损性的散状物料，其料斗是按规定距离间隔布置的；流入式装载用于输送大块状和磨损性大的物料，其料斗是一个接着一个密集布置的，可防止物料在料斗之间洒落。耐火材料厂大都采用掏取式的装载方法。

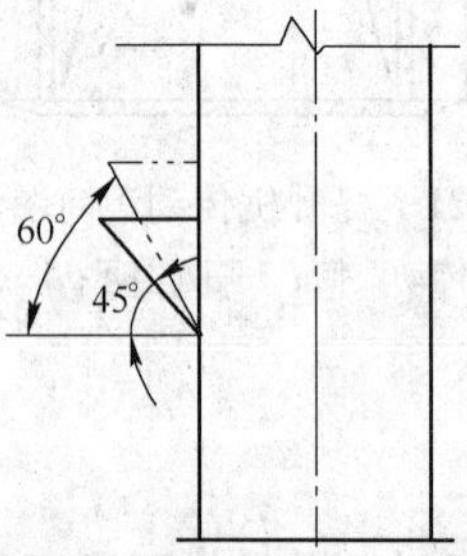

图3-24　加料口

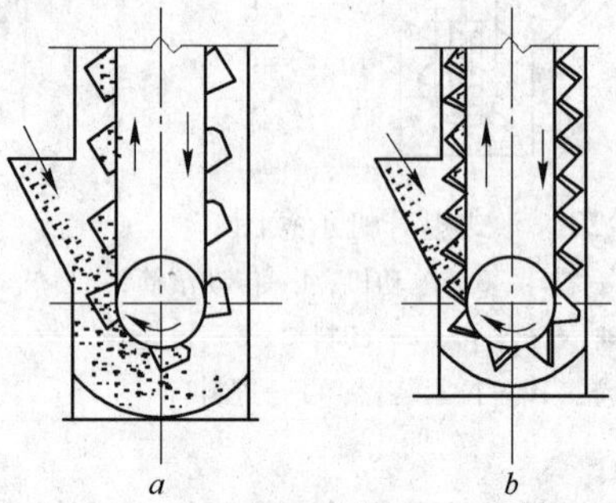

图3-25　料斗的装料方法
a—掏取式；*b*—流入式

料斗一般用钢板冲压焊制而成。料斗有深斗（S制法）和浅斗（Q制法）及带导向槽的尖底三角斗等。其形式如图3-26所示。

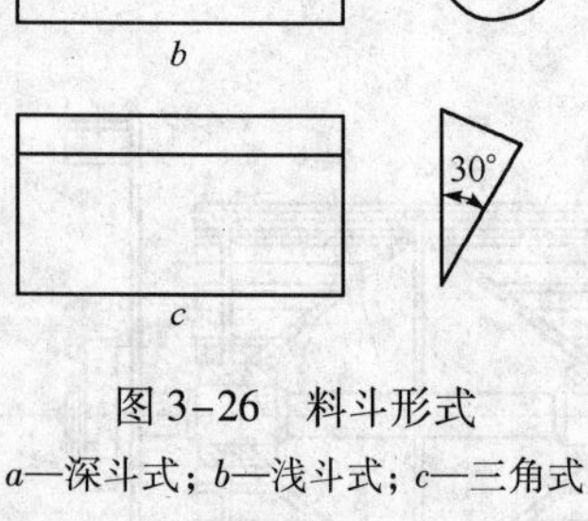

图3-26　料斗形式
a—深斗式；*b*—浅斗式；*c*—三角式

深斗的斗深和容积都比较大，适用于输送干燥、松散和易于投出的物料；浅斗的斗深和容积较小，可用于输送较潮湿、易结块和难以投出的物料。三角斗是一种深斗，可防止物料落在料斗之间或斗外，运行速度较高。对于掏取式装料的料斗，由于料斗的唇边要掏取物料，容易磨损，故常在料斗的唇边镶以耐磨的扁钢。

3.3.2　操作及注意事项

3.3.2.1　操作

（1）开机前要认真检查提升机上部区段驱动装置、传动滚筒和下部拉紧装置及滚筒的螺栓联接紧固、润滑及张紧情况，并使之符合运转要求；

（2）开机前应和上、下道工序联系好，待上、下道工序返还信号后，方可开机操作。提升机应在无负荷情况下开机，并在提升机运转正常后才可给料。

（3）停机时应和上、下道工序联系好，先停止向提升机加料，待提升机所输送的物料全部卸完后，再停止提升机。

3.3.2.2　注意事项

（1）提升机工作时，加料应保持连续均匀，不应过多，以免下部区段被物料堵塞，造成运动阻

力加大,造成牵引件(胶带)拉断的事故;

(2) 斗式提升机的拉紧装置应调整适宜,保持牵引件(胶带)具有正常工作张力。如发现牵引件松弛和歪斜应及时停机进行调整,并注意维护拉紧装置,使其保持清洁灵活;

(3) 经常检查提升机料斗和胶带磨损情况,发现损坏的料斗应拆除并换上新料斗,破损的胶带也应及时修复或更换;

(4) 提升机工作时,所有检视门必须全部关闭;

(5) 提升机工作过程中如发生故障,必须停机检查并排除故障。绝对禁止在提升机工作运转时对提升机的运动部件进行清扫和修理。

3.4 振动输送机

振动输送机是一种无牵引构件的连续输送物料的机械设备,一般用来水平或倾斜连续输送物料(也有用于连续垂直输送物料的),近年来在耐火材料厂逐渐得到推广和应用,振动输送机与其他输送机相比,具有下述特点:

(1) 结构简单,使用和维护方便;

(2) 可使用密封的物料输送槽,防止粉尘外逸,改善环境卫生条件;

(3) 由于物料在被输送时是连续跳跃前进,所以对物料输送槽磨损较小;

(4) 整个机体需润滑的部位少,便于维护保养和修理;

(5) 在运输过程中实现多处加料和卸料,以便与工艺相结合;

(6) 可输送温度较高的物料,一般在150~200℃,如采用特殊结构(如水冷式输送槽),可输送温度高达400~700℃的物料。

振动输送机的主要特点是:工作状态不够稳定,调整较困难,噪声以及动载荷较大,零部件使用寿命短,当用于倾斜输送物料时,其输送能力随倾角的增大显著地下降,不宜输送粉状和黏性物料等。

3.4.1 结构和工作原理

水平布置的振动输送机的结构类型有曲柄振动输送机、偏心振动输送机、电磁振动输送机三种,如图3-27、图3-28、图3-29所示,它们的主要区别在于组成输送机驱动装置的激振器的结构形式不同。

3.4.1.1 曲柄振动输送机

图3-27所示的曲柄振动输送机为曲柄连杆式激振器驱动(图3-27为曲柄连杆式激振器)。激振器由偏心轴和弹性连杆组成。弹性连杆可减少启动力矩。盛放物料的槽体1由摆杆弹簧5支撑。为防止动载荷传到基础上去,通常将激振器在与基础绝振的减振架6上,这个减振架的重量为槽体重量的3~4倍,在槽体和减振架之间装有蓄能弹簧7以减少工作时所产生的激振力。减振架6通过减振弹簧4安装在基础上。图3-30为弹性连杆式激振器。

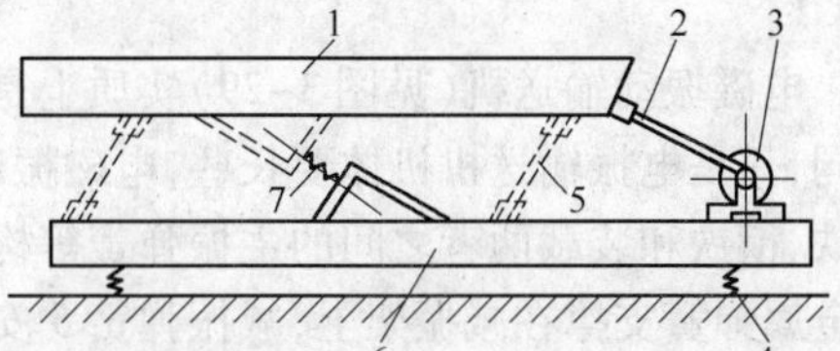

图3-27 曲柄振动输送机示意图

1—槽体;2—弹性联接弹簧;3—驱动;4—减振弹簧;5—摆杆弹簧;6—减振架;7—蓄能弹簧

曲柄振动输送机的双振幅可达30 mm,输送速度可达0.7 m/s,因此比较适合于输送量较大的物料,耐火材料厂使用的振动输送机大多是这种形式。

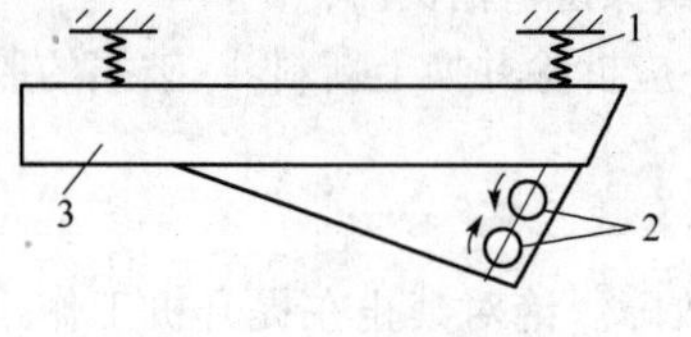

图 3-28　偏心振动输送机

1—减振弹簧；2—偏心振动器；3—槽体

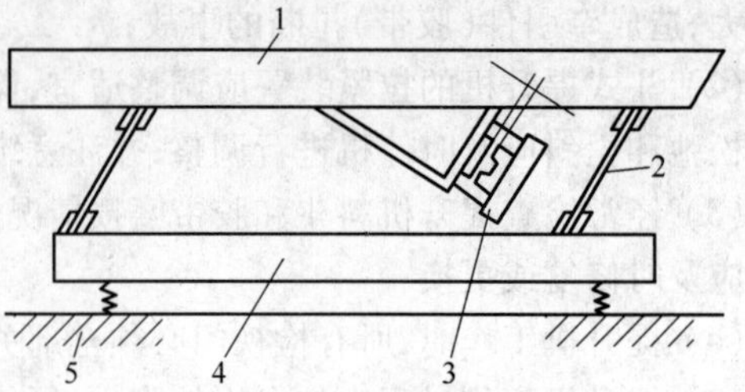

图 3-29　电磁振动输送机

1—槽体；2—摆杆弹簧；3—锥磁激振器；4—减振架；5—减振弹簧

3.4.1.2　偏心振动输送机

偏心式振动输送机的驱动装置为惯性激振器。惯性激振器是利用偏心体旋转时产生的离心惯性力作为激振力来驱动输送机的。惯性激振器安装偏心体的轴承承受到的动载荷较大，分单轴惯性激振器的双轴惯性激振器两种。用双轴惯性激振器（见图 3-31）驱动的双偏心振动输送机如图 3-28 所示。输送机靠螺旋弹簧 1 悬挂。两个质量相等的偏心体 2 通过刚性托架固定在槽体 3 上，它们相对同步回转，产生一个定向激振力，可使槽体定向振动。偏心振动输送机适用于贮料仓排料或大量料流的配料及输送。

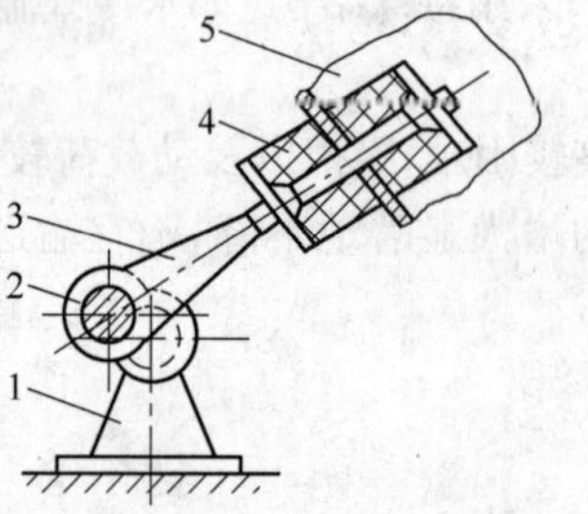

图 3-30　弹性连杆式激振器

1—基座；2—偏心轴；3—连杆；4—橡胶弹簧；5—工作体

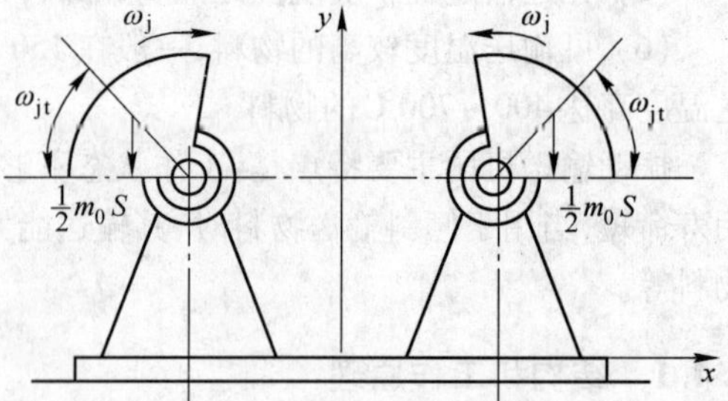

图 3-31　产生单向激振力的双轴惯性激振器

3.4.1.3　电磁振动输送机

电磁振动输送机（见图 3-29）实质上是电磁振动给料机的变形产品，它们的结构和工作原理相同，只是电振输送机机体要长些，电磁振动输送机的驱动装置是电磁激振器，电磁激振器由电磁铁、衔铁和装载两者之间的主振弹簧等构成，电磁激振器在槽体 1 上，槽体 1 用摆杆弹簧或橡胶金属弹簧支撑在减振架上，减振弹簧 5 安装在减震架和基础之间，它起支撑与缓冲作用。

三种类型振动输送机的工作原理总的来说是一致的。图 3-32 所示的振动输送机由连杆式激振器激起振动，输送槽的运动规律呈正弦或余弦曲线变化，振动角为 β 的输送槽 1 只能以和摆杆弹簧成直角的方向作斜向弧形往复运动，当输送槽向上运动将物料加速至超过重力加速度时，物料以和摆杆弹簧成直角方向被抛起，则物料按抛物线的运动轨迹继续前进，直至与槽底接触，重新获得加速后再次被抛起、前进。

物料输送速度取决于输送机的振幅和振动频率。

表 3-2 列出了三种振动输送机技术性能和适用范围。

表 3-2 振动输送机的技术性能和适用范围

参数与特性	曲柄振动输送机	偏心振动输送机	电磁振动输送机
频率/Hz	5～16	12～25	25、50、100
双振幅/mm	6～30	1～12	0.1～2
振动角/(°)	25～30	20～30	20～30
下倾角/(°)	0～10	0～15	0～15
上倾角/(°)	0～12	0～12	0～15
输送速度/m·s^{-1}	0.3～0.7	0.05～0.4	0.01～0.15
输送机长度/m	2～20 特殊结构达 50	0.5～10 特殊结构达 30～50	0.1～5 特殊结构达 10
输送物料	散粒状物料；粉状物料；黏着性弱的物料(有条件)	散粒状物料；粉状物料(有条件)；黏着性弱的散粒物料(有条件)；大块物料(有条件)	散粒状物料；大块物料
适用范围	输　送	输送：贮仓排料，配料	输送；贮仓排料，定量配料

振动输送机的槽体形式是多种多样的，在满足输送物料的条件下，应尽量减轻槽体的重量以减小惯性力，槽体的材料应选择强度较高的钢板制作。振动输送机的槽体形式如图 3-33 所示。

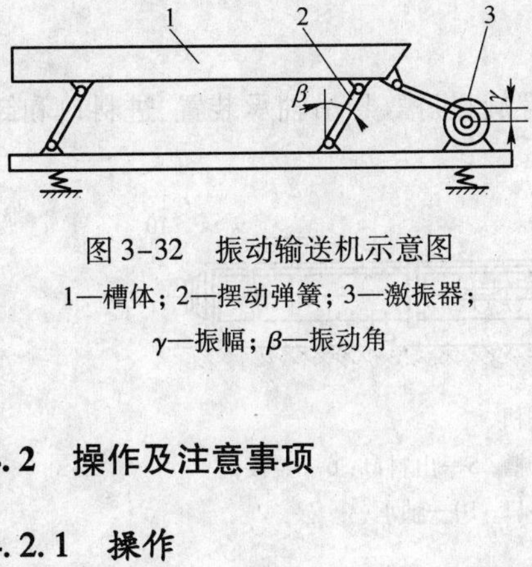

图 3-32 振动输送机示意图

1—槽体；2—摆动弹簧；3—激振器；
γ—振幅；β—振动角

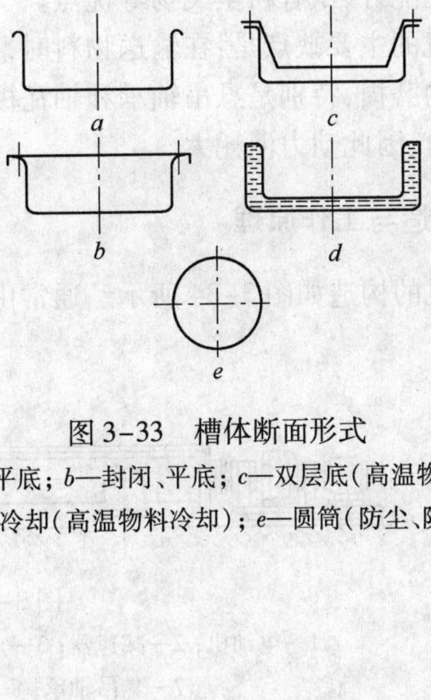

图 3-33 槽体断面形式

a—敞开、平底；b—封闭、平底；c—双层底(高温物料冷却)；
d—水冷却(高温物料冷却)；e—圆筒(防尘、防湿)；

3.4.2 操作及注意事项

3.4.2.1 操作

(1) 开机前应认真检查设备的螺栓联接及润滑情况，检查防尘设施和安全防护装置是否完好；

(2) 开机前应检查料仓主料情况，记清各料仓料别，按当班工作任务要求进行受料输送及卸料，严防混淆和放错物料；

(3) 开机时应和上下工序联系好，先启动除尘设备，再启动输送机，待运转正常后方可向输送机给料；

(4) 输送机的输送量应根据工艺要求进行调整，可根据输送机驱动电机的电流大小来调整给料量，调整给料量可通过启闭贮料仓闸门大小或直接调整给料机；

(5) 停机时应先停止向输送机受料,待输送槽内物料卸尽后,再停振动输送机,最后停止除尘设备。

3.4.2.2　注意事项

(1) 设备运行时应经常注意观察橡胶金属弹簧件工作情况,发现破损应及时更换;
(2) 对于非电磁振动输送机应空载启动,因此停机时必须使输送槽内物料卸尽;
(3) 当贮料仓料别变更时,必须作好贮料仓的清仓检查工作,不得使不同品种的物料混淆;
(4) 班中应经常注意设备的运行情况,发现异常要及时处理。

3.5　螺旋输送机

螺旋输送机(以下简称螺旋机)是一种不带挠性牵引件的连续输送设备,它是利用刚性螺旋的原地旋转将被输送物料沿固定的机槽内推移而进行输送的。在耐火材料厂,螺旋机一般均用于水平或倾角小于20°的倾角短距离输送各种粉料、粒状和小块状的散状物料,输送距离一般小于50 m,适宜的工作环境温度在 -20 ~ 50℃范围内,但不宜输送黏性大、易结块的物料,因为这些物料输送时会黏结在螺旋或者悬吊轴承处,形成物料的阻塞,使螺旋机几乎不能工作或者损坏。

螺旋机具有构造简单、紧凑、操作安全可靠,能在机长方向的任何部位进行中间加料和卸料以及密封性能好,没有粉尘飞扬等优点。

螺旋机的主要缺点是:在输送物料时,由于螺旋的作用,物料有相当严重的粉碎;螺旋面及机槽有强烈的磨损,特别是悬吊轴承和轴瓦极易磨损,而且在输送物料时还要克服物料和机槽、螺旋的摩擦力,因此动力消耗大。

3.5.1　构造与工作原理

螺旋机的构造如图3-34所示。通常由驱动装置、螺旋、机槽、悬吊轴承装置、进料口和卸料口等组成。

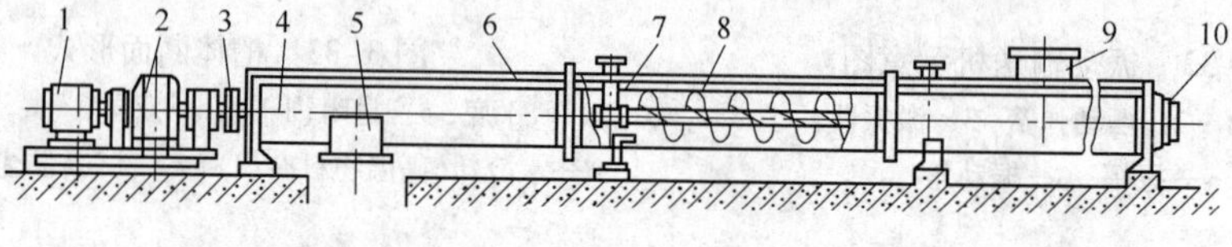

图3-34　螺旋输送机

1—电动机;2—减速器;3—止推轴承;4—机槽;5—出料口;6—盖板;
7—悬吊轴承;8—螺旋;9—进料口;10—轴承

驱动装置由电动机、弹性联轴器、减速机组成,如图3-35所示。这样的驱动装置在使用中具有很高的可靠性,而且效率高,经久耐用。

螺旋是由转轴与装载转轴上的螺旋叶片所构成,叶片是由钢板压制成螺旋形后逐段焊在转轴上的,为了减轻螺旋重量、减少动力消耗,转轴一般由空心的钢管制成。按使用的场合的不同,螺旋有两种形式,即实体螺旋面的螺旋和带式螺旋,如图3-36所示。实体螺旋面的螺距等于直径的0.8倍,适于输送粉状、粒状和小块状物料;带式螺旋面的螺距等于直径,适于输送黏性、易块结及中等块度(大于60 mm)的物料。实体螺旋应用广、效率高。按螺旋线的方向分左螺旋和右螺旋,常用的多为右螺旋。

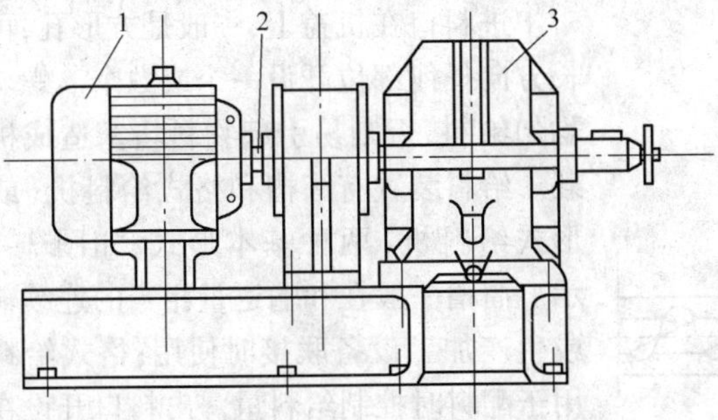

图 3-35 螺旋输送机的驱动装置

1—电动机；2—弹性联轴器；3—减速机

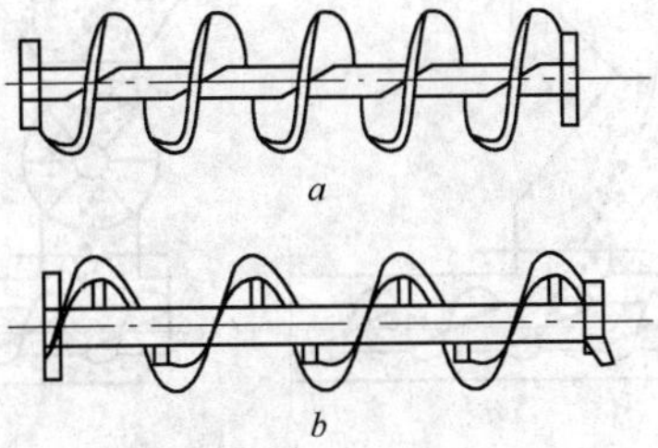

图 3-36 螺旋形式

a—实体螺旋面；*b*—带式螺旋面

为了便于运输、安装和维修，螺旋机的螺旋分为头节、中间节和尾节三种。每一种又有三种不同的长度，依不同的输送长度组成一台完整的输送机。在头节内安装有止推轴承，起支撑作用和承受输送物料时产生的轴向力，每两节螺旋之间用悬吊轴承连接和支撑，在尾节内装有双列球面轴承用以支撑螺旋轴和补偿螺旋长度的误差。三种轴承及安装形式如图 3-37 所示。

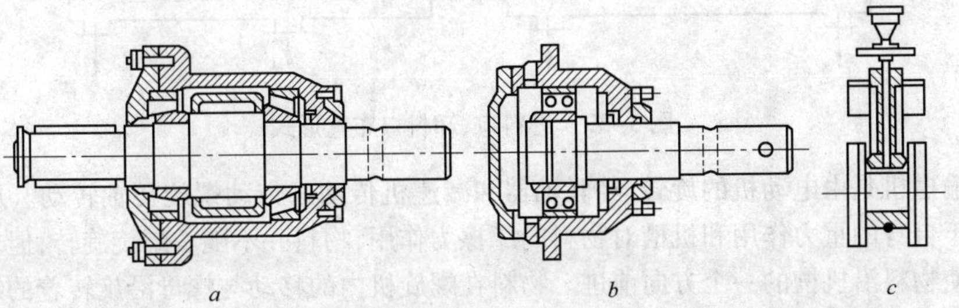

图 3-37 轴承

a—头节前端轴承；*b*—尾节末端轴承；*c*—悬挂轴承

机槽成 U 形，是用 3 ~ 4 mm 钢板制成的，为了检视悬吊轴承的工作情况和清除机槽内物料、杂物，其上方装有可拆卸的密封盖板，盖板制成瓦片式的，用特制的盖紧扣于机槽上，起密封防尘作用。机槽也分为头节、中间节和尾节三种。每节机槽的长度与螺旋分节长度相一致，每节机槽的两端焊有角钢制成的法兰供联接用。

由于物料是在机槽下部运动，所以机槽下半部磨损较严重。为了延长机槽的使用时间，螺旋叶片在安装时，要与机槽底部半圆部分留有一定的间隙，其大小要比物料直径大一些，一般将螺旋与机槽下端的间隙调制 7 ~ 10 mm 为佳。如输送的是磨琢性物料，其间隙还要大些。间隙大小要适当，过大会降低运输效果，过小则容易使叶片和机槽直接接触，造成螺旋面和机槽很快的磨损和擦伤，甚至使电动机负荷过大而损坏。

悬吊轴承是一种特殊的对开式滑动轴承，如图 3-37 所示。当螺旋输送机机体较长时，除机体两端装有止推轴承和双列球面轴承外，中间还需增设一至数个悬吊轴承装置，它可以承受螺旋的一部分重量和操作时所产生的外力。悬吊轴承的外形尺寸应尽可能小些，以减少物料通过时的阻力。

悬吊轴承是螺旋机的重要部件，它工作的好坏直接影响螺旋机的正常工作，螺旋机产生故障的大部分原因都是由于悬吊轴承磨损或损坏造成的。悬吊轴承最大的缺点就是密封不严，物料的粉末极易进入轴承内，造成联接轴和轴瓦严重磨损，这还有待于今后的进一步改进。

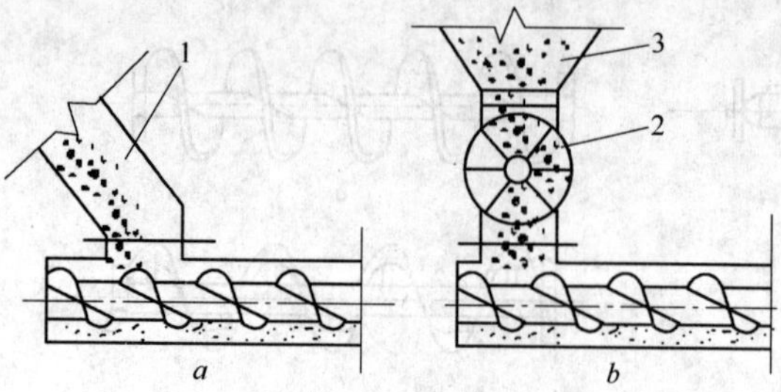

图 3-38　给料装置
1—溜槽；2—格式给料器；3—料仓

进料口在机盖上，一般是方形孔，可在机长方向任何部位开设一个或数个。螺旋机需均匀给料，否则易引起物料堵塞造成机器过载。给料装置有溜槽和格式给料机（或其他形式给料机）两种基本形式，如图 3-38 所示。溜槽一般在和输送量相当的连续输送机或生产加工设备联接时使用；格式给料机多用于配料时控制给料量。出料口开设在机槽底部，一般也为方形孔，也可在机长方向任何部位开设一个或数个，如图 3-39 所示。

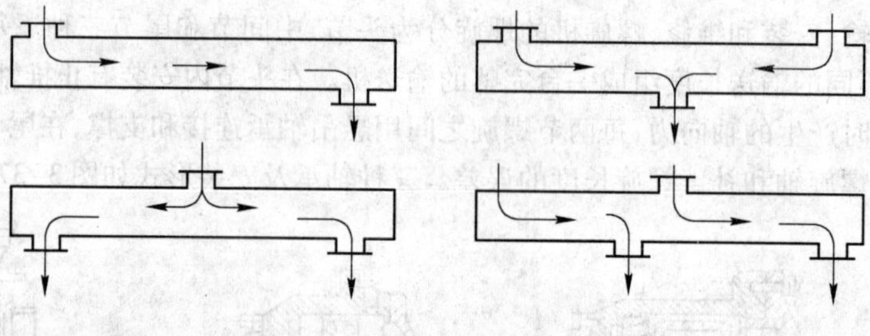

图 3-39　进料口、卸料口布置形式

螺旋输送机是由电动机的旋转、经联轴器和减速机传动来带动螺旋转轴转动。加入机槽内的物料由于自身的重力作用和机槽对物料的摩擦力作用，物料并不随着螺旋旋转，但却受着螺旋作用而迫使物料沿机槽的一个方向前进。物料在螺旋机内的移动与螺母沿旋转着的螺杆运动相类似。

螺旋机是通过改变物流方向来实现单向或双向输送的，而物流方向则由螺旋旋向及其回转方向决定，如图 3-40 所示。

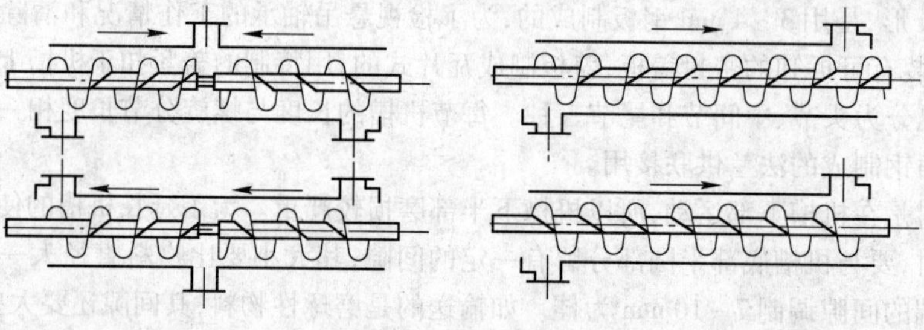

图 3-40　物料输送方向

3.5.2　使用及注意事项

3.5.2.1　使用

（1）螺旋机启动前应检查并清除机槽内物料及夹杂物，检查并加足悬吊轴承油杯润滑油脂及减速机箱体润滑油；

（2）检查并紧固螺旋机的联接螺栓，如有损坏或剪断应立即更换；

（3）检查电气、除尘设施和安全防护装置的完好与否。当完成上述各项检查工作，并确信情

况正常后,方可进行开机操作;

(4) 开机时应发出信号和上、下道工序联系好,待上、下道工序返还信号后,先开动除尘设备,然后启动螺旋机,待螺旋机运转正常后,最后再向螺旋机给料;

(5) 停机时应停止向螺旋机给料,待机槽内的物料输送完毕以后,再停螺旋机,最后停除尘设备。

3.5.2.2 注意事项

(1) 螺旋机加料应均匀,否则容易造成输送物料的堵塞使电动机超载而损坏;

(2) 螺旋机不准带负荷启动。如螺旋机在工作中因偶然原因而停止运转(例如突然停电),必须将槽内物料清除方可重新启动;

(3) 被输送的物料内不得混入坚硬的大块物料,以避免螺旋卡死而造成螺旋机的损坏;

(4) 在使用中经常检视螺旋机各机件的工作状态,注意各紧固螺栓是否松动,如发现松动则应立即拧紧;

(5) 螺旋机的机盖在输送机运转时不应取下,以免灰尘外溢和发生事故;

(6) 应当特别注意联接旋转轴法兰与联接轴法兰的螺栓是否松动或者剪断,如发现这种情况,应当立即停机处理;

(7) 螺旋机运转中发生任何不正常现象均应加以检查并排除之,不得使螺旋机带病运转。

复习思考题

1. 试述电磁振动给料机的构造和工作原理。
2. 实际生产中电振给料机是怎样进行给料量调节的? 试述其工作原理。(初)
3. 简述电振给料机在使用中应注意哪些事项,能根据生产要求和操作规程熟练操作电振给料机并进行给料量调节。(初)
4. 试述带式输送机的构造和工作原理。
5. 带式输送机在操作中应注意哪些事项? 能按操作要求和程序熟练操作带式输送机。(初)
6. 试述斗式提升机的构造和工作原理。
7. 斗式提升机在操作中应注意哪些事项? 能按操作要求和程序熟练操作斗式提升机。(初)
8. 试述水平布置的振动输送机的几种形式和它们的主要区别及工作原理。
9. 振动输送机在操作中应注意哪些事项? 能按操作要求和程序熟练操作振动输送机。(初)
10. 试述螺旋输送机的构造和工作原理。
11. 螺旋输送机在操作中应注意哪些事项? 能按操作要求和程序熟练操作螺旋输送机。(初)

4 耐火泥料的制备

生产耐火制品的泥料(或称砖料)是按一定比例配合的各种物料的颗粒料和粉料通过在混练机内混合过程中加入水或其他结合剂而制得的混合料。它应具有砖坯成型时所需要的性能,如塑性和结合性等。泥料制备工序包括配料和混练两个工艺过程。

4.1 配料

配料是根据不同种类耐火材料制品的理化性能、尺寸及外形,并考虑有关工艺因素,来确定其制品的物料组成。就工艺过程来讲,配料是将大、中、小颗粒状和粉状物料按一定的比例进行配合的工序。配料所规定的比例也称为配方。

4.1.1 配料的方法

常用的配料方法有容积配料和质量(重量)配料两种。

4.1.1.1 容积配料法

容积配料法是按体积比实现配料的。容积配料是采用各种给料机(或喂料机)进行的。给料机的结构简单,容易维修和调整。按结构特点,给料机分螺旋式、圆盘式、带式、槽式、格式和电振式等形式的给料机,但目前使用较多的是电振给料机和格式给料机。

容积配料可以是连续的,但配料精确度差,故只适用于生产一般普通黏土砖。混合细磨粉料也采用容积配料法。

4.1.1.2 质量配料法

质量配料法是按物料的质量比例来进行配料。其精确程度比容积配料法要高,一般误差不超过2%。质量配料法配料使用的设备通常采用固定配料秤(杠杆秤或磅秤)和电动配料车(称量车)。近几年已开始采用光电秤和电子秤等。

质量配料设备应根据生产规模与品种数量来选定。电动配料车适合于中等规模、品种多的配料。如果配料生产规模大,品种较少且相对稳定,宜采用固定配料秤。部分耐火材料厂现已采用带式输送机电子秤,它可连续测出带式输送机输送带所输送物料的瞬时输送量,并能显示出在某一段时间内所输送的物料总质量。

A 电动配料车构造及配料过程

电动配料车根据生产工艺的要求,可以灵活地将不同料仓中的各种物料(或颗粒)按照规定的配方配合后送入混练设备进行混练。其构造简单,操作与维修均很方便,工艺选择性较强,配料操作灵活。但一般需要在现场手工操作,生产效率低,料仓口不易密封,配料时现场扬粉尘较多,劳动条件差,同时实现自动化称量也较困难。故耐火材料厂大都不使用这种配料设备。其构造见图4-1,电动配料车有600 kg和1000 kg两种规格。

B 固定配料秤构造及配料过程

固定配料秤是固定安装在每个贮料仓下的特制磅秤称量机构。其构造简单,操作维修方便,而且由于设备固定,容易密封,作业现场无粉尘,若增设一些控制机构系统还可实现自动配料。但其工艺选择性差,而且要配置向混练设备输送物料的输送设备(如螺旋输送机等),且每个贮料仓都要配置一台配料秤,因而设备维护费用大,生产成本较高。目前,耐火材料厂大多使用这种固定配料秤配料。

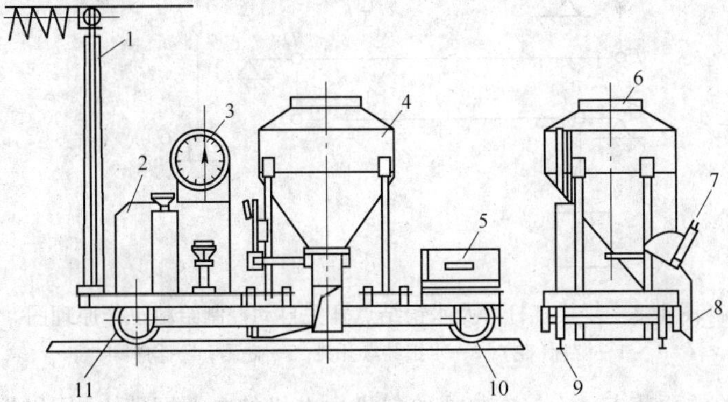

图 4-1　电动配料车

1—滑线及支架;2—控制箱;3—称量装置;4—料仓;5—驱动装置;
6—料仓口;7—阀门;8—下料口;9—轨道;10—主动轮;11—从动轮

固定配料秤及系统的构造如图 4-2 所示。固定配料秤 11(磅秤)安装于贮料仓下的秤架 12 上,秤斗架 10 放置于磅秤上,称量斗 9 悬挂在秤斗架上。为了按需要数量装入贮料仓中物料,在贮料仓出料口下面,装设有格式给料机,以便把物料顺利均匀地送到称量斗中称量。称量斗进料口利用特制的帆布防尘罩 3 与格式给料机卸料口联接,格式给料机进料口则和贮料仓卸料口用螺栓联接,格式给料机由电动机 1 经联轴器和减速机来驱动。为了使配料秤能按规定的质量自动配料,可在秤杆上安装一个水银结点开关机构来控制给料机的给料。其工作原理见图 4-3。

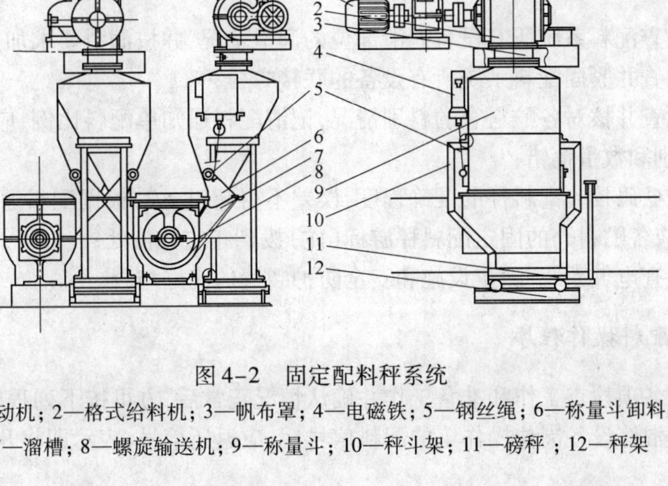

图 4-2　固定配料秤系统

1—电动机;2—格式给料机;3—帆布罩;4—电磁铁;5—钢丝绳;6—称量斗卸料门;
7—溜槽;8—螺旋输送机;9—称量斗;10—秤斗架;11—磅秤;12—秤架

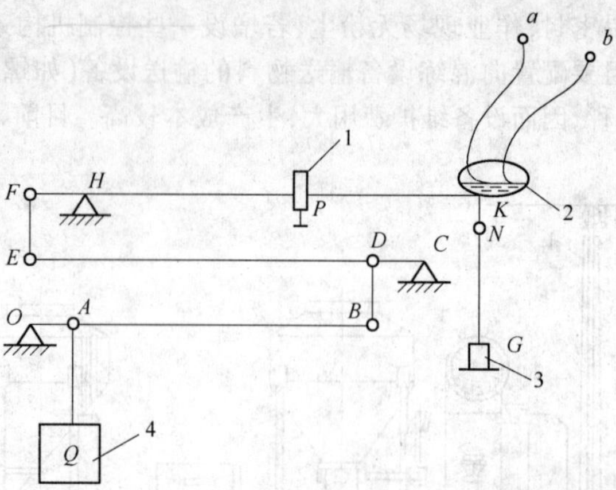

图 4-3　复式杠杆秤及水银结点开关自动控制给料工作原理图

1—游标(砣); 2—水银结点开关; 3—砝码; 4—物料斗

水银结点开关的两节点 a、b 接在格式给料机主电机的电源回路上,用以控制格式给料机的给料。当物料斗 Q 未给料时,复式杠杆秤(磅秤)的砝码 G 和游标(砣)P 的质量与秤斗 Q 的质量不能平衡,磅秤标杆 FK 平置,水银结点开关内液态水银亦平置,两节点 a、b 导通,使格式给料机处于工作状态而向称量斗给料;当向称量斗所给物料达到规定质量时,砝码 G 和游标(砣)P 的质量与物料斗 Q 的质量平衡,则磅秤标杆 FK 的 K 端向上微微翘起,此时水银结点开关内液态水银偏置,两节点 a、b 不导通,使格式给料机停止工作。

当要配料时,可用标准砝码校验磅秤的准确与否,然后将磅秤游标(砣)拨到规定的数值上。合上空气开关,并启动格式给料机 2,由于水银结点导通,使给料机工作,则贮料仓内物料经格式给料机而源源不断地进入称量斗 9 中,当所给物料达到配比要求的质量时,即游标(砣)所拨的规定重,则磅秤标杆向上微翘,水银结点 a、b 不导通,格式给料机停止给料。此时给电磁铁 4 通电,其工作铁芯被固定线圈铁芯吸合(吸合距离 $S = 50$ mm),与工作铁芯刚性连接的拉杆通过钢丝 5 拉动称量斗卸料门 6,则物料在重力作用下通过溜槽 7 进入螺旋输送机 8 中,螺旋输送机则可同时将各固定配料秤配好的物料送往混练设备中进行混练,从而实现自动配料。

4.1.2　配料操作

4.1.2.1　配料操作前准备工作

(1) 认真检查配料系统所有设备润滑部位的润滑情况,并按润滑要求加足润滑油(脂);

(2) 认真检查并紧固配料系统所有设备的联接螺栓;

(3) 认真检查并核对各贮料仓的料别情况,记清配料通知单配料比例,应验算配方中各物料质量,防止将料别和数量搞错;

(4) 用标准砝码校验配料秤的准确程度,误差不得超过 ±2;根据配料通知单配方计算的各物料质量,将相应各贮料仓的固定配料秤游标(砣)拨到相应数值处;

(5) 认真检查电气系统、除尘设施和安全防护装置的完好与否。

4.1.2.2　开机配料操作程序

当完成上述各项检查工作和准备工作并确认情况正常后,方可按下列程序进行配料操作:

(1) 当接到混练设备岗位操作工的配料信号后,应返还信号,表示即将开始配料;

(2) 首先启动螺旋输送机(或其他形式输送机),并运转正常。螺旋输送机应空载启动;

(3) 启动配方上各种物料仓下的格式给料机,将贮料仓内物料给入称量斗,当各称量斗内物料斗达到规定值时,由于自动控制系统的作用,格式给料机自动停止给料;

(4) 接通控制配料秤上电磁铁的电源开关,使称量斗卸料门打开,将所配物料放入螺旋输送机。放料时应先放颗粒料,待过 2 ~3 min 后,再放细粉料;

(5) 重复上述过程,则可不断完成配料操作。

4.1.2.3　停机操作程序

(1) 停止配料时,应将螺旋输送机内物料输送干净以后,再停螺旋输送机;

(2) 发信号给混练设备岗位操作工,通知其可以停机;

(3) 断开总电源开关。

4.1.3　配料实例

(1) 验算比例,分配质量。根据泥料的配料比可以验算每碾料各组成物料的重量。

表 4-1、表 4-2 分别是某耐火材料厂生产黏土砖和高铝砖的配料比。

表 4-1　黏土砖配料比

料别 / 砖种	熟焦宝石/%		废耐火砖/%	混合细粉/%	水分(外加)/%
	6 孔	10 孔	10 孔		
标普型	—	35	30	35	4 ~5
异 型	20	15	20	45	6 ~7
流 钢	—	35	20	45	5.8 ~6.5
衬 砖	25	40	—	35	4 ~5
袖 砖	55	—	—	45	5.5 ~6.5

表 4-2　高铝砖配料比

料别 / 砖种	熟矾土/%		混合细粉/%	水分(外加)/%
	6 孔	10 孔		
二等高铝砖	35	20	45	4 ~5
三等高铝砖	35	20	45	4 ~5

以表 4-1 中的异型砖的配料为例,对于 ϕ1600 mm ×450 mm 湿式轮碾机,每碾好混练800 kg 料,可按配比验算出各料别物料所需质量。

异型砖料的四种物料的比例为:

6 孔焦宝石: 10 孔焦宝石: 废火砖: 混合细粉 =20: 15: 20: 45;

砖料总分量 =20 +15 +20 +45 =100;

则配置每碾(800 kg)砖料需要:

6 孔焦宝石 $=800\times\frac{20}{100}=160$ kg;

10 孔焦宝石 $=800\times\frac{15}{100}=120$ kg;

废耐火砖 $=800\times\frac{20}{100}=160$ kg;

混合细粉 $= 800 \times \frac{45}{100} = 360$ kg；

水 $= 800 \times \frac{6 \sim 7}{100} = 48 \sim 56$ kg。

对于其他砖种的黏土砖和高铝砖等，每碾混练料所需的各种物料质量可按上述方法计算。

（2）检验配料秤，调定游标值。

1）用标准砝码校验配料秤的准确程度，误差不得超过2%；

2）根据前述由配料验算的每碾料所需的各物料的质量数值，将游标拨到相应的质量数值上，并将游标的固定螺钉拧紧。

3）配料操作按前述"开机配料操作程序"和"停机操作程序"进行。

4.1.4 配料操作注意事项

（1）操作中应经常注意配料设备的运行情况，发现异常应立即停机，查找原因并设法排除；

（2）配料时应严格按配料比进行配料，不得擅自更改；

（3）停止配料时，应将螺旋输送机内物料基本排卸干净后，再停螺旋输送机，以保证下一次操作时，螺旋输送机能空载启动；

（4）当所配砖料品种改变时，要待输送机内物料完全排卸干净后，方可输送新配砖种的物料。要保证不同料别的纯净，不得混杂。

4.2 混练机混合设备的操作技术

物料按配方称量好以后，必须经过混练工艺过程才能进入成型工序。混练是使不同成分和粒度的物料同适量的结合剂经混合机械的混练作用达到分布均匀和充分润湿的泥料的制备过程，物料混练的目的是为获得均匀密实和具有一定可塑性的泥料。

影响泥料混练均匀的因素很多，如合理选择混练设备，适当掌握混练时间，合理选择结合剂及加入量，都有利于提高泥料混练的均匀性。此外，加料顺序和粉料的颗粒形状等对泥料混练的均匀性也有影响。混练分连续作业和间歇作业两种。连续作业的混练设备是物料按一定配比同适量结合剂连续的加入设备中，混练后又连续地由出料口排出。其特点是生产连续，但不易使混合物中各组成分的比例保持稳定，也不易使混合的物料均匀，一般只用于混练对物料质量要求不太高的普通黏土砖料等；间歇作业的混练设备是将物料按一定配比同适量结合剂一起加入设备中，经过一段时间混练后排出。其特点是容易使混合物中各组成成分的比例保持不变，且易使物料混合均匀，但产量低，能耗大，混练周期长，一般用于混练对物料质量要求高的高铝砖料等。连续作业混练设备主要有单轴或双轴搅拌机等，间歇式混练设备主要有轮碾机等。

泥料混练时，通常有单轴或双轴搅拌机等，间歇作业混练设备主要有轮碾机等。泥料混练时，通常混练时间越长，混合的越均匀。在泥料混合初期，均匀性增加很快，但当混合到一定时间后，再延长混合时间对均匀性的影响就不明显了。因此，对于不同类型混合机械所需混合时间是有一定限度的。

不同性质的泥料对混练时间的要求也不同，如用湿碾机混练时，黏土砖料为4 ~ 10 min，硅砖料为15 min左右，镁砖料则达20 ~ 25 min。混练时间太短，会影响泥料的均匀性；而混练时间太长，又会因颗粒的再粉碎和泥料发热蒸发而影响泥料的成型性能。

用间歇作业混合设备混练泥料时，目前采用的加料顺序有如下几种：

（1）颗粒和细粉→干混1 ~ 2 min→结合剂。

（2）颗粒料→结合剂→细粉。

（3）部分颗粒料→结合剂→细粉→剩余颗粒料。

第一种加料顺序是将颗粒料和细粉同时加入混合设备进行干混 1～2 min 后，再加结合剂湿混 3～10 min。此种加料顺序易使细粉本身形成假颗粒（白泥团），使颗粒与细粉不能均匀填充和包覆，而形成“白茬料”。这种泥料的致密度和颗粒分布均匀性较差，从而造成其成型困难、烧成收缩不均匀等。耐火材料生产现在基本不用这种加料顺序。

后两种加料顺序是将颗粒干混 1～2 min，然后加入结合剂（水、泥浆等），使颗粒表面首先被泥浆液均匀包裹，在颗粒表面形成一层薄的浆膜，再加入细粉经过湿混，使细粉能均匀分布在泥浆薄膜周围，颗粒之间由于细粉间的紧密结合，使颗粒间紧密堆积，达到均匀致密的混合泥料。这种加料顺序可以提高混合效率，是耐火材料生产混练工序普遍采用的较为合理的加料顺序。

泥料的混练质量对成型制品性能影响很大，通常以检查泥料的颗粒组成和水分含量来评定其合格与否。混练质量好的泥料，细粉形成一层薄膜均匀地包裹在颗粒周围，水分分布均匀，不单存在于颗粒表面，而且深入颗粒的空隙中，泥料密实，具有良好的成型性能。混练质量不好，泥料的均匀性差。实际生产中，混练工人可用手随时鉴别泥料混合的均匀性。混合质量好的泥料，用手轻握成团，泥料摸着柔软，混合不好的泥料，用手摸着感到发渣，轻握不成团，泥料松散。

4.2.1 双轴搅拌机及操作技术

双轴搅拌机又称为水平式混合机或桨叶式混合机，是一种连续式作业的混练设备。它是利用桨叶的搅动与挤压来混练物料的，由于桨叶面压力小，混合时物料颗粒间的空气不能有效排出，加之桨叶的搅动，还会使外界空气再度进入混练的物料中，妨碍了物料颗粒间的紧密结合，故物料在桨叶式搅拌机内的混练不够均匀和致密。但此种搅拌机构造简单，容易操作与维护，功耗小，生产能力大，可实现生产连续作业。因而耐火材料厂大多使用双轴搅拌机混练一般黏土砖料或对混练质量要求不太严格的物料。

4.2.1.1 双轴搅拌机构造及工作原理

双轴搅拌机的构造如图 4-4 所示。

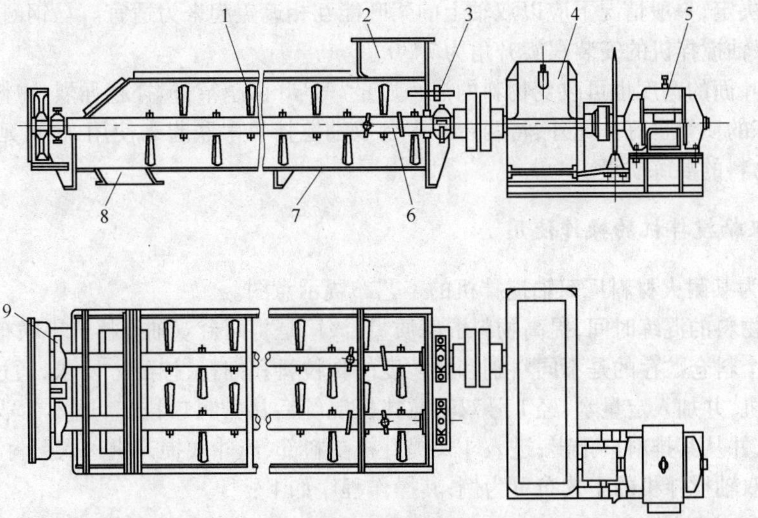

图 4-4 双轴搅拌机

1—桨叶；2—进料口；3—进水管；4—减速机；5—电动机；
6—螺旋轴；7—料槽；8—出料口；9—传动齿轮

主要部件是金属料槽 7 和两根水平螺旋轴 6，每根轴上都固定着许多按螺旋线排列的桨叶 1，其中一根轴用联轴器通过减速机 4 与电动机 5 相连，另一根轴则由前一根轴通过齿轮 9 啮合来驱动的。在料槽的上方装设带喷水小孔的管子 3，水通过喷水小孔加入料槽中。物料用给料机定量地从进料口 2 加入搅拌机中，与同时加入的水混合，当两根水平轴转动时，加入的物料受到随轴一起旋转的桨叶的搅拌、推挤作用而上下翻滚和左右窜动，使得物料逐渐变得均匀，并向排料端移动，在金属料槽出料端下部开有出料口 8，物料则由出料口卸出。

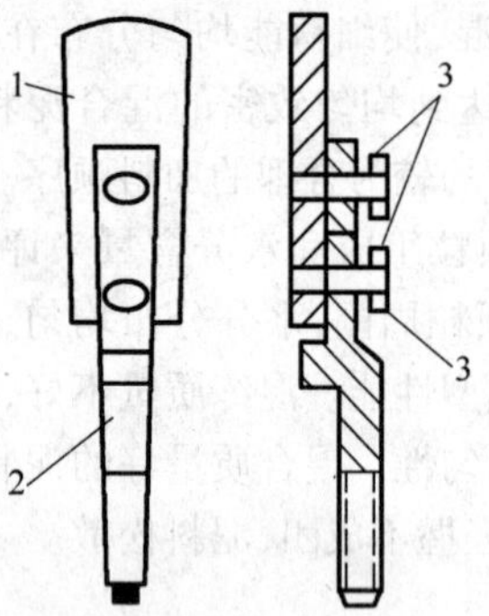

图 4-5　桨叶
1—叶柄；2—叶面；3—螺栓

搅拌机的桨叶易损坏，应该用耐磨材料制造。为了延长桨叶的使用寿命，可在表面上熔覆一层硬质合金或利用渗碳等热处理方法使金属表面坚硬耐磨，或在叶面容易磨损的压力面上镶以耐磨的盖板，磨损后只更换盖板而无需换掉整个叶面。此外，还可将桨叶做成可拆卸的叶柄和叶面两部分。其结构如图 4-5 所示。在叶柄上有纵向槽孔，叶面磨损后，可将其向前移动，然后用螺栓固定，以延长其使用寿命。叶柄下部为楔形，末端为圆柱形并带有螺纹，安装时，可将其插入水平轴上相应的小孔中，然后用螺帽拧紧。

物料在搅拌机中混练的均匀程度，即混合的质量，在一定的范围内大致上与混练的时间成正比。因此，物料在搅拌机中混练的时间较长，其混练的均匀程度就较高，一般将泥料的混合周期控制在 8 ~ 12 min。

为了保证桨叶不断地推动物料前进，桨叶应按螺旋线安装，以保证一端连续进料，而另一端连续排料。为了延长物料在金属料槽内的混练时间，提高混练质量，可采用改变桨叶在轴上安装的螺旋升角的方法达到。即当减小桨叶安装螺旋升角时，桨叶对物料的作用压力在纵向的分力（即推进力）也减小，从而降低物料的输送速度，以达到延长物料混练时间、提高混练质量的目的，但产量却会相应降低；反之，加大桨叶安装螺旋升角时，则物料的输送速度加快，混练质量降低，产量却提高。所以双轴搅拌机可以利用调整桨叶安装螺旋升角的方法来强化混练操作。桨叶最适宜的安装螺旋升角，在每个具体情况下用依次改变桨叶安装螺旋升角的方法来选定。螺旋升角的大小应根据被混练物料的数量、物理性质、含水量、加入结合剂的数量以及要求混练的质量情况来决定，一般情况下应以双轴上的桨叶能互相遮盖起来为适宜。马钢耐火厂的 610 mm × 500 mm 双轴搅拌机的安装螺旋升角为 7°30′。

改变桨叶面的宽度也可改变物料的混练质量。桨叶面越窄，搅拌越强烈，物料的推进速度越慢，物料混练的质量也好。此外，将两台或多台双轴搅拌机串联起来使用，也可延长物料的混练时间，提高物料的混练质量。

4.2.1.2　双轴搅拌机的操作使用

图 4-6 为某耐火材料厂双轴搅拌机的工艺布置示意图。

为延长物料的混练时间，提高物料混练质量，该厂是将两台双轴搅拌机串联布置安装来混练物料的。四个料仓贮存的是不同料别和颗粒度的颗粒料和细粉，按配方要求，通过给料机给入 1 号双轴搅拌机，并加入定量水，经 1 号双轴搅拌机混练后从排料口排出，进入 2 号双轴搅拌机继续进行混练，并从其排料口排出，进入斗式提升机受料部，经斗式提升机送入贮料罐备用。

以该厂双轴搅拌机的工艺布置为例，其操作程序如下：

A　开机前检查准备

（1）应认真检查并加足轴承润滑油杯的润滑油（脂），检查减速机水平轴窜动齿轮的润滑情况；

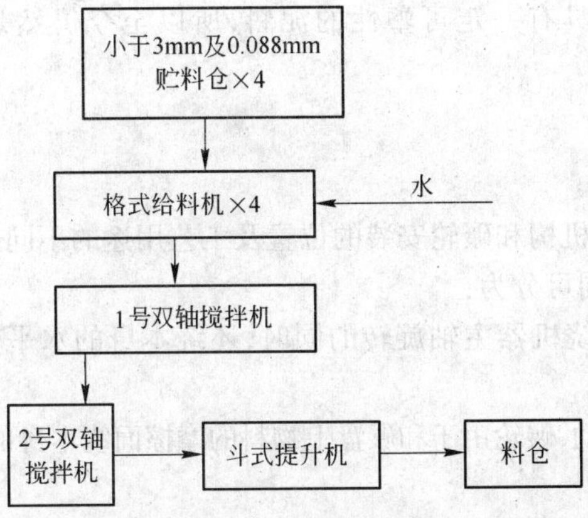

图4-6 某耐火材料厂双轴搅拌工艺布置示意图

(2) 检查料槽内有无物料和其他大块物料,如有则应清除干净以保证设备空载启动;

(3) 认真检查并紧固设备所有地脚螺栓和联接螺栓;

(4) 认真检查电气、除尘设备和安全防护装置的完好与否;

(5) 检查并核对料仓的料别及贮料情况,防止配错料和不同料别的混杂。

B 开机操作顺序

当完成上述检查并确认情况正常,方可按下列程序进行开机操作。

(1) 启动斗式提升机;

(2) 先后启动2号、1号双轴搅拌机;

(3) 当斗式提升机、双轴搅拌机运转正常后,则启动格式给料机电动机进行给料。

给料操作中应按配方要求调整颗粒料、细粉料和水的给入量,并将它们同时给入搅拌机中,配料水分必须控制在配比要求范围内。

C 停机操作程序

(1) 停止格式给料机给料;

(2) 待搅拌机料槽内物料完全排出后,再停搅拌机;

(3) 停止斗式提升机。

4.2.1.3 双轴搅拌机操作中注意事项

(1) 双轴搅拌机连续作业线上所有设备都必须空载启动;

(2) 设备开动后,操作人员不得擅自离开工作岗位;

(3) 应经常检查物料的混练质量,并根据化验分析反馈的质量信息及时进行给料调整和水分调整;

(4) 经常巡回检查设备的运行情况。设备运行中如有异常声响应查明原因并设法排除;

(5) 经常检查贮料罐装满与否,贮料罐快装满时,应按停机操作程序停机。如贮料罐装满后,提升机继续提升运送物料,则会使溜槽和提升机壳体内物料堵死,造成设备事故。

4.2.2 轮碾机及操作技术

轮碾机是一种古老、笨重、效率低且动力消耗较大的混合设备、但它对物料有碾压兼混拌作用,可获得均匀、密实和具有一定可塑性的泥料,所以至今仍然是耐火材料厂的主要混合设备。

4.2.2.1　轮碾机的分类

轮碾机可按构造、传动机构和碾轮安装的位置及工艺用途的不同进行分类:

(1) 按轮碾机构造不同可分为:

1) 轮转式——碾轮环绕机器主轴旋转的同时,还绕本身的水平轴旋转,碾盘固定不动(如B112混砂机)。

2) 盘转式——碾盘转动,碾轮由于和碾盘上物料的摩擦面绕本身的水平轴旋转(如 ϕ1600 mm ×450 mm 湿碾机)。

(2) 按传动机构安装位置的不同分:

1) 上部传动式——传动机构安置在湿碾机上部。上部传动稳定性较差,但便于维护检修。

2) 下部传动式——传动机构安置在湿碾机下部。下部传动具有结构紧凑、稳固、利于防尘和加料、出料等特点。因此,耐火材料厂大多使用下部传动式的 ϕ1600 mm × 450 mm 湿碾机。

(3) 按碾轮安装位置不同分:

1) 碾轮对称安置——两个碾轮与碾盘中心距离相等。

2) 碾轮不对称安置——两个碾轮与碾盘中心距离不相等。

(4) 按工艺用途分:

干式作业轮碾机——处理的物料含水量小于4%时使用的轮碾机。

湿式作业轮碾机——处理的物料含水量大于15%时使用的轮碾机。

每种类型的轮碾机都各有其优缺点,在选用设备时,应根据具体的综合生产条件、通风除尘及设备检修等因素进行考虑。

4.2.2.2　轮碾机的工作原理

图4-7所示为下部传动的 ϕ1600 mm ×450 mm 湿碾机机构运动简图。

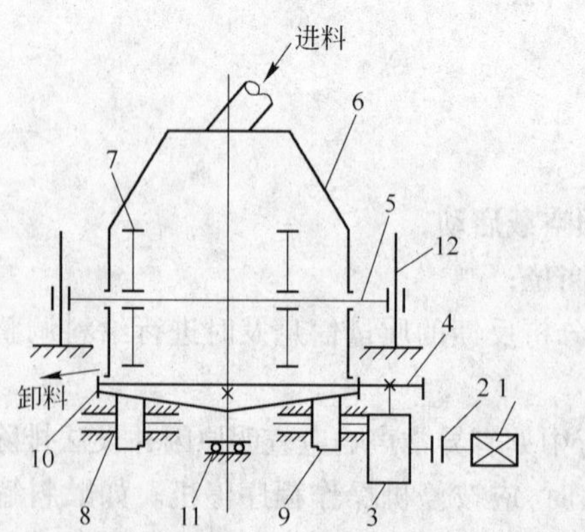

图4-7　湿碾机的机构运动原理示意图

1—电动机; 2—联轴器; 3—圆锥齿轮减速器; 4—小齿轮; 5—水平轴; 6—防尘罩; 7—碾轮; 8—碾盘; 9—托轮; 10—大齿圈; 11—止推轴承; 12—支架

左右支架内侧水平轴上装有一对碾轮,水平轴的两端装在轴承滑座里,轴承滑座可沿支架里面的滑道上下滑动,这样可以自由调整碾轮和碾盘之间的距离,当碰到不能破碎硬物时,还可起安全装置作用。大齿圈10用埋头螺钉紧固在碾盘上,碾盘回转中心轴底部装有止推轴承,碾盘的重量由碾盘底部的四个托轮承担。

电动机1的旋转由联轴器2、圆锥齿轮减速器3、小齿轮4传递到与碾盘8固装在一起的大齿圈10,从而使碾盘旋转。当湿碾机没有进料时,碾轮和碾盘之间有一定的间隙,两者不直接接触,故碾轮不转,当湿碾机进料时,则轮碾靠物料的摩擦使其绕自身的水平轴旋转,从而起到对物料的混合搅拌与碾压作用。

4.2.2.3　轮碾机的构造

以 $\phi1600\ mm \times 450\ mm$ 湿碾机为例，见图 4-8。

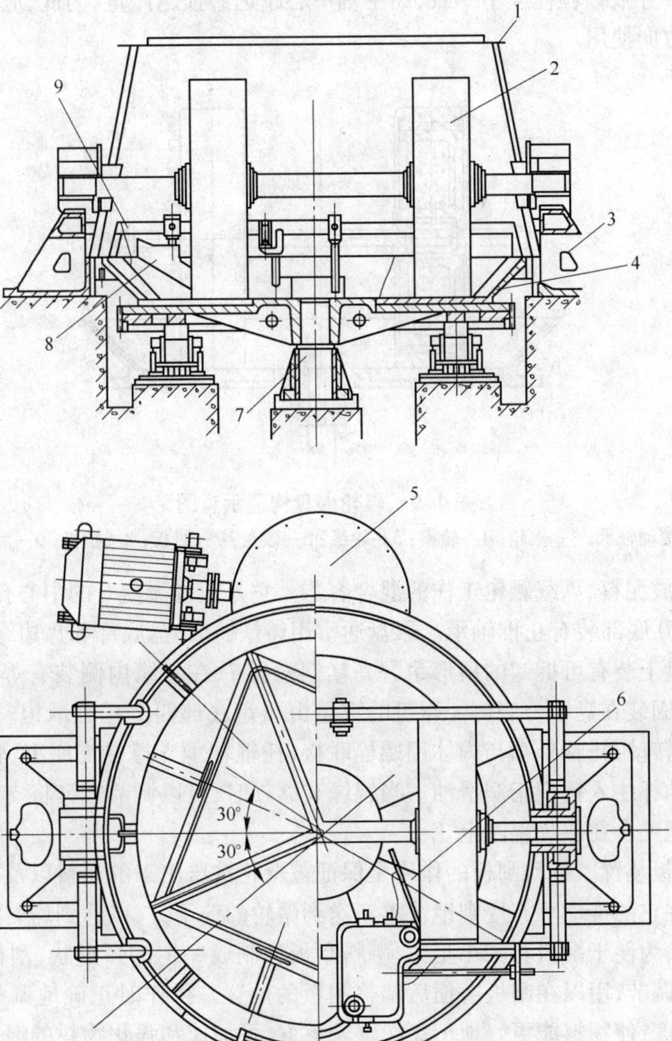

图 4-8　$\phi1600\ mm \times 450\ mm$ 湿碾机构造图

1—防尘罩壳；2—碾轮；3—机架；4—碾盘；5—传动装置；6—出料装置；7—立轴；8—翻料刮板

其主要工作部件有碾轮、碾盘、翻料刮板和出料装置，其他部件有传动装置、立轴、横轴、机架及防尘罩等。

(1) 碾轮、碾盘装置。碾轮、碾盘的构造如图 4-9 所示。碾轮由铸造的轮壳和轮箍组成。轴 1 的两端各套有一个滑块 9，在机架的滑道里上下滑动。碾轮 3 通过滚动轴承 2 与轴 1 串联在一起，工作时绕轴转动。轮缘（箍）5 通过轮楔 4 固定在轮壳（碾轮）上，轮体内注入混凝土以增加重量，轮缘用锰钢铸成以提高寿命。两碾轮一般是对称安装的，有时为了扩大碾轮对泥料的接触面积，提高混拌效果，有意把两个碾轮安装在距离碾盘中心不等的部位，这时为了减少主机启动时的功率消耗和降低振动，保证产品粒度，减少物料在混合过程中再次被粉碎，碾轮与碾盘之间应留有一定的间隙，一般为 20 ~ 80 mm。可在轴承滑座下方，支架的滑道上放置垫木，增减垫木厚度即可调节碾轮与碾盘的间隙。间隙过大将会使粒料再粉碎。轮缘 5 在工作时磨损降低混合效果，间隙过小将会导致颗粒程度不一致，离主轴中心越远磨损越严重，为此，应在磨损到一定程度后，将轮碾倒换方向使用。

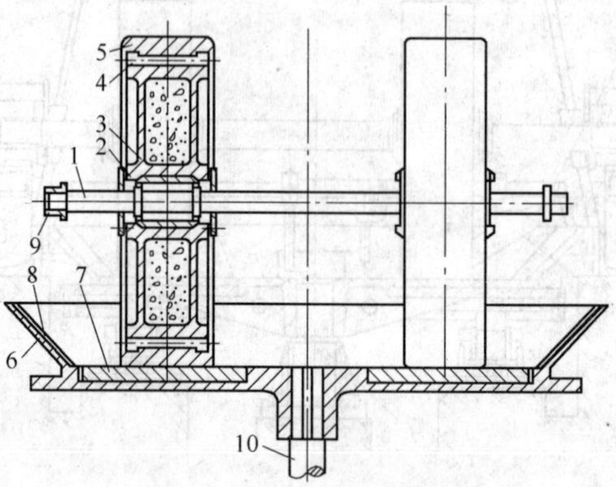

图 4-9　碾轮碾盘构造示意图

1—轴；2—滚动轴承；3—碾轮；4—轮楔；5—轮缘；6—碾盘；7—衬板；8—护板；9—滑块；10—主轴

碾盘是供盛放泥料、承载碾轮工作的混合容器。它是通过碾盘 6 的中心孔用键与主轴 10 装配在一起，主轴 10 底部装有止推轴承。碾盘通常用铸铁铸成，盘底部和盘边缘磨损较快，为延长其使用寿命，碾盘上装有可拆卸的扇形耐磨高锰钢衬板 7，在盘缘内侧装有焊制的钢护板 8。大齿圈用埋头螺钉固装在盘缘外底侧。碾盘的重量由碾盘底部四个托辊承担。碾盘旋转时，盘下的辊圈带动托辊转动，托辊外缘与内体用螺栓联接，托辊轴承支撑在支座上，轴与轮体间装有滚动轴承，由旋盖油杯注入钙剂脂润滑油。当辊缘有磨损时，可以调节螺钉将支座在底架上纵向移动，使辊缘紧密地贴合在碾盘辊圈上。

（2）翻料刮板装置。翻料刮板的作用是保证被碾轮挤压出来的泥料以及在离心力作用下甩向边缘的泥料，在它的推动下有规则地被重新送到碾轮的前下方，以达到均匀混练的作用。翻料刮板用钢板制成，为便于翻料和减小阻力，翻料刮板各制成一定的弧形状，刮板高低可以通过刮板杆内的螺纹来调节，用以在刮板磨损后调整刮板的位置。操作时正确地调整刮板的位置和保持刮板足够的高度，使物料能更好地汇集在碾轮下方，可加速和强化物料的混合。

（3）出料装置。分手动出料装置和电动出料装置。手动出料装置是由操作手轮、传动部分和出料刮板等组成，图 4-10 是常见的手动出料装置。

出料时，转动手轮 5，驱动蜗杆 4 转动，蜗杆 4 又与蜗轮 1 啮合，则使固定在蜗轮轴 2 上的与刮板杆 7 啮合的齿轮转动，即推动固定在刮板杆上的刮板下降。落入碾盘上的刮板 6 改变了物料的运动方向，使随碾盘旋转运动的物料在刮板的驱使下进入卸料传动机构等组成。出料刮板由钢板制成，可通过出料螺旋控制它的升降。加入物料混合时，将它提升与物料脱开，出料时将它放下，随着碾盘的旋转，泥料被刮板挡住，由于碾盘施加的推力和离心力的作用，使物料沿着刮板从碾盘的边缘溢出盘外，从而达到卸料的目的。

（4）传动装置：由电动机、联轴器、圆锥齿轮减速器、小齿轮及大齿圈组成、传动方式为直齿轮或圆锥齿轮下部传动。由于大齿圈安装在碾盘外缘，密封有困难，小齿圈磨损较快，这是它的最大缺点，还有待于进一步改进。

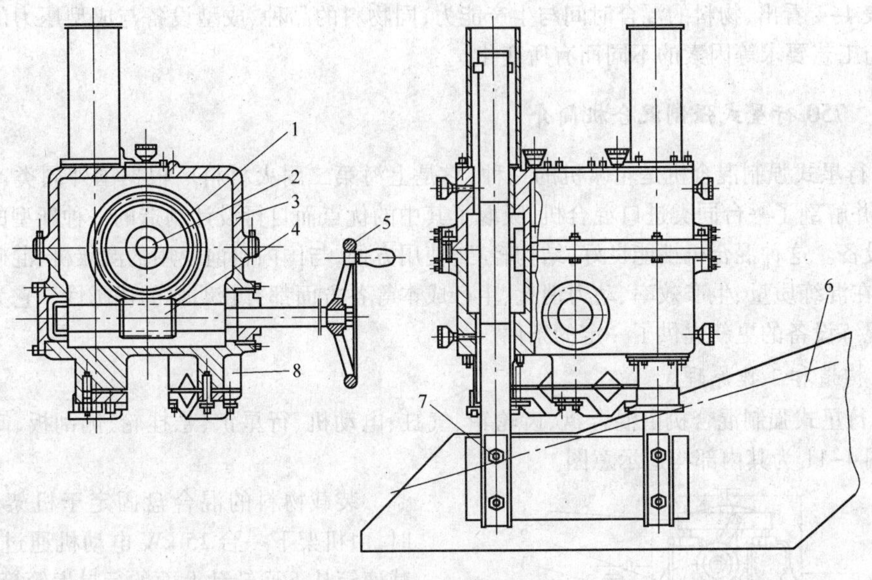

图4-10 出料装置

1—蜗轮；2—蜗轮轴；3—减速机壳(上)；4—蜗杆；5—手轮；6—出料刮板；7—刮板杆；8—减速机壳(下)

4.2.2.4 轮碾机的规格及技术性能

轮碾机的规格是以碾轮的直径和它的宽度(即直径 $D\times$ 宽度 B)来表示的。耐火厂常用的有 $\phi1600$ mm×450 mm 和 $\phi1600$ mm×400 mm 两种规格，还有一种比较小的为 $\phi1000$ mm×280 mm，如 B112 型轮转式混砂机。轮碾机的技术性能见表4-3。

表4-3 轮碾机技术性能表

技术性能		规格		
		$\phi1600$ mm×450 mm	$\phi1600$ mm×400 mm	$\phi1000$ mm×280 mm
碾轮尺寸($D\times B$)/mm×mm		1600×450	1600×400	1000×280
碾轮重量(一个)/kg		4000	3380	1330
碾盘直径/mm		2800	2600	2200
碾盘转速/r·min^{-1}		22.5	22.5	—
主电机	功率/kW	40	28	28
	转速/r·min^{-1}	735	730	735
碾容量/kg·(碾·min)$^{-1}$		800	600	500
重量/kg		23000	1900	7500

表4-4为两种规格湿碾机混合不同砖料时的混合周期与生产能力的设计指标。

表4-4 轮碾机设计指标

砖种	砖料名称	碾容量/kg		混合周期/min	生产能力/t·h^{-1}		作业率/%
		$\phi1600$ mm×450 mm	$\phi1600$ mm×400 mm		$\phi1600$ mm×450 mm	$\phi1600$ mm×400 mm	
黏土砖	一般机压料及浇钢砖料；	800	600	8	6.0	4.5	70~75
	盛钢桶砖、高炉砖；	800	600	10	4.8	3.6	
	塞头、铸口料及不烧砖；	700	500	20	2.1	1.5	
	振动成型或夹板锤成型砖料	700	500	10	4.2	3.0	
高铝砖	Ⅰ、Ⅱ等砖料	800	600	18	2.6	2.0	70~75
	Ⅲ等砖料	800	600	12	4.0	3.0	

由表4-4看出，物料的混合时间与生产能力，同物料的品种、成型设备与成型压力的不同及对制品与工艺要求等因素的不同而有所变化。

4.2.2.5　750行星式强制混合机简介

750行星式强制混合机是轮碾机的一种，它是上海第二耐火材料厂根据国外同类产品的技术资料，并解剖了一台同类进口混合机，吸取了其中的优点而自行设计制造的一种新型的高质量的混练设备。这种混合机性能良好，结构轻巧，使用方便，与国内目前使用的湿碾机、混砂机等设备比较，在混练质量、生产效率、动力消耗、生产成本等各方面都有较明显的优越性。它为耐火材料行业混练设备的更新提供了一定的条件。

A　构造和工作原理

750行星式强制混合机由混合盘、齿轮箱、气缸、电动机、行星铲、悬挂轮、侧刮板、卸料门等组成。图4-11为其内部构造示意图。

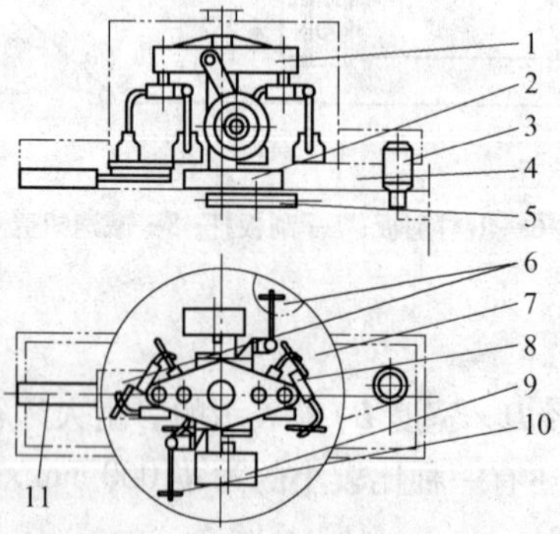

图4-11　750行星式强制混合机内部结构示意图
1—行星齿轮箱；2—减速箱；3—电动机；4—机架；5—皮带轮；6—出料底门；7—混合盘；8—行星铲；9—悬挂轮；10—侧刮板；11—气缸

装载物料的混合盘固定于机架上，工作时，由机架下一台15 kW电动机通过皮带轮、减速箱从下面转动上面的行星齿轮箱，从而带动盘内的悬挂轮、行星铲及侧刮板以16 r/min的速度按顺时针方向公转，行星铲在公转的同时又以63 r/min的速度按逆时针方向自转。由于悬挂轮、行星铲、侧刮板三者之间为逆流相对运动，使物料在机内既作水平运动，又作垂直运动，因而泥料在短时间内得到了高强度的混合、搅拌，并且消除了一般混练设备的搅拌死角，同时因为悬挂轮是悬挂浮动的，所以可保持着颗粒棱角不被再粉碎，进一步提高了混练质量。出料由混合盘底两个卸料门在短时间内干净彻底地卸完。

B　750行星式混合机的优点及技术性能：

750行星式混合机有如下优点：

(1) 采用了悬挂轮、行星铲和侧刮板，三者之间为逆流相对运动，所以混合效率高，物料在机内搅拌5～6 min即可得到均匀混合。

(2) 能耗小，电动机功率只有15 kW，耗用动力约为国内同类产品的1/3。

(3) 混合物料质量好，物料不成团不结砣，配合比正确，颗粒不破碎。

(4) 环保条件好，整机密封，无粉尘，噪声低。

(5) 出料迅速干净，混合盘留有底门及边门，可任一选用，出料后盘内不留余料。

(6) 整机重量轻，占地面积小，安装维修方便且费用低。

表4-5为750行星式混合机的技术性能。

表4-5　750行星式混合机技术性能

技术指标名称	技术性能参数
混合盘规格/mm×mm	ϕ2200×350
悬挂轮规格/mm×mm	ϕ600×250(2个)

续表 4-5

技术指标名称	技术性能参数
行星铲数量	2 组(每组 3 个)
行星铲转速/$r \cdot min^{-1}$	公转 16,自转 63
混合盘容量/L	750
电动机功率/kW	15
整机质量/t	5
外形尺寸(长×宽×高)/mm×mm×mm	4000×2296×1950

4.2.2.6　轮碾机操作技术

A　开机前检查

(1) 检查并加足所有润滑点的润滑油;

(2) 检查各联接螺栓是否紧固,刮板位置是否正确,除尘设施及安全防护装置是否完好;

(3) 检查清除碾盘内余料和其他各种杂物;

(4) 检查调整碾轮与碾盘的间隙,将出料刮板升降一次,升降运转应灵活,然后将出料刮板升至最高位置。

当经过以上检查并确信机器情况正常后,方可正式开机操作。

B　开机操作

(1) 向配料控制室岗位发出开机信号(铃响或灯亮),当配料控制室岗位发回信号后,启动轮碾机主电动机。

(2) 待轮碾机运转正常后,按加料顺序加料混合。通常采用的混合加料顺序:

按配比要求向轮碾机内放入颗粒料,加入水或纸浆废液(或其他结合剂),混练 2~3 min(水或纸浆废液的量控制在允许误差范围内);再加入细粉,继续混练 6~7 min(必须注意,加料顺序不正确是造成“白泥团”、“白茬料”的主要原因);

(3) 物料结束后,依次开打泥机、出料装置电机,使出料刮板下降至碾盘表面(以不触碰碾盘表面为最佳),物料即自动由出料口排出,经打泥机送入料斗中存放;

(4) 物料出尽后,将出料刮板提升至最高位置;

(5) 料桶中的泥料由行车或其他运送工具分别送至压机贮料斗中。

C　停机操作

(1) 向配料控制室岗位发出停机信号,配料控制室岗位应有返回信号;

(2) 将碾盘内物料出干净后,关闭轮碾机主电动机开关。

4.2.2.7　轮碾机操作注意事项

(1) 轮碾机在运转中应平稳、无周期性的剧烈振动,碾盘和碾轮不应有较大的摆动;如发现碾轮跳动异常,应检查物料中是否混有铁块等杂物,及时予以清除;

(2) 各润滑点和轴承温升不得超过 65℃;

(3) 电动机电流应无异常波动;

(4) 当混练的物料砖种变更时,必须将进、出料系统,碾盘、碾轮清扫干净,严禁不同料别混杂;

(5) 挡板混练的料别必须交代清楚,防止送错料;

(6) 加入结合剂(泥浆、水玻璃、硫酸铝溶液等)时,不应与出料刮板面接触,避免黏着而影响出料;

(7) 经常注意观察,物料中不得混有金属块或其他超硬度杂物,一经发现这些杂物应立即停机予以清除;

(8) 碾轮轴两端的垫木应保证碾轮与碾盘间的间隙,不得使碾轮与碾盘相碰撞;

(9) 轮碾机在生产中刮板磨损很快,所以应经常检查刮板的工作情况,当发现刮板磨损时应及时调整下落或更换。

4.2.2.8 常见故障的产生原因及排除方法

轮碾机运转中常见故障的产生原因及排除方法见表4-6。

表4-6 常见故障的产生原因及排除方法

故　障	产生原因	排除方法
碾盘产生剧烈振动	1. 主轴损坏; 2. 碾轮位置错动; 3. 碾盘底部辊圈与托辊不接触,起不到衬托作用	1. 检查更换主轴承里面的摩擦片或止推轴承; 2. 检查处理碾轮轴及滚动轴承,损坏应更换; 3. 将托辊调整至与辊圈接触,损坏或磨损严重时应更换
运转时有不正常的金属撞击声和摩擦声	1. 刮板螺栓松弛; 2. 护板翘起或破损; 3. 碾盘旋转时碰撞防护罩	1 调整刮板位置,紧固刮板螺栓; 2. 停机检查护板,重新固定或更换护板; 3. 停机检查处理碰撞部位防护罩
碾盘齿圈与小齿轮啮合声音不正常	大齿圈与小齿圈磨损严重	1. 将小齿轮更换或调面使用; 2. 更换大齿圈或调面使用
减速机温度超过50℃	1. 润滑油变质或太脏; 2. 大、小伞齿轮啮合间隙不正确	1. 清洗减速机,更换润滑油; 2. 检查处理大、小伞齿轮,重新调整啮合间隙
碾轮偏向碾盘的一边,或碾轮中心线与主机中心线错位	1. 碾盘倾斜,碾轮水平轴的滑块间隙大; 2. 滑块(或滑块联接螺栓)脱落,滑块的一边磨损严重	1. 将碾盘调平,检查调整滑块与滑道的间隙,若损坏则更换; 2. 检查处理滑块,更换联接螺栓并紧固,若滑块损害应更换
碾轮不转动或转动速度太低	1. 碾轮里的轴承损坏; 2. 碾轮与碾盘间隙过大	1. 检查轴承,损坏则更换; 2. 重新调整碾轮与碾盘间隙
出料刮板不动或升降动作失灵	1. 驱动蜗轮损坏或蜗轮、齿条的齿打坏; 2. 驱动蜗轮与齿条没啮合	1. 更换蜗轮或齿条杆; 2. 检查调整蜗轮、齿条的啮合间隙
电动出料装置出料不尽,碾盘内残存料多或出料刮板刮碾盘	1. 出料刮板磨损严重; 2. 电动出料装置的限位开关的安装位置过高或过低	1. 更换出料刮板; 2. 重新检查调整限位开关的安装位置
碾盘甩料	1. 边刮板坏了; 2. 护板磨损	1. 重新调整或更换边刮板; 2. 更换磨损的护板

续表4-6

故　障	产生原因	排除方法
电动机的电流过大或波动异常	1. 刮板太低与碾盘接触刮碰； 2. 加料量太多； 3. 碾轮直接压到碾盘； 4. 传动装置配合不好或主轴磨损造成“别劲”	1. 调整刮板位置和高度； 2. 减少加料量； 3. 调整增大碾轮与碾盘间隙； 4. 全面检查，找出电流过大故障根源，并排除

4.2.2.9 轮碾机大、中修后的验收

轮碾机大、中修后操作工人应进行检修质量及无负荷与负荷试机验收。验收应从以下几方面进行：

(1) 所有螺栓联接应紧固，不得松弛，全部需要润滑的部位应有足够的润滑油；

(2) 碾盘底部四个托辊必须全部与辊圈接触，并检查碾盘转动时辊圈与碾盘的接触情况，接触应在托辊全长上或在托辊中间；

(3) 圆柱齿轮啮合应在齿面中间，齿接触面及齿侧间隙应按图纸规定；

(4) 碾轮与碾盘间应有一定的间隙，以免碾轮触及盘底而发出撞击；

(5) 翻料刮板安装位置应正确，不得有刮板碰碾盘现象；

(6) 除尘设施、安全防护装置等附属部件应恢复完好；

(7) 盘动碾盘转动1～2转，不得有任何碰撞现象；

(8) 无负荷试机时间应不少于4 h，并符合下列要求：

1) 机器运转平稳，减速箱传动和圆柱齿轮啮合正常，无明显冲击或周期性噪声；

2) 轴承温升不超过55℃，所有联接部分应紧固可靠而无松弛现象；

(9) 无负荷试机后，可进行负荷试机。负荷试机时应将全部罩壳安装好，位置必须正确，碾轮轴通过脱罩壳处的密封结构，应保证碾轮能灵活的上、下移动；

(10) 负荷试机时间不少于8 h，并应符合下列要求：

1) 轴承温升不超过65℃；

2) 轮碾机在混练物料时除遇到过硬物料而在碾轮与碾盘之间产生应有的振动外，不得有其他不正常的振动；

3) 电流波动不超过额定电流值；

4) 电动出料装置的出料刮板应升降灵活，限位开关的安装位置应使出料刮板不刮碰碾盘并使物料出尽；

5) 其他均应满足无负荷试机要求。

负荷试机8 h且正常后，即可正式投入生产使用。

复习思考题

1. 泥料制备的配料方法有几种，各有何优缺点？
2. 试述你厂使用的配料设备的构造、工作原理及性能。
3. 配料操作程序如何？能从实际生产的配方，按操作程序熟练进行配料操作。(初)

4. 泥料混练的目的是什么，影响泥料混练均匀性的因素有哪些？
5. 混练设备主要分哪两类，各适合哪种耐火制品的生产？（初）
6. 叙述双轴搅拌机的构造、工作原理，操作中应注意的事项。能按操作程序熟练操作。（初）
7. 轮碾机有哪几种类型，它的规格是如何规定的？
8. 叙述 ϕ1600 mm × 450 mm 湿碾机的构造及工作原理，能按操作程序熟练进行生产操作。（初）
9. 湿碾机混练的加料顺序如何，加料顺序对泥料混练质量有何影响，混练后的泥料中出现“白茬料”是何原因，如何避免和排除这种现象？（初）
10. 怎样凭感觉器官（观察、触摸等）来判断泥料的混练质量？（初）
11. 湿碾机运转工作时，操作工人应注意哪些事项和做哪些工作？能熟练判断设备常见故障的产生原因，并能自己动手排除或协助检修工人进行排除。（初）
12. 轮碾机安装检修后，操作工人应从哪几个方面进行验收工作？你如何组织并参加实际验收工作？

5　耐火制品砖形图

5.1　砖形图绘制知识

砖形图是耐火工人从事生产活动的“语言”，识图是成型工人的重要技能之一。成型工人要完成压制砖坯的任务，首先要学会看懂图纸。

5.1.1　三视图的形成

把一个物体放在三个互相垂直的投影面内，从物体的前方、上方、左方分别向各投影面进行投影（即人们在三个正对着投影面的方向去观察物体），这样在三个投影面上便得到了三个图形（图5-1）。

在三个投影面中，从正前方向后对着的 V 面称为正投影面，从正上方向下对着的 H 面称为水平投影面，从左方向右对着的 W 面称为侧投影面。这三个投影面按图5-2所示方向旋转到同一平面内，便得到物体的三视图（图5-3），正面投影称为主视图，水平投影称为俯视图，侧面投影称为左视图。

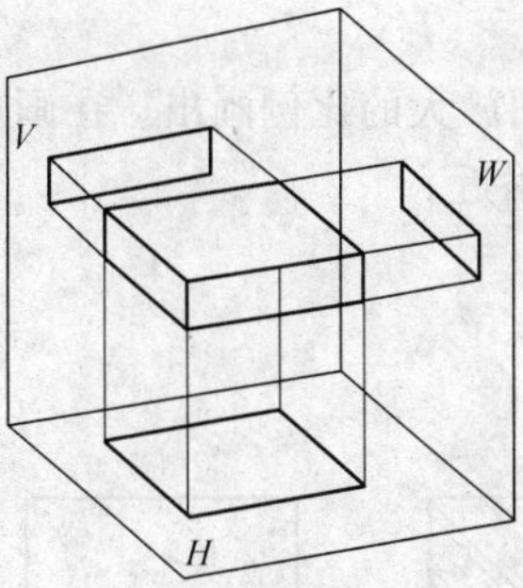

图5-1　物体投影示意图

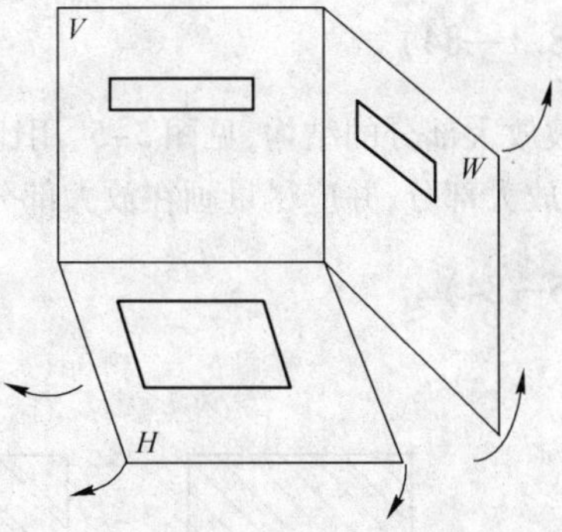

图5-2　三视图的形成

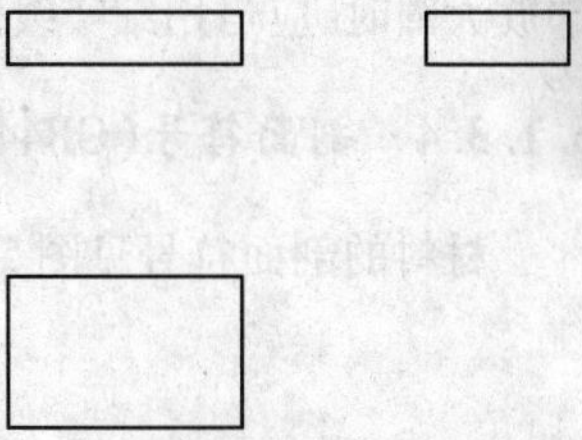

图5-3　三视图

5.1.2　三视图的投影规律

从三视图形成的过程可以看出，三个视图反映的是同一物体。这说明三视图并不是孤立的，它们之间有着内在的联系。

如图5-4所示，主视图反映了物体的长和高；俯视图反映了物体的长和宽；左视图反映了物体的宽和高。由于物体在三面视图中投影时其位置不变，所以三视图有如下规律：

主、俯视图**长对正**；主、左视图**高平齐**；俯、左视图**宽相等**。

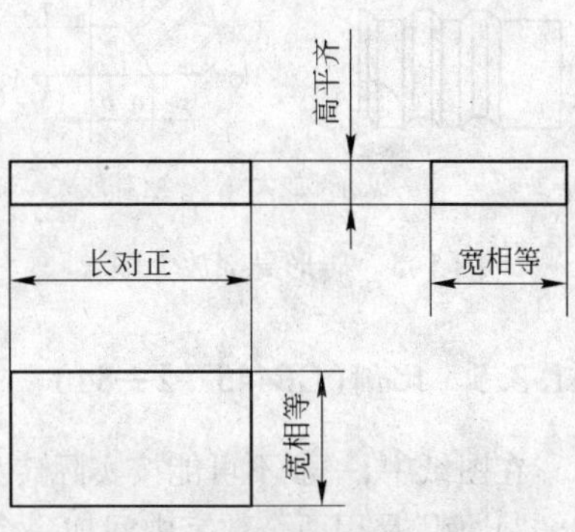

图5-4　投影规律示意图

在看图和画图时必须遵循一般统称为“九字规律”的原则。

5.1.3　三视图的有关规定

5.1.3.1　图纸幅面尺寸(GB4457.1—84)

国家公布的标准有六种：A_0 为 841×1189 ~ A_5 为 184×210，砖型图纸一般比国家规定的尺寸小，均由各厂确定。

5.1.3.2　线形规定(GB4457.4—84)

在绘制三视图时，凡是物体上投影能够看得见的轮廓线用粗实线表示；看不见的轮廓线用虚线表示；物体的对称性、圆的中心线、回转体的回转轴线都用点划线表示；尺寸线、尺寸界线则用细实线表示。见表5-1。

表5-1　图线

图线名称	图线形式	图线宽度	一般应用
粗实线	———————	b	可见轮廓线
细实线	———————	约 $b/3$	尺寸线、尺寸界线、剖面线
虚　线	- - - - - - - -	约 $b/3$	不可见轮廓线
细点划线	—·—·—	约 $b/3$	对称中心线

5.1.3.3　局部放大图(GB4458.1—84)

用几何图形来表示砖形中被放大部分的结构，见图5-5，用比原图放大的比例画出。在画局部放大图时，应当用细实线圈出放大部分，并应尽量画在放大部分的附近。

5.1.3.4　剖面符号(GB4457.5—84)

材料的剖面符号见图5-6。

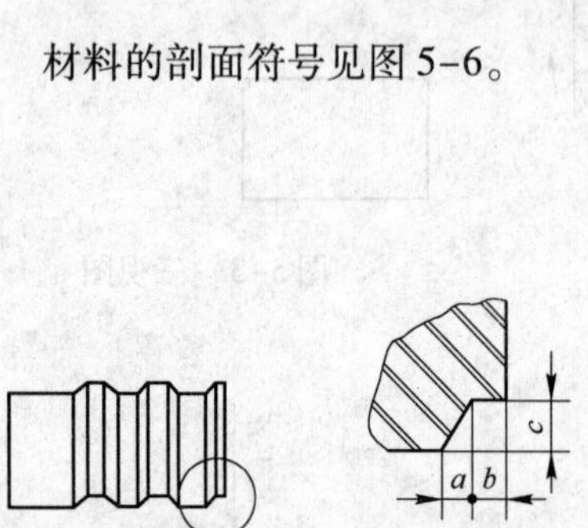

图5-5　砖形局部放大图

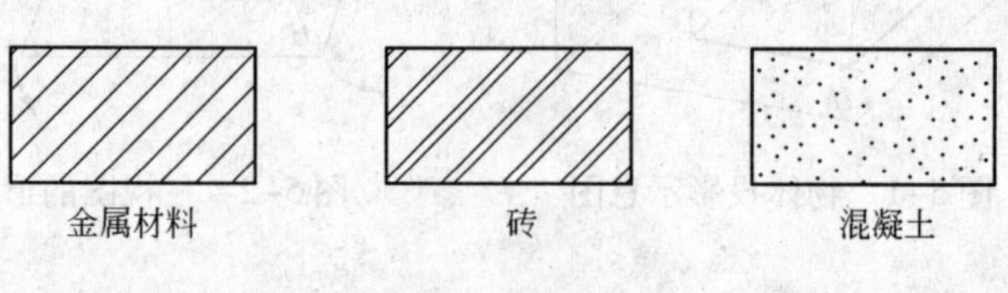

图5-6　材料剖面符号

5.1.3.5　比例(GB4457.2—84)

在图纸中，一般不可能按实际砖型的尺寸绘制，必须缩小成一定的比例。

“比例”是用两个数字中间加一个比号来表示的。比号前一个数字表示图上尺寸，一般用1表示；后一个数字表示比实际尺寸缩小的倍数，如缩小四倍就标上4，缩小五倍就标上5。例如，图纸标出的比例是1∶3，说明图上的尺寸比实物尺寸缩小了3倍，也就是图上量出的尺寸乘以3即为实际尺寸。

5.1.4 物体上的面、线的投影特征

5.1.4.1 平面投影的特征

任何物体的平面在空间相对投影面的位置有：平行、倾斜、垂直三种，它们的投影特征各不相同，以T－52砖为例，具体见图5-7。

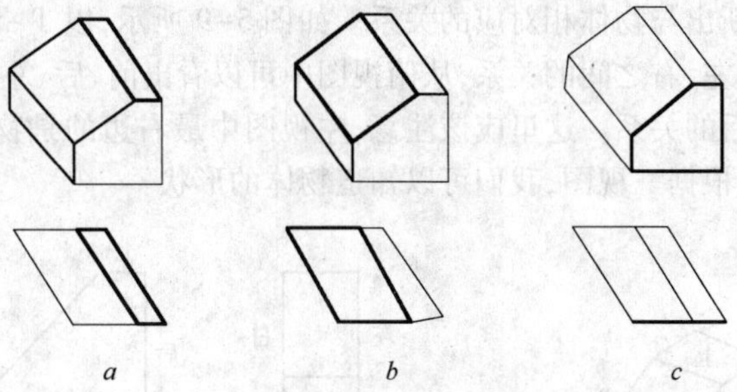

图5-7 平面投影特征

（1）真实性。在图5-7*a*中，当平面平行于投影面时，它在投影面的投影是一个封闭的线框，并反映真实的形状和大小，这种特征叫做真实性。

（2）收缩性。在图5-7*b*中，当平面倾斜于投影面时，它在投影面上的投影类似图形，即比原平面小的封闭线框。这种特征叫做收缩性。

（3）积聚性。在图5-7*c*中，当平面垂直于投影面时，它在投影面上是一条直线。这种特征叫做积聚性。

归纳起来，平面投影的特征是：

平面平行投影面，它的投影现原形；平面倾斜投影面，它的投影往窄变；平面垂直投影面，它的投影成直线。

5.1.4.2 直线段投影的特征

直线段投影特征见图5-8，物体的直线相对投影面的位置有平行、倾斜和垂直三种，其投影的特征也各不相同。

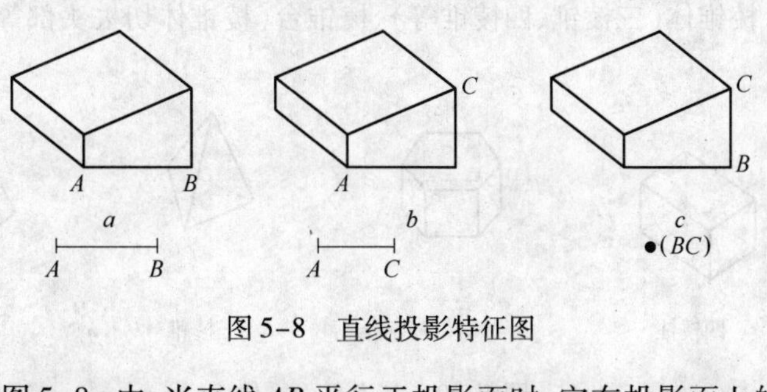

图5-8 直线投影特征图

（1）真实性：在图5-8*a*中，当直线*AB*平行于投影面时，它在投影面上的投影反映出实长。即投影长度与空间长度相等，这种特性叫真实性。

（2）收缩性：在图5-8*b*中，当直线倾斜于投影面上的投影长度缩短，这种特性叫做收缩性。

(3) 积聚性:当直线 CB 垂直于投影面时,它在投影面上的投影重合为一点,这种特性叫做积聚性。

归纳起来,直线段的投影特点是:

直线平行投影面,它的投影现原形;直线倾斜投影面,它的投影线变短;直线垂直投影面,它的投影成一点。

5.1.5 三视图和物体之间的关系

物体有上、下、左、右、前、后六个面,而三个视图中,每一个视图只反映物体的两个方向尺寸,而从三面视图中,能判断出与物体相对应的关系。如图 5-9 所示,以 T-52 砖为例:从主视图中可以看出物体的上、下、左、右之间的关系,从俯视图中可以看出前、后、左、右的关系;从左视图中则可以看出上、下、前、后的关系。这里应该注意,左视图中最右边的是物体上的最前面,最左边的是物体上的最后面。根据三视图,我们可以知道物体的形状。

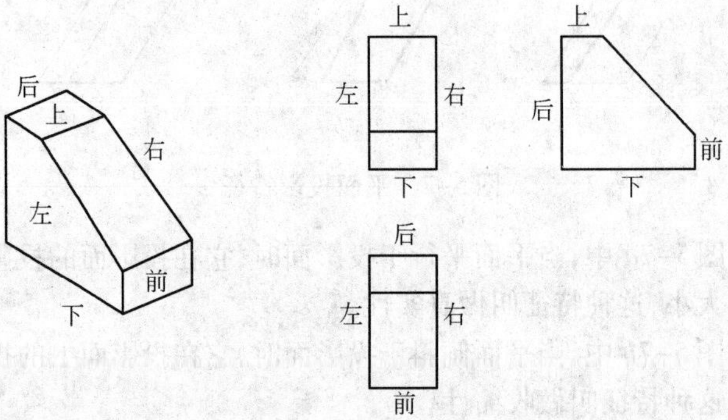

图 5-9　T-52 砖的视图

5.1.6 常用基本几何体的三视图

任何复杂的物体,复杂的砖型都可以看作是由几个基本几何体组成的。只要学会基本的几何体三视图画法,那么复杂零件的三视图也就容易掌握了。

5.1.6.1 基本几何体分类

(1) 平面立体。平面立体是由几个平面围成的立体。常见的平面立体有:棱柱体(三棱柱、四棱柱、六棱柱等)、棱锥体(三棱锥、四棱锥等)、棱锥台(棱锥体切去头部等)。基本平面立体,见图 5-10。

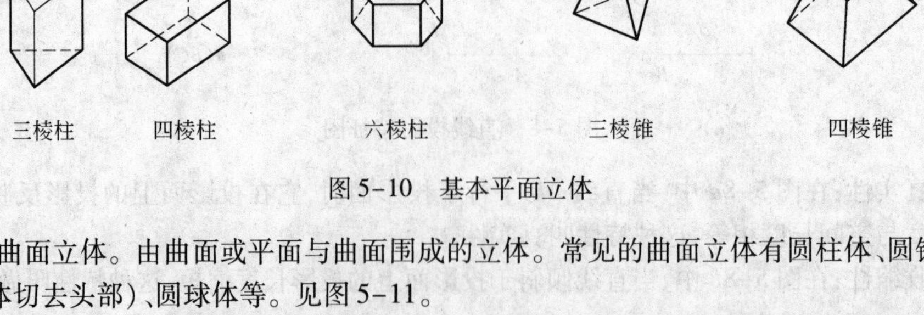

图 5-10　基本平面立体

(2) 曲面立体。由曲面或平面与曲面围成的立体。常见的曲面立体有圆柱体、圆锥体、圆锥台(圆锥体切去头部)、圆球体等。见图 5-11。

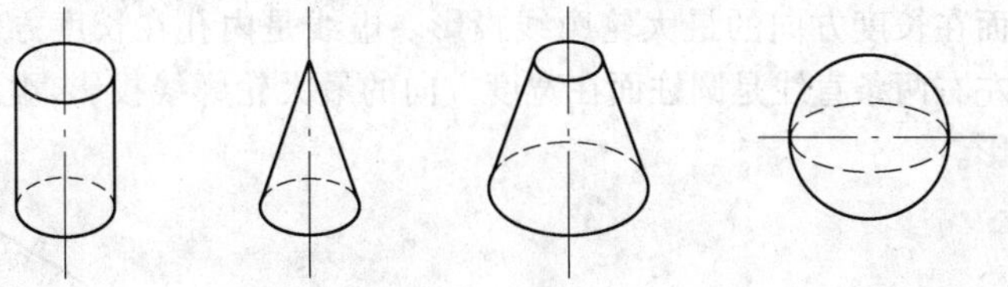

图 5-11 基本曲面立体

5.1.6.2 基本几何体的三视图以及耐火砖形图分析

A 四棱柱体

（1）视图分析。如图 5-12*a* 所示，Tz－3 标准砖属于四棱柱体。它的前后两平面平行于正面，主视图反映了前后面的真实形状，四棱柱上下两面平行于水平面，俯视图反映了上下两面的真实形状。

（2）砖型图分析。对于四棱柱体，在视图上只需标上长、宽、高三个尺寸，就能确定其大小。图 5-12 中“230”表示砖坯的长度尺寸，“114”表示宽度尺寸，“65”表示厚度尺寸。因此，四棱柱体 Tz－3 只用两个视图就可以表示它的形状。

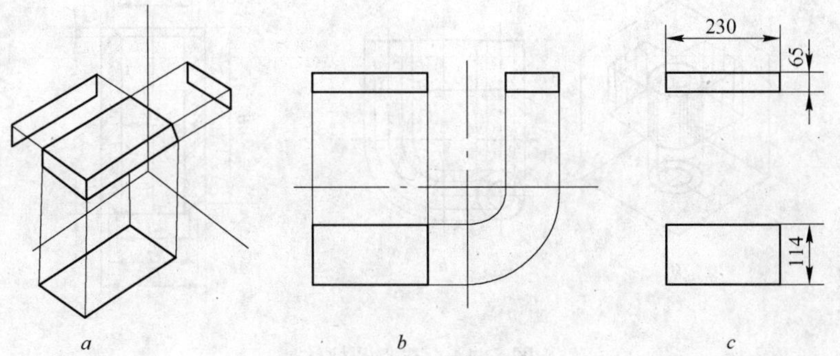

图 5-12 Tz－3 砖形分析图

B 六棱柱体

（1）视图分析。如图 5-13 所示，可以把六棱柱体看做是六孔分道六角中心砖的外框。主视图反映了正六棱柱体平行于正面的两个端面的真实形状。俯视图由两个矩形框组成，中间一个线框是倾斜面的投影，这两个投影比原形小。左视图由三个矩形线框组成，中间一个线框反映了正六棱柱体平行于侧面的左右两个平面的真实形状，上下两个线框是倾斜面得投影，这两个投影都比原形小。

（2）砖形图分析。图 5-13*c* 是六孔分道分角中心砖的砖形视图，主视图为剖视图。其中 D_1、D_2 表示圆台和圆柱的直径；H、H_1、h_1、h_2 表示高度；A 表示正六边形的对边尺寸。

对于正六边形，在视图上须标注对边或对角尺寸来确定其大小。

C 空心圆柱体

（1）视图分析。如图 5-14*a*、图 5-14*b* 所示，空心圆柱体可视为圆柱体的三视图，顶面与底面平行于水平面，垂直于正面和侧面。因此，在俯视图上的投影反映了圆形平面的实形。主视图和左视图上的投影，外框是直线段，内部圆柱孔的投影时不可见，用直虚线表示。主视图的左右两条直线是外圆柱面在长度方向的最大轮廓线投影。虚线是内孔在长度方向的最大轮廓线投影。左视图的外部左右两条直线是圆柱面在宽度方向的最大轮廓线投影,虚线是内孔在宽度方向的最大轮廓线投影。

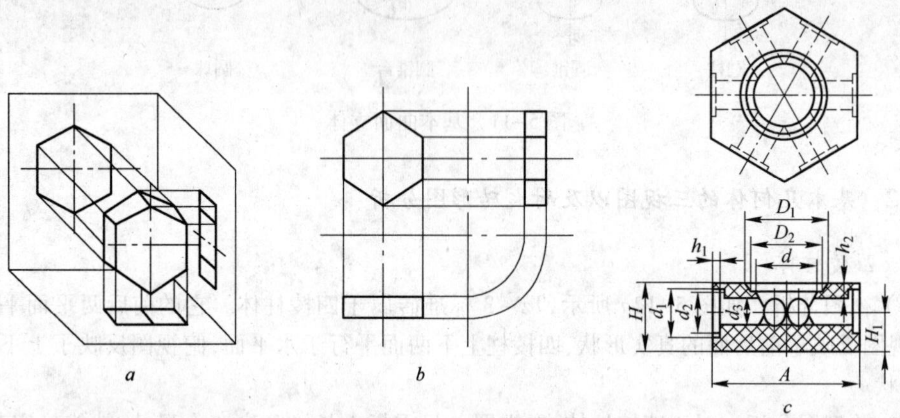

图 5-13　六棱柱体

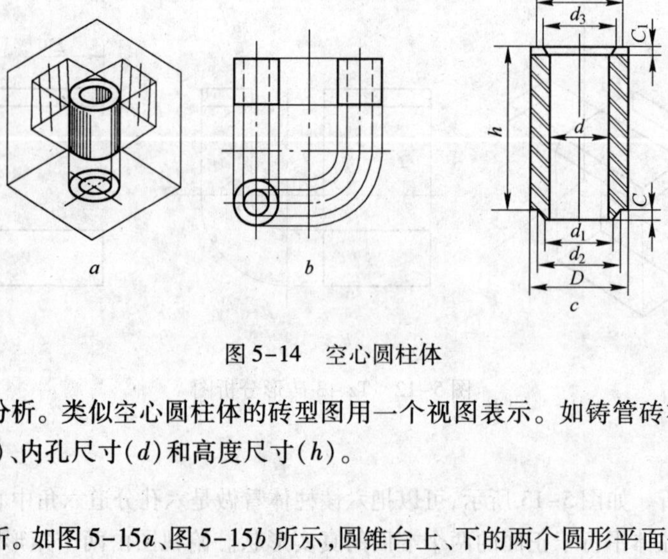

图 5-14　空心圆柱体

(2) 砖型图分析。类似空心圆柱体的砖型图用一个视图表示。如铸管砖在标注尺寸时,要标注外圆尺寸(D)、内孔尺寸(d)和高度尺寸(h)。

D　圆锥台

(1) 视图分析。如图 5-15*a*、图 5-15*b* 所示,圆锥台上、下的两个圆形平面平行于水平面,所以俯视图是两个同心圆,主、左视图是两个大小相等的等腰梯形,其上、下两直线段分别是圆锥台上、下两平面的投影,左右两直线段是圆锥台最外轮廓线的投影。

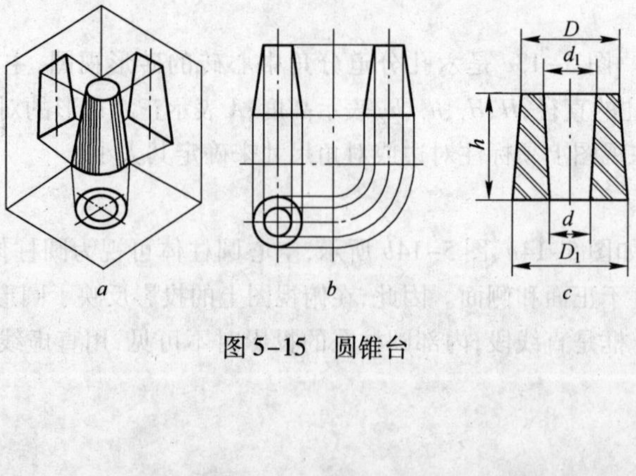

图 5-15　圆锥台

(2) 砖形图分析。图5-15是钢锭模底砖型图。因其内孔也为一圆锥台,其俯视图投影均是圆形,所以只用一个视图,再标大小两端的直径和高度尺寸就能确定它的形状和大小。

5.2 砖形图的识读

砖形图是耐火制品生产过程中所用的图样,它必须把与砖形有关的问题表示清楚。

5.2.1 看清标题栏

成型工拿到砖型图后,首先要看清标题栏。图栏的说明是看图的前导。

图5-16为Tz－3砖形图。该图的左上角“技术标准”表示Tz－3砖执行GB4415—84。

栏中表示Tz－3是黏土质制品,按当时冶金部颁布的标准YB844—75对耐火制品的分型是标型制品,比例为1:5表示三视图比原型缩小5倍;采用标普料在3000 kN摩擦压砖机上成型。

“放尺”和“单重”栏是保证成品外形尺寸和成型砖坯密度的首要条件,也是保证砖坯质量的重要措施。“放尺”是根据各厂所用原料在干燥、烧成以后体积变化的限度来确定的,一般为1%～2.5%。半成品单重是根据放尺后的尺寸来确定的。在成型时不但要准确称量、加料,还要对砖坯单重进行检查。单重不符合规定的应为废砖坯。

栏中受压面放尺为2%,非受压面为1%。“受压面”表示装窑方向,即视图中的箭头方向。其他面为非受压面。图中的“230”、“114”、“65”是成品砖的尺寸,括号内的“232.3”、“65.7”是放尺后的尺寸,即半成品砖的尺寸。

技术标准 GB4415－84

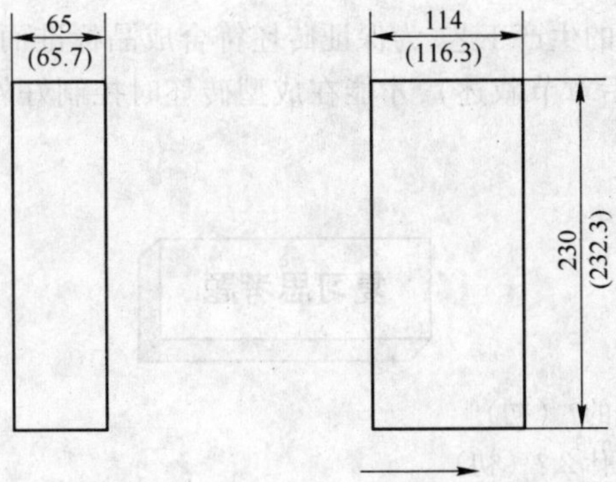

编号		Tz-3		直 形 标 准 砖				设计		校对	
用途		一般工业炉用						制图		比例	1:5
材质	黏土	成型	3000kN压机	成 品		半 成 品		审核		日期	
型别	标型	放尺	受压面2%	体积/cm³	1704.3	体积/cm³	1783	×××××厂			
料别	标普		非受压面1%	单重/kg	3.7	单重/kg	3.9				

图5-16 Tz－3砖形图

(1) 砖坯放尺计算:

半成品尺寸＝成品尺寸±成品尺寸×放缩尺率

长：$230 + 230 \times 1\% = 232.3$ cm

宽：$114 + 114 \times 2\% = 116.3$ cm

厚：$65 + 65 \times 1\% = 65.7$ cm

（2）半成品砖坯的体积计算：

按放尺后的尺寸进行计算：

$Y = 232.3 \times 116.3 \times 65.7 \approx 1783$ cm

（3）单重计算：

半成品砖坯的质量 = 密度 × 半成品体积

黏土质砖密度为 2.2 g/cm^3

$G_1 = 2.2 \times 1783 = 3.9$ kg

成品的质量 = 密度 × 成品体积

$G_2 = 2.2 \times 230 \times 114 \times 65 = 3.7$ kg

5.2.2 分析视图

通常从最能反映物体形状特征的三视图着手，分析砖型是由哪些基本形体组成的，然后按投影规律分别找出各个形状在其他视图上的投影，想象出各个基本形体的行状及各形体之间的相对位置，最后可得知整个物体的形状。

从图 5-16 可以分析出 Tz-3 是一四棱柱体。

5.2.3 明确半成品标准

半成品标准是各个厂的生产工艺，为保证砖坯符合成品标准而制定的。成型工只有掌握半成品标准（具体标准在以后章节叙述），才能在成型砖坯时控制好外形尺寸及显气孔率，生产出合格的半成品。

复习思考题

1. 物体的三视图是怎样形成的？（初）
2. 三视图之间的投影规律是什么？（初）
3. 画三视图时，对线型有什么规定？（初）
4. 基本几何体分为几类？常见的有哪些？（初）
5. 怎样看棱柱体的三视图？
6. 怎样看圆柱体的三视图？
7. 怎样看圆柱台的三视图？
8. 已知某黏土砖的尺寸及放尺率，计算其半成品尺寸、单重和体积。
9. 怎样看砖形图？（初）

6　耐火制品的半干法成型设备

6.1　耐火制品的成型方法

耐火坯料借助于模型和外力，成为具有一定尺寸、形状和强度的坯体或制品的过程叫做成型。

成型是耐火材料生产工艺过程中的重要环节。耐火材料成型方法很多，包括特殊耐火材料的成型方法在内有数十种之多。

常用的有以下几种：

(1) 注浆成型法。使用粉状原料，选择适当的解胶剂(反絮凝剂)，使其均匀地悬浮在溶液中，调成泥浆，浇注到有吸水性的模型(一般为石膏模)中吸水，按模型形状成型坯件。注浆成型用泥浆的水分含量一般为35%～45%。

(2) 可塑成型法。将预制好的含水量为16%以上的坯料投入挤泥机中，挤成泥条，然后切割，按所需要的尺寸制成荒坯，再用压机压料，形成具有一定尺寸和形状的坯件。

(3) 半干成型法。又称干压成型。半干法成型是将含水量在3%～10%之间的泥料，经过压砖机、风锤或夹板锤等机械制备成坯体的方法。

(4) 振动成型法。是物料在每分钟3000多次的频率的振动下，变成具有流动性的颗粒。这种颗粒能够密集并填充于模型的各个角落而将空气排出，从而得到较高密度的制品。

(5) 电熔铸法。将耐火原料在电炉中熔融，然后将熔体浇注到耐火铸模内铸造成型。目前，电熔铸法主要应用于电熔锆莫来石砖和锆刚玉砖以及熔铸锆英砖等。

此外，耐火材料的成型方法还有热压成型、热压铸成型和等静压成型等。目前冶金用耐火材料主要使用半干法成型。

6.2　半干法成型设备——摩擦压砖机

半干法成型耐火材料坯体用的机械设备主要有摩擦压砖机、杠杆压砖机、液压机、回转压砖机等。目前也有高压自动化液压机。各耐火材料厂基本上都采用摩擦压砖机和夹板锤。

摩擦压砖机是通过摩擦轮和飞轮的摩擦传动来压制耐火砖的机械。摩擦压砖机的构造简单、价格便宜、操作简便，工作时可均衡地变速、启动和停止，改变速度和方向都很方便，螺旋杆的上下运动比较缓慢。且压力(向下压冲)是逐渐增大的。因而，压制出的耐火砖坯比较致密，外形比较完整。摩擦压砖机的缺点是：振动大、功耗大、笨重、安全可靠性差，压制砖坯的形状和尺寸均有很大的局限性。

6.2.1　摩擦压砖机的分类

摩擦压砖机按操作方式分为：流动、气动、电动三种。按传动方式分为普通型摩擦压砖和高冲程摩擦压砖机；按工作方式分为自动工作和手动操作两种。

摩擦压砖机的型号是按公称压力分类的。如3000 kN摩擦压砖机是指摩擦压砖机的公称压力为3000 kN。

摩擦压砖机的技术性能见表6-1。

表6-1 摩擦压砖机的技术性能

技术性能		压砖机型号						
项目		700 kN 高冲	1600 kN 高冲	1600 kN	2000 kN 高冲	2600 kN 高冲	3000 kN	4000 kN
公称压力/kN		700	1600	1600	2000	2600	3000	4000
冲击能量/N·m		9800	9800	9800	13720	19600	24500	39200
电动机	功率/kW	14	14	10	22	20	20	30
	转速/$r \cdot min^{-1}$	1450	1450	970	970	970	980	
摩擦轮转速/$r \cdot min^{-1}$		280	280	主转轮 190	190	194		
传动比	一级皮带 i_1	2	2		2			
	二级皮带 i_2	2.56	2.56		2.56			
滑块全程冲击次数/次·min^{-1}		12~14	12~14	16~17		10	15	14
滑块最大行程/mm		1000	1000	350	1000	700	380	500
工作台尺寸(长×宽)/mm×mm		1050×700	1030×500	570×570	1000×600	800×800	650×570	1200×900
外形尺寸(长×宽×高)/mm×mm×mm		2614×1350×4590	2628×1305×4370	2366×1432×3680	2200×1100×4600			
质量/t		8.44	12.826	8.43	13.6	13.37	13.99	

6.2.2 摩擦压砖机的工作原理

摩擦压砖机是通过摩擦轮带动冲头进行压砖操作的。其工作原理如图6-1、图6-2所示。丝杠4由摩擦传动装置驱动。在横轴2上装有两个垂直圆轮1,称为摩擦轮,两个摩擦轮的转速相等,转向相同。在两个摩擦轮之间有一水平轮3,亦称飞轮,它安装在丝杠4的上端。两个摩擦轮由一杠杆系统操作可以随横轴一起左右移动,只能有一个摩擦轮靠近飞轮或两个摩擦轮均与飞轮保持一定的间隙。在后一种情况下,摩擦轮与横轴一起旋转时,飞轮并不转动。如将左摩擦轮压紧飞轮时,当横轴带动摩擦轮回转时,由于摩擦作用带动飞轮朝一个方向转动,如图6-1所示(图中飞轮为逆时针方向转动);如将右摩擦轮与飞轮压紧时,则飞轮朝另一个方向回转(顺时针方向),如图6-2所示。飞轮带动丝杠在大螺母中转动的同时并作向上或向下移动。丝杠下端装有滑块和冲头,当冲头向上移动时,可进行加料或出砖等工作;当冲头向下移动时,则完成压砖工作。

摩擦轮的转向和转速是保持不变的,而飞轮在上下移动的进程中,由于它与摩擦轮的接触位置改变了,所以飞轮的旋转速度和上下移动的速度也就随着变化。

设摩擦轮的转速为 n,则飞轮的转速 n_1 的变化范围如下:

$$n_1 = n\frac{R_x}{R_1} \sim n\frac{R}{R_1}$$

式中 R_x——飞轮在最高位置时,与摩擦轮接触距水平轴轴线的距离;

R——摩擦轮的有效半径;

R_1——飞轮的半径。

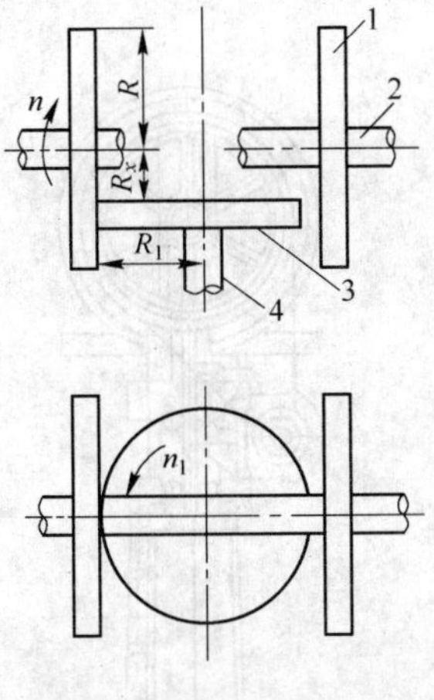

图 6-1 左摩擦轮压紧飞轮

1—摩擦轮;2—横轴;3—飞轮;4—丝杠

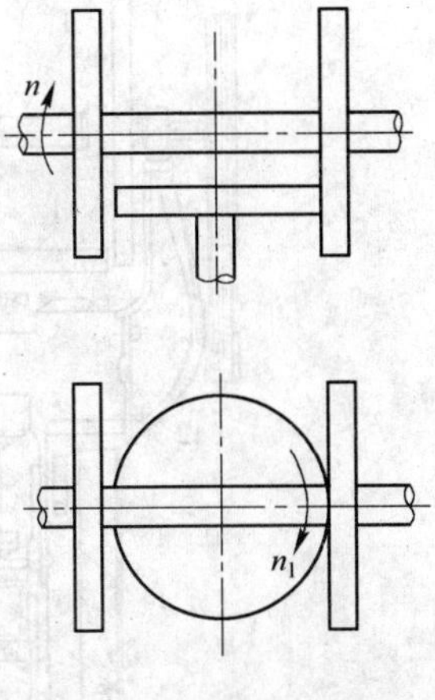

图 6-2 右摩擦轮压紧飞轮

从上式可以看出,飞轮自上而下运动时,它与水平轴的距离逐渐增大,则飞轮与丝杆的转速及向下移动的速度也愈来愈大,这样就使冲头以一定加速度急速下降,使冲击力增大。而当飞轮向上移动时,作减速运动,这样的运动规律正好与压砖机的要求相符合,所以摩擦压砖机压出的砖坯非常紧密,这是摩擦压砖机的优点之一。

6.2.3 摩擦压砖机的构造

6.2.3.1 普通形式的摩擦压砖机

普通摩擦压砖机如图 6-3 所示,由电动机驱动,通过三角皮带传动装置 2 使水平轴 3 旋转。水平支承在滑动滚动轴承 5 中,并使与之固定的两个摩擦轮 4 旋转。操作者按动操作把 9,通过增压器(油泵、气缸或杠杆等传动结构)10 推动操纵杆 8 和拨叉 7 使水平轴作轴向移动。当水平轴向右移动时,左边的摩擦轮与飞轮 11 接触,由于摩擦力的作用,飞轮逆时针旋转,使固定在飞轮中部并穿过安装在横梁 12 中心部位螺旋套的螺旋杆 14(下端固定着滑块和锤头)向下快速运动,锤头进入模型内冲压砖坯,然后将操作把抬起,推动水平轴向左移动,这时左边的摩擦轮离开了飞轮,而右边的摩擦轮接触飞轮,使飞轮作顺时针转动,带动飞轮(连同滑块、锤头和螺旋杆)上升。堵住出砖顶杆落下的通道。滑块 15 通过与之固定的左右拉杆 16 带动,使出砖器上升,推动出砖顶杆将底模板顶出模型平面(成型好的砖坯在底模板的上面),再将砖坯取出。此时可将出砖装置松开,出砖顶杆落下,底模板随着落回原位,再向模腔内加料,重复第一个工作循环。

支座 17 支承着整个压砖机,上机身 13 相对的面加工出滑道(供滑块上下滑行),横梁 12 过螺柱与机身、机座固定为一体。

该机冲程不大,压制砖坯的厚度、形状和尺寸等都有一定的限制,滑块上下运动的速度和定位均很难控制,操作者取砖时很危险,因此许多厂家都进行了改进。

6.2.3.2 高冲程摩擦压砖机

高冲程摩擦压砖机与普通摩擦压砖机构造基本相似。

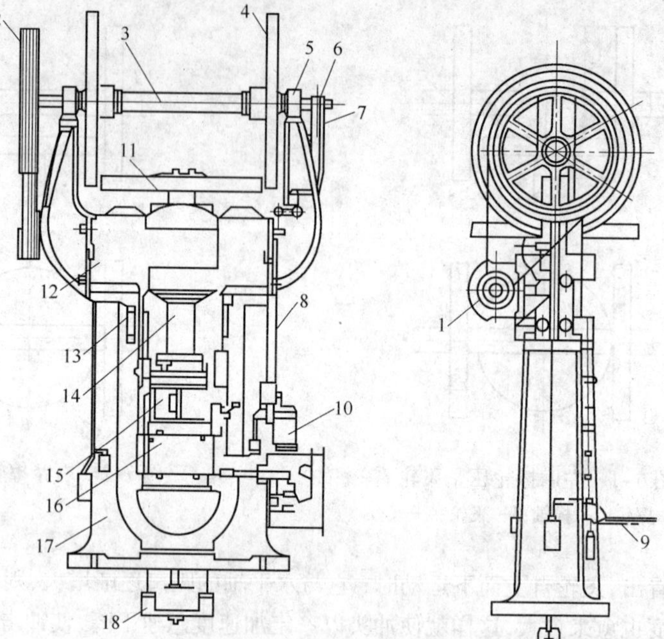

图6-3　普通摩擦压砖机

1—电动机;2—三角皮带传动;3—水平轴;4—摩擦轮;5—轴承;6—拨动环;7—拨叉;
8—操纵杆;9—操作把;10—增压器;11—飞轮;12—横梁;13—机身;14—螺旋杆;
15—滑块;16—拉杆;17—机座;18—顶出砖装置

常用的高冲程摩擦压砖机有两种形式。图6-4所示为一种丝杆两端均有螺纹的高冲程摩擦压砖机。它与普通的摩擦压砖机的区别仅在于丝杆采用差动螺纹,丝杆两端均有传动螺纹,两端螺纹的旋向相反,滑块内部也有一段与丝杠下端相配合的螺纹。这种差动螺纹的构造使得当丝杆旋转向上运动时,滑块随着丝杆一起沿导轨上升,与此同时,滑块相对于丝杆还向上运动,即缩短了飞轮与滑块之间的距离,这样就加大了滑块的冲程。而当丝杆向下移动时,滑块随丝杆一起向下移动,还相对于丝杆向下移动,加大了滑块向下移动的速度,更有利于砖坯的压制。

图6-5所示为另一种具有两根水平轴的高冲程摩擦压砖机,它用两个短水平轴代替一根长

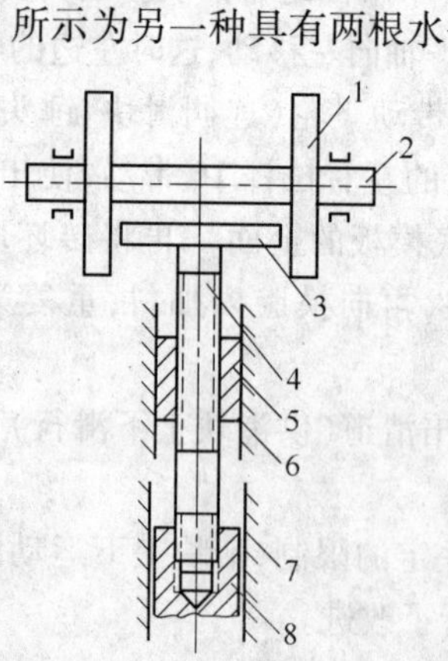

图6-4　丝杆两端均有螺纹的高冲程摩擦压砖机

1—摩擦轮;2—水平轴;3—飞轮;4—丝杠;5—大螺母;
6—上横梁;7—导轨;8—滑块

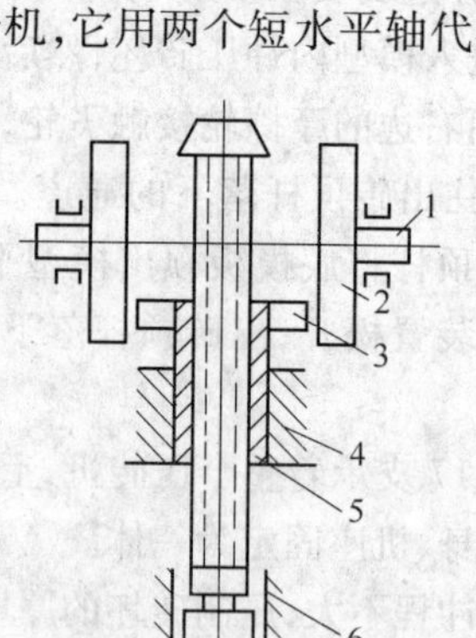

图6-5　具有两根水平轴的高冲程摩擦压砖机

1—横轴;2—摩擦轮;3—飞轮;4—上横梁;
5—大螺母;6—导轨;7—滑块

的水平轴,每根短水平轴上各装一个摩擦盘,分别有一台电动机单独驱动,两台电动机的性能完全一样。这两个水平轴有一共同操纵系统,它们能够一起向左或向右移动,使两个摩擦轮轮流与飞轮压紧,以改变飞轮的转向。飞轮3是用键固定在大螺母5的上端,与丝杆配合的大螺母5可在上横梁4中转动,但不能上下移动,这样当大螺母5随同飞轮3一起转动时,就迫使丝杆和滑块一起向上或向下移动,而螺母并不移动,由于水平轴分成两个短轴,丝杆上升高度不受限制,故可得到较大的冲程。这种压砖机由于飞轮不能上下移动,飞轮的动能没有充分利用,主要依靠丝杆和滑块的冲压力成型,使压制力大大减小了,因此这种压砖机的吨位较小。

6.2.4　摩擦压砖机的主要装置

摩擦压砖机除机身外,主要有操纵装置、传动装置、冲压装置和出砖装置。

6.2.4.1　操纵装置

操作者通过操纵装置来控制压砖机的工作。操纵装置有操作杠杆装置和操纵增压器装置两种。

操作杠杆装置如图6-6所示。操作把1是控制螺旋杆上下运动的,当操作把处在 b 点时,螺旋杆上升(或出砖),处在 O 点时是空挡,处在 a 点时螺旋杆快速下降(或压砖),操作把顶部装在机身的支座2上,通过销轴与操纵杆座连接在一起。操纵杆较长,用滑动轴套3(固定在机身上)定位,以防止传递推力时产生晃动或弯曲。上端与拐杆5通过销轴连接,拐杆5是一个省力杠杆,由固定在机身上的销轴6作支点,由销轴7将拐杆作用力传递到拨叉8上,拨叉8的上端装着拨动环推动着水平轴作轴向移动。拨杆推动水平轴作轴向移动的距离,是通过既当作支点又当作调整距离的螺栓9实现的,油杯10是润滑滑动轴套和操纵杆的。

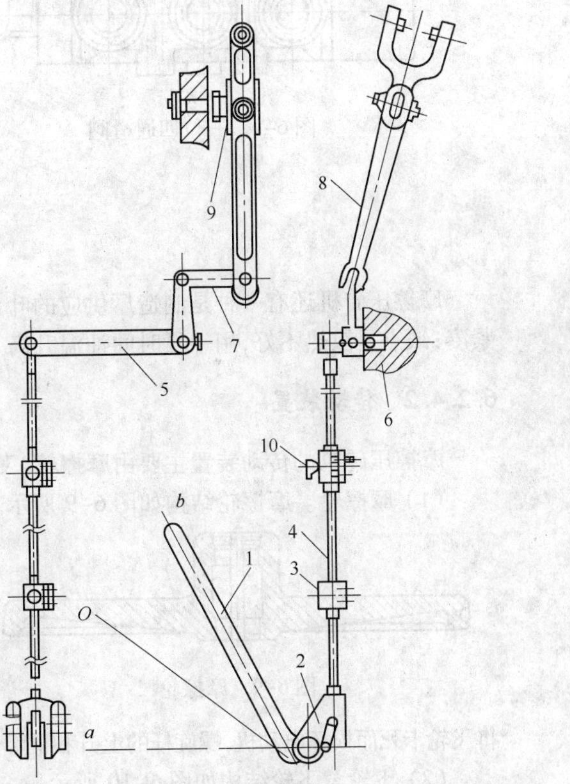

图6-6　操作杠杆装置

1—操作把;2—支座;3—滑动轴套;4—操纵杆;5—拐杆;6—销轴;7—销轴;8—拨叉;9—螺栓;10—油杯

操纵增压器装置是用气缸操作阀和操作气缸代替操纵杠杆装置中的操作把和支座。

图6-7所示为三位四通手动滑阀。其工作原理是:图示位置为非工作状态,手把在中间位置,各气室互不相通。当手把向左推动时,阀芯向右滑动,使进气室 P 和工作气室 A 相通,工作气室 B 通过 O_2 气室排气。当手把向右推动时,阀芯向左滑动,切换气路,使进气室 P 和工作气室 B 相通。工作气室 A 通过 O_1 气室排出。当手把移到中间位置时,阀恢复到非工作状态位置。

操作气缸的工作原理如图6-8所示:当气动阀门控制的压缩空气由 A 孔进入,活塞2向下,活塞杆3通过圆孔与操纵杆相连也随活塞向下运动(与操纵杆装置 a 点位置相同);当 B 孔进气,A 孔排气时,活塞2向上运动(与操纵杆装置 b 点位置相同)。

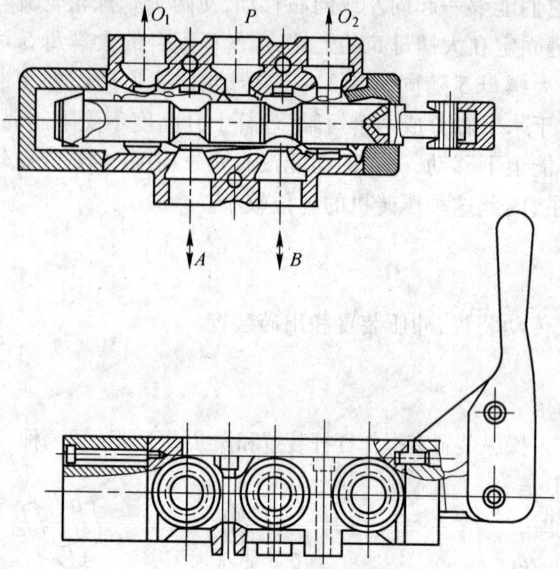

图 6-7　三位四通滑阀

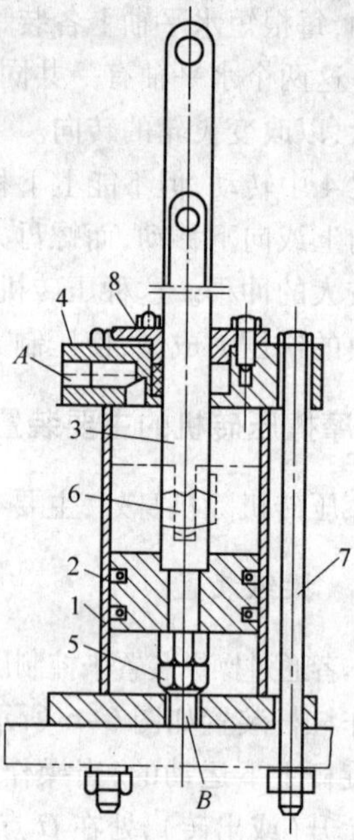

图 6-8　操作气缸

1—活塞;2—气缸壁;3—活塞杆;4—气缸盖;
5—活塞背帽;6—限位螺帽;7—连接螺栓;
8—密封圈;A—气室孔;B—气室孔

摩擦压砖机还有一种是制造厂供应的叶片泵增压装置,该装置操纵省力且占地面积小,结构紧凑;缺点是散热不好,用一段时间油温升高,维修困难。

6.2.4.2　传动装置

摩擦压砖机的传动装置主要由摩擦轮、飞轮和水平轴组成。

(1) 摩擦轮。摩擦轮结构如图 6-9 所示。

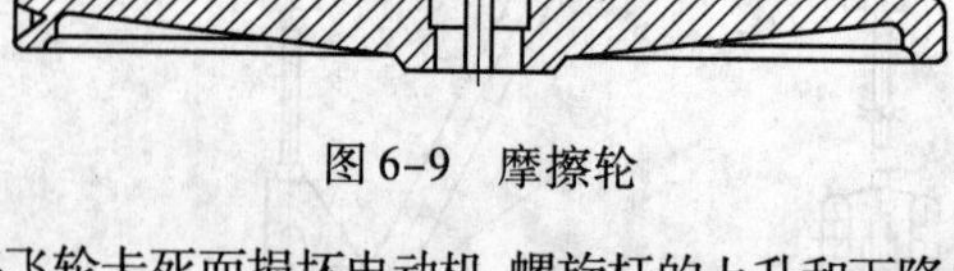

图 6-9　摩擦轮

摩擦轮垂直安装在摩擦压砖机的水平轴上,由 HT25-47 材料制成。a 面为工作面,是与飞轮接触产生摩擦力使其上升或下降的面,故应平整,不得用坚硬的金属敲击。摩擦轮与飞轮每边的间隙应在 3 ~ 5 mm 范围。如果间隙过小,容易将飞轮卡死而损坏电动机,螺旋杆的上升和下降也不容易控制;如果间隙过大,操作费时费力,效率低。

(2) 飞轮。飞轮结构如图 6-10 所示。

飞轮在两个摩擦轮交替接触产生的摩擦力的作用下,进行下降和上升运动,达到冲压和出砖的目的,其工作状况是否良好,对摩擦压砖机的性能影响很大。由于飞轮是在极其恶劣的条件下工作,故其大多用铸钢材料制成。

飞轮外缘与摩擦轮接触处采用摩擦系数较大的材料镶包,以提高飞轮的旋转速度和作用力。过去大多用优质钢板外包一层胶带并且由铜铆钉固定摩擦带。虽然这种摩擦带价格不太贵,但摩擦系数小、强度小,易损坏。用牛皮叠成的摩擦带,摩擦系数大,耐磨损,但价格太贵,加工与更换均费时费力。近年来,耐火材料厂大多推广使用塑料摩擦块,如图 6-10 中所示的"A 放大"。

为了增强摩擦块的强度,在制造塑料摩擦块时加入一定量的铜丝。

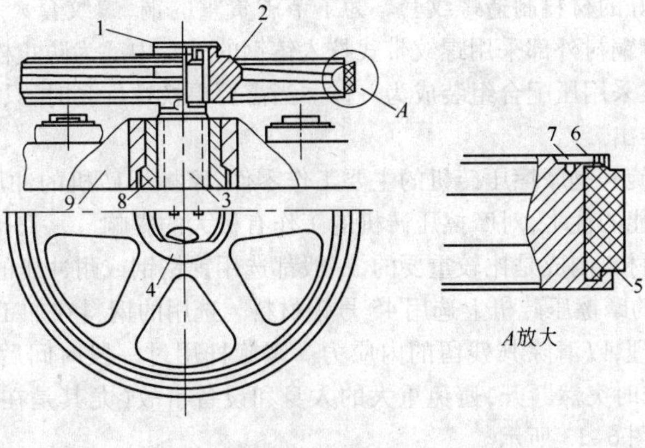

图6-10 飞轮

1—压盖;2—飞轮;3—螺旋杆;4—切离键;5—塑料摩擦块;6—压圈;
7—螺钉;8—螺旋套;9—横梁

6.2.4.3 冲压装置

摩擦压砖机各装置设计和制造是否合理,都集中反映在冲压装置上,也就是说,以冲压装置能否达到设计要求为标准。冲压装置主要由螺旋套、螺旋杆和滑块组成。

(1) 螺旋套。螺旋套结构如图6-11所示。

摩擦压砖机在压制砖坯的过程中,由于冲压力所产生的反作用力主要集中在螺旋套和螺旋杆上。因此就必须选择一组合适的螺旋套和螺旋杆,使其能承受其冲压力,又要求各部位尺寸比较合理,以使其寿命长,易于维修,价格还要便宜。

螺旋套的螺纹一般是采用矩形的,也有梯形的,大多为三头或四头的螺纹,以三头为好,因为四头螺纹容易向一边倾斜。采用多头螺纹,主要是为了提高螺旋杆冲压时的运动速度,达到高速冲压的目的,若螺纹头数过少,运动速度将很缓慢,螺纹强度也低。

螺纹套的形状如图6-11所示,"a"段为装入横梁中的部位,其长度和配合尺寸视横梁而定。

螺纹套矩形螺纹的形状如图6-12所示,螺纹套的螺纹尺寸应与螺纹杆的螺纹尺寸配合选取。

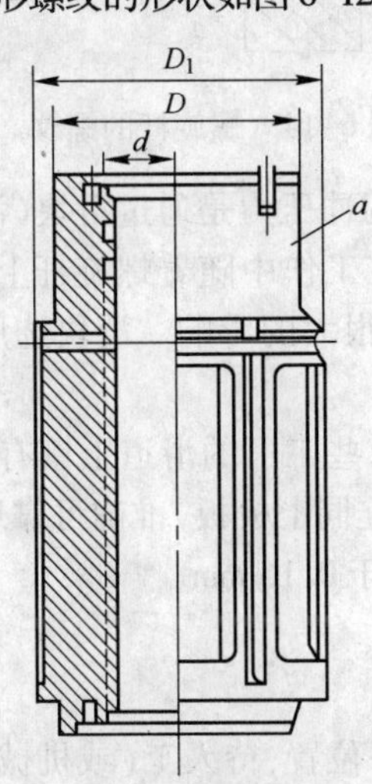

图6-11 螺旋套

图6-12 螺纹套的螺纹

为了保证螺纹间的润滑油不被挤出,载荷均匀分布,螺纹套的螺纹圈数应少于 10 圈,如果大于 10 圈,则应选择更好的材料制造螺纹套。为了节省贵重的铜,螺纹套大多做成与螺旋杆接触部分为青铜衬,这个青铜衬外部采用螺纹带式拧入铸钢的外套中。为防止松动,用键或用螺钉固定,铸钢的外套与横梁采用压配合组装成为一体。当需要更换螺旋套时,只需从横梁的上方向下施压,即可将螺旋套推出。

(2) 螺旋杆。螺旋杆是摩擦压砖机的主要工作零件,摩擦压砖机的冲压力主要是由它来实现的。螺旋杆工作性能的优劣,对摩擦压砖机的工作有极大的影响。

螺旋杆采用何种材料制成是比较重要的,一般都选用镍铬钢或耐冲压的合金钢,也有的在公称压力小于 1000 kN 的摩擦压砖机上选用 45 号钢材料。选用的钢料在加工前要进行金属探伤。加工后应进行调质处理,以清除其残留的内应力。螺旋杆用过一段时间后,还要再进行金属探伤,以防螺旋杆在工作时突然断开,避免重大的人身和设备事故(尤其是在加料和取砖时)的发生。螺旋杆的形状如图 6-13 所示。

螺旋杆的长度应按照摩擦压砖机冲程大小及构造要求确定。螺旋杆的螺纹形状如图 6-14 所示。

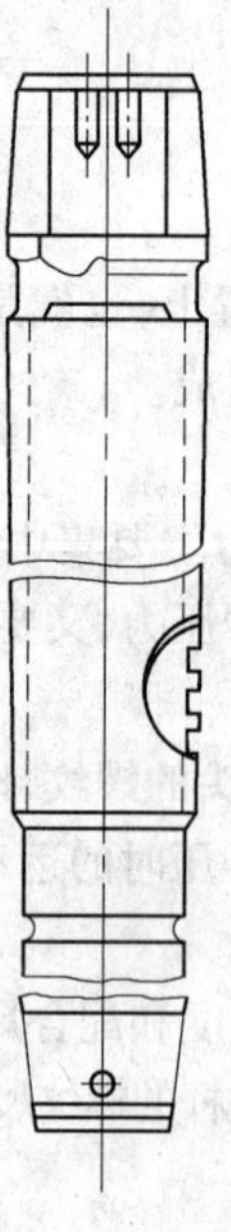

图 6-13　螺旋杆

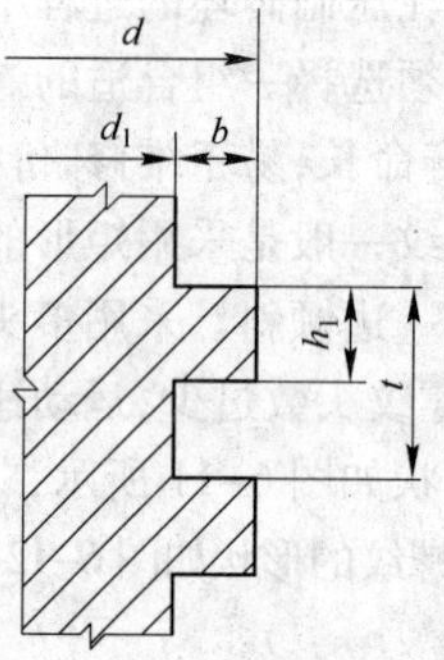

图 6-14　螺旋杆的螺纹

(3) 滑块。滑块固定在螺旋杆的下端。螺旋杆所产生的冲压力是通过滑块(滑块下面 T 型槽里穿挂着螺栓固定锤头)传递到所压制的砖坯上。滑块在工作中随着螺旋杆上升或下降,承载着巨大的冲压力。其性能的好坏对摩擦压砖机的工作有很大的影响。滑块选用优质铸铁制成。但也有用铸钢的。滑块的构造如图 6-15 所示。

滑块通过四个角安装的导板(铸铁)沿机身上的活道(有些工厂的滑道上镶有导板片)上下滑动,带动着锤头(连同上模板)压制砖坯。为了保证锤头(连同上模板)准确可靠地进入模型中压制砖坯,要求导板 9 与机身上的导板片之间的间隙不得大于 0.16 mm。

6.2.4.4　出砖装置

摩擦压砖机将压制的砖坯由模型中推出至模框上部水平位置,待人工(或机械手)将砖坯取走的装置称为出砖装置,如图 6-16 所示。

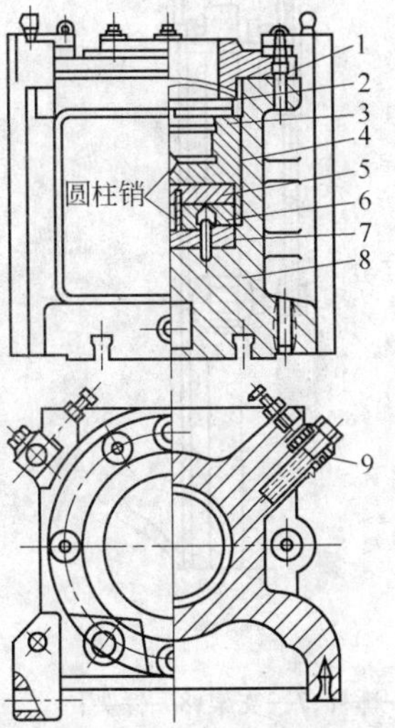

图 6-15 滑块构造图

1—法兰盘；2—轴承衬；3—止推轴承；4—紧固螺母；5—上摩擦片；6—中间摩擦片；7—下摩擦片；8—滑块本体；9—导板

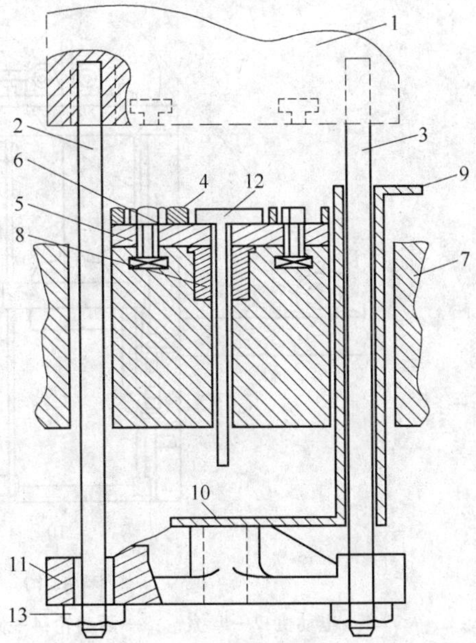

图 6-16 出砖装置

1—滑块；2—左拉杆；3—右拉杆；4—上平台；5—下平台；6—平台螺栓；7—机座；8—导筒；9—出砖操作器；10—出砖挡板；11—底托；12—出砖器；13—螺帽

左拉杆 2 和右拉杆 3 通过螺纹连接固定在滑块 1 上，并穿过机座 7 的圆孔，与底托 11 连接成为一组整体。机座 7 上固定有下平台 5 和上平台 4，下平台邻近导筒 8 有一圆孔（有些工厂为了防止出砖器 12 扭转成偏斜，加工出与出砖器顶料相配合的半圆孔），上平台则加工出一个与出砖器上端相配合的长方形槽，以保持上平台面光平。模型放在上平台 4 和出砖器 12 的上面，可以上下活动的底模板就放置在出砖器的上面。当砖坯压制好后，可操纵出砖操纵器 9 将出砖挡板（亦称后牙板）拨动至盖住底托中心孔（在冲压时出砖挡板并不盖住底托中心孔），滑块带动着底托上升，出砖挡板推动着出砖器（连同底模板）上升至砖坯底部露出模型为止。待人工或工业机械手将砖坯取走后，即操纵出砖操纵器拨动出砖挡板，转动至底托中心孔全部露出为止。出砖器随即落入中心孔（底模板又落回原位置），再向模型中加料、冲压、进行第二个工作循环。

6.3 半干法成型设备——夹板锤成型机

在耐火制品的生产中，对于一些小批量和难以机压成型的砖坯，常采用夹板锤成型代替手工成型，以减轻工人的劳动强度。

夹板锤的平均冲击力约为 230 kN，其优点是构造简单、价格低、操作方便、易于维修、易于自制。缺点是成型压力小，手工控制，工作噪音大。见图 6-17。

图 6-17 是一种铁木合制的简易成型机械。支架 7 上面安装电动机以及摩擦轮 2 和活动轮 3，摩擦轮用键固定在轴上，轴的另一端安装一个皮带轮，由电动机带动，传动速比为 1:5。活动轮 3 内有一偏心轴，偏心距为 3 mm，轴的一端用键固定，拉杆 5 通过立杆 11 连接操作把 12。操作把往下按时，使偏心轴转动，活动轮压紧锤杆 6，锤杆又压紧在转动的摩擦轮上，利用摩擦力带动锤杆使锤头上升。当上升到一定高度时，将操作把往上按，活动轮离开锤杆，锤头因本身自重落下冲压泥料，从而达到成型的目的。

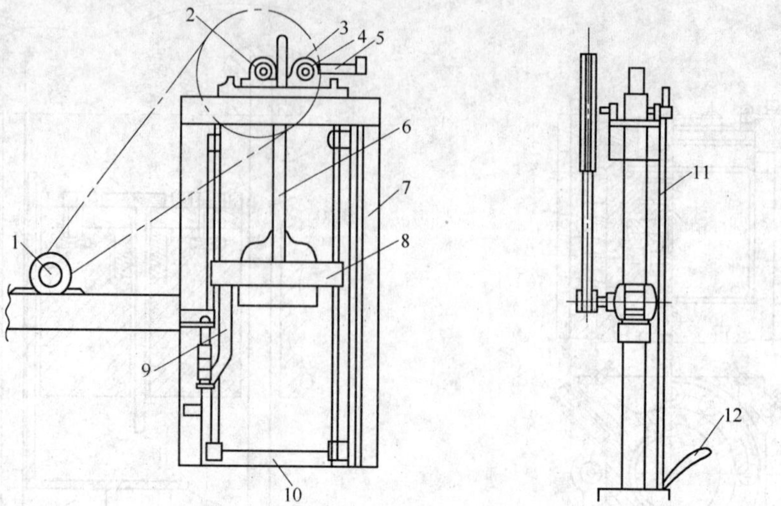

图6-17　夹板锤成型机

1—电动机;2—摩擦轮;3—活动轮;4—偏心轮;5—拉杆;6—锤杆;7—支架;8—锤头;9—挡板;10—工作平台;11—立杆;12—操作把

锤杆是夹板锤的主要冲压件,多采用质地坚硬的木料(榆木、檀木)制作。锤杆的两侧(不与摩擦轮和活动轮接触的面)用型钢加固,以防弯曲。锤杆的另两面镶上胶皮,以增大摩擦系数。为了更换模具、翻模、加料、出坯及停止使用的方便,须在机架上安装制动杆。制动杆下面装有弹簧。当需要停止时,先使锤头上升超过制动杆上托板,再转动制动杆,就可将锤头托住。

有的夹板锤机架下有一长方形的工作台,工作台上有两个砖模轮流工作,工作时将模具放在锤头中间,加料后进行锤打。当砖坯打好后,将砖模拉出,搬动出砖杠杆,杆下面的小齿轮转动,使齿条上升,从而将砖坯托出。

有的夹板锤机架下无出砖装置,只是将打好的砖坯与模具一起搬出,放在盛砖板上脱模、修砖。

复习思考题

1. 耐火制品常见的成型方法有哪些?(初)
2. 试述摩擦压砖机的工作原理。
3. 试述普通压砖机的构造。
4. 高冲程摩擦压砖机与普通摩擦压砖机有什么不同?(初)
5. 摩擦压砖机的主要装置有哪些,由哪些零件组成,起何作用?
6. 试述夹板锤的构造及工作原理。(初)

7　模具及其装配

7.1　成型模具的材料

7.1.1　成型对模具的技术要求

成型耐火制品须用符合要求的模具。坯体是经泥料成型设备压制而成的。因此，要制成符合外形尺寸要求的坯体，除需成型设备外，还需符合成型要求的模具，成型模具对制品的质量、产量和成本有重要的影响。

（1）模具各部件的放尺（或缩尺）和脱模锥度的选取，将直接影响制品的外形尺寸能否符合公差要求。

（2）加工模具各部件所采用的方法及光洁程度，将影响顶砖力的大小，由于砖坯上下存在的压力差，易造成制品体积密度的差异。

（3）当制品形状复杂时，其断面变化处的圆角半径要合理，若半径过小可能会由于应力集中而造成边角裂纹或破损。

（4）泥料压制时的压制力使空气排出和颗粒移动，要求模具预留排气孔，否则砖坯会产生层裂。

（5）模具硬度要均匀，模具在生产中出现软点，会产生"疲坑"和"波形槽"（特别是在冲头以下砖坯和侧模板接触的上缘部分），这些"疲坑"和"波形槽"在出砖过程中会使砖坯出现层状裂纹。

（6）模具的模板与模框之间应很好吻合，不得有间隙存在。否则在成型过程中，当冲头下降进行加压时，泥料对周围模板产生很大的挤压力使模板紧贴模框并清除间隙，而当冲头提起，外压力消失后，模板则依靠弹性作用弹回原位，此时间隙又再度出现。这样不但使出砖困难，而且易产生纵向裂纹或扭曲。

（7）压模装配要牢固，不允许在压制中产生因模板松被带出或炸开的现象。

（8）模具的结构要合理，否则会造成砖坯上下密度、强度不均匀，不符合标准要求。

（9）将模具安装到压机时，应力求做到冲头、模腔及出砖器三者中心线互相重合。如果冲头中心线与模腔中心线不一致，压制时压力就会偏向一侧，造成砖坯一部分密实、一部分疏松的现象，使气孔率、密度不合格。如果出砖器中心线不能与模腔中心线重合（有时应考虑砖坯重心），则在出砖过程中，顶砖力偏向砖坯的某一侧，造成砖坯受力不均匀，出现砖坯断裂现象。

（10）底板、模盖与模壁的间隙过大，会使砖坯出现飞边；模芯不直会造成砖坯的顺向裂纹；底板或冲头变形会使砖坯产生扭曲；底、压板沾料会使砖坯产生麻面。这些问题都应引起设计、制造、使用模具者重视。

总之，一套设计和装配正确、材质选取合理、组装使用简便的高质量、长寿命模具对成型砖坯产量、质量和降低成本具有重大意义。

7.1.2　成型模具的分类

（1）按模具所使用的材质可分为：

1）本质模具——采用硬质木材加工而成。一般用于手工成型、夹板锤成型及振动成型；

2）橡胶模具——用于等静压成型；

3）石膏模具——用于注浆法成型；

4）熔炼模具——用于高温熔化物料后浇铸成型；

5）金属模具——用于机压半干法成型，是最常用的一种模具。它又可分为钢质模具（包括普通碳素钢、优质碳素钢、合金钢及硬质合金模具等）和铸铁模具（包括变质铸铁模具和球墨铸铁模具）两大类。

（2）按机压成型模框类型的不同可分为：

1）整体式铸钢模框；

2）组装式钢质模框。

（3）按不同的成型方法可分为：

1）手工成型或夹板锤成型模具；

2）机压成型模具；

3）振动成型模具；

4）湿法成型及可塑法成型模具；

5）等静压成型模具；

6）熔铸成型模具。

本章主要介绍用于机压成型的金属模具。

7.1.3 机压成型模具常用的材质

7.1.3.1 半干法成型模具应满足的要求

泥料在成型过程中，模具所承受的力是复杂的。因此，半干法成型所使用的模具应满足以下几点要求：

（1）对强度和耐磨性的要求。压机的成型压力往往在 9.8×10^7 Pa 以上，一般在正常生产时，每块砖冲压次数为 2～4 次以上，为了保证制品的质量和较长的模具寿命，模具的材质必须有足够的强度和韧性。硬度，即材料抵抗其他物体压入的能力，由于模具是在泥料反复磨损的条件下工作，所以，模具必须有较高的耐磨性。

（2）对刚度的要求。泥料在成型过程中，模具将产生相应的弹性变形，当冲头离开砖坯以后，模具的弹性变形得到恢复，使砖坯两侧受到挤压，这个侧压力会迫使砖坯遭到破坏，所以模具应具有足够的刚度。

（3）经济的合理性。在模具选材上应便于加工，要尽量选用合理的钢材，以节约钢材；要综合分析比较，降低模具的费用，从而不断地改进设计，提高模具质量。

7.1.3.2 半干法成型模具的材质

在半干法成型的模具材质上，该材料既要有强度，又要有刚度和硬度，还要经济合理，以降低生产成本。一般根据用途使用如下几种材质：

（1）铸钢，用汉语拼音字母 ZG 表示。一套压模的组成不仅要有各种形状的模板，还要有固定模板的外壳（模框），这样才能承受成型时的冲压力，外壳形状各异，模壳、模套（如图 7-1 所示）加工工艺复杂。因此，一般采用 ZG35 铸钢件作为模外壳和模套的材质。

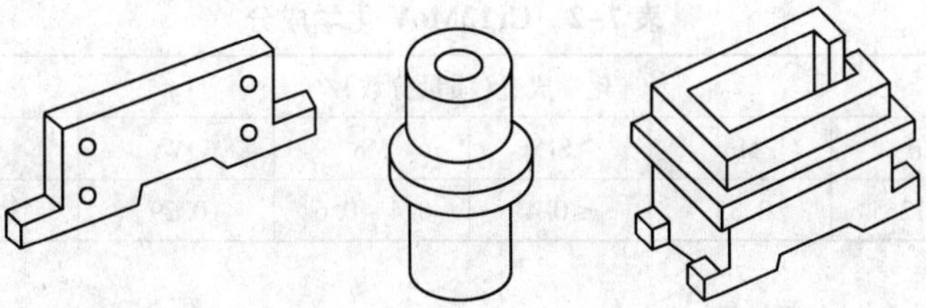

图 7-1 模壳、模套示意图

(2) 碳素钢。目前我国用于制作模具的钢种主要是普通碳素钢(如 A_3 等)和 20 号、45 号优质碳素钢。用这些钢材制作出衬板、底板、压盖、模芯、楔板、出砖器、冲头等(如图 7-2 所示)。

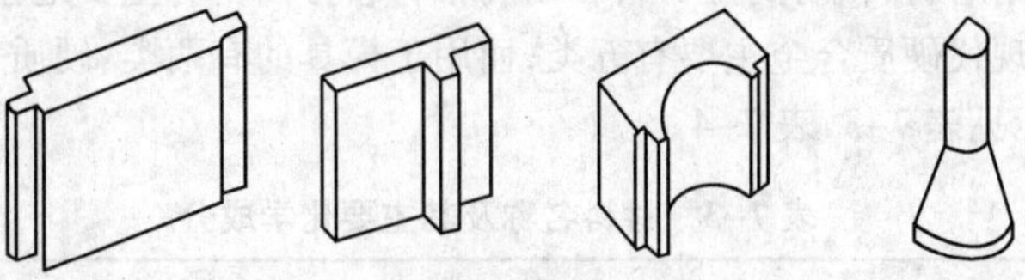

图 7-2 模板、中芯示意图

其加工过程如下:

钢板(锻件)→下料→切削加工→热处理→淬火→校正→检验

(3) 铸铁。铸铁模具抗压强度大,有良好的耐磨能力,价格较低,可节约大量钢材,故其得到了广泛运用。模具铸铁含碳量一般在 2% ~4 %,按其碳素存在的形态不同,成型模具所用的铸铁主要是变质铸铁和球墨铸铁等。

变质铸铁模具使用较多。铸铁的化学成分直接影响其组织结构与耐磨性,这是一种有发展前途的模具材料。

目前所用变质铸铁化学成分如表 7-1 所示。

表 7-1 变质铸铁化学成分

化学成分(质量分数)/%					
C	Si	Mn	P	Cr	S
3.0 ~3.5	0.4 ~0.6	0.2 ~0.4	<0.2	<0.5	<0.2

变质铸铁模具的加工过程基本上为以下步骤:

炉料制备→熔炼→浇注→退火→切削加工→检验。

浇注方法有两种。模板等采用砂型铸造,衬套采用离心浇注。

(4) 其他合金及镶片模具。用 A_3 钢模具和变质铸铁模具成型砖坯,模具使用寿命短,每吨耐火材料大约需要钢材 3 ~5 kg。我国在某些品种上应用了合金模具及硬质合金镶片模具取得了较好的成果,由于这类材质摩擦系数小,抗压强度高,耐磨性能好,因此该类材质是提高模具使用寿命的主要途径。这类模具有:

1) Cr12MoV。Cr12MoV 化学成分见表 7-2。该材料具有机械性能好、硬度高、强度大、耐磨性好、有一定的韧性及热处理性能好等优点。且 100 mm 的模板可全淬透,中心硬度可达 HRC59,变形量小,属微变形钢

表 7-2　Cr12MoV 化学成分

化学成分(质量分数)/%							
C	Cr	Mn	Si	Mo	V	S	P
1.4 ~ 1.7	11 ~ 12.5	0.35	≤0.4	0.4 ~ 0.6	0.29	≤0.03	≤0.03

Cr12MoV 模板加工过程如下:

锻造→热处理→淬火→回火→切削加工→检验。Cr12MoV 模板的寿命比 A_3 钢提高 2 ~ 4 倍,用后的模板只需磨削修复,还可再次使用,但成本较高,工艺较难掌握。

2)硬质合金 TiC 系钢结硬质合金块黏镶组合模具。硬质合金是以难熔金属碳化物 WC、TiC、Cr_2C_3 为基体,以铁族金属(主要是 Co)作黏结剂,用粉末冶金方法生产的一种多相组合材料在现代工具材料、耐磨材料、耐高温材料和耐腐蚀材料方面占有主要地位。

按成分与性质,现代硬质合金主要有五类,而用于模具的有两类:硬质合金及钢结硬质合金。化学成分及性能指标见表 7-3、表 7-4。

表 7-3　材料名称及其主要化学成分

材料名称		化学成分(质量分数)/%					
		WC	Co	TiC	Cr	Mo	C
硬质合金	YG_6	94	6			0.4 ~ 0.6	1.4 ~ 1.7
	YG_8	92	8				
	YG_{15}	85	15				
钢结硬质合金	GT_{35}			35	2	2	0.5
	GW_{50}	50			0.55	0.15	<0.6
	GJW_{50}	50			0.5	0.25	0.25

表 7-4　材料名称及其性能指标

材料名称	密度/g · cm^{-3}	硬度	抗弯强度/MPa
YG_6	14.95	HRA 91.1	17.35
YG_8	14.74	HRA 90.3	19.4
YG_{15}	14.03	HRA 88	24.2
GT_{35}	6.4 ~ 6.6	HRC 68 ~ 72	13.72 ~ 17.64
GW_{50}	10.2 ~ 10.4	HRC 69 ~ 70	16.66 ~ 22.54
GJW_{50}	10.2 ~ 10.3	HRC 65 ~ 66	14.7 ~ 21.56

钨钴类特硬质合金 YG15 的特点是:

① 硬度高、耐磨性好。常温下最高硬度可达 HRA93。

② 机械强度高。常温下工作无明显塑性变形,抗压强度高达 5.9×10^5 Pa。

TiC 系钢结硬质合金的特点是:

① 强度高,耐磨性能好,摩擦系数小,金相组织结构与其他材质不同,颗粒呈圆球形状分布均匀,因此自润滑性良好;

② 比重低于钢和硬质合金,刚性高于钢,韧性高于一般钨钴硬质合金;

③ 具有良好的切削性能,能焊接与锻造,经热处理后硬度高达 HRC67～72,是一种较理想的模具用材,经重复使用可压制砖坯百万块以上。

这两种材料价格昂贵,为了降低成本同时又达到使用效果,制成合金块黏镶组合模具供成型砖坯使用。

用 45 号钢作母模的加工过程:

下料（锻压）→ 切削加工 → 热处理 → 磨镶槽
合金块 → 切削加工 → 与母模配合 → 热处理
（两路汇合）→ 清洗 → 黏结固化 → 精磨 → 组装。

用硬质合金镶片制成的模具,使用寿命长,减少装模、换模次数和装模时间,提高了压机产量和劳动生产率,模具库存量减少,经济效益显著提高。

目前这类模具只在矩形模具中试验推广,其他品种还在进行探索。

7.2 模具结构及设计原则

半干法成型的耐火制品品种繁多,大部分品种是在摩擦压砖机中完成。为了保证耐火制品的密度和强度等指标,除工艺上的条件,如泥料的配比、颗粒的组成、结合剂的选择等要合理外,成型模具结构的选择是重要的问题之一。

模具结构与半干法成型过程的压力分布有关。

7.2.1 半干法压制的受压情况

耐火制品的半干法机压成型是将含水量一般在 3%～10% 左右的松散泥料,在外力(压力)作用下使颗粒和粉料进行重新分布,排出大部分空气,使松散状泥料变成具有一定形状和尺寸密实的坯体。

在压制砖坯时,压力要克服颗粒间的内摩擦力、泥料与模壁间的外摩擦力,所以被压制的物料所施压力的分布是不均匀的,上部料先受压,压力沿受压方向一层一层往下传递。在传递过程中,部分压力消耗在克服内外摩擦力的作用上,压力递减造成离受压面越远,密实程度越低的现象(又称层密度)。尤其是厚度较大、侧孔较多的品种,此种弊病更为严重。如图 7-3 所示,*A*、*B* 距离越大,则两部位的密度相差越大。在实际生产中 *A* 处所受的力大,泥料密实,而 *B* 处因力在传递过程中的消耗,所受的力比 *A* 处小,泥料不如 *A* 处紧密。若增加压力,使 *B* 处的致密度符合标准时,*A* 处又过压,产生过压裂纹。当 *A*、*B* 之间的距离小,两处的密度基本相同时,采用的模具结构为单面加压,而对于厚度大和侧孔较多的制品一般采用双面加压结构以缩短压力传递距离,减小压力递减程度。

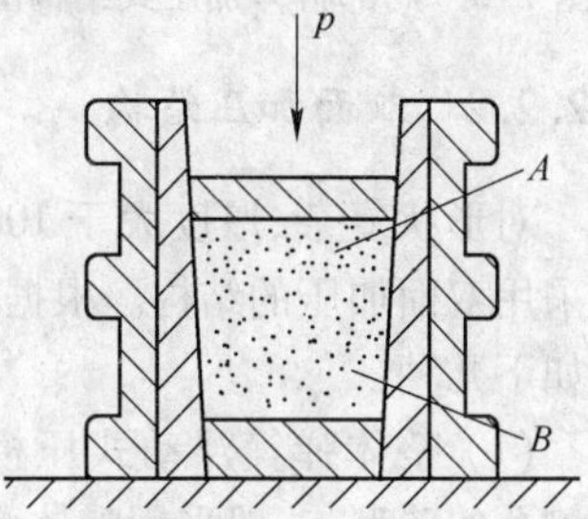

图 7-3 泥料受压情况

7.2.2 压模结构

7.2.2.1 单面加压结构

(1) 单面加压整体形结构。无侧孔、厚度在 100 mm 以下的砖坯,一般采用单面加压整体形结构。

压模由外壳、左右衬板、前后衬板或垫板、托板、底板、压板、楔铁等组成。左右衬板与前后衬板所构成的工作腔尺寸应与制品的平面尺寸相符合。外壳与垫板、楔铁通过螺杆紧固。底板放置在模腔内，压板固定在冲头上，而冲头固定在压砖机的滑块上。当压制时，冲头进入压模内，泥料被压缩，当压制到所需的厚度要求后，砖坯从压模内顶出，单面加压模具见图 7-4。

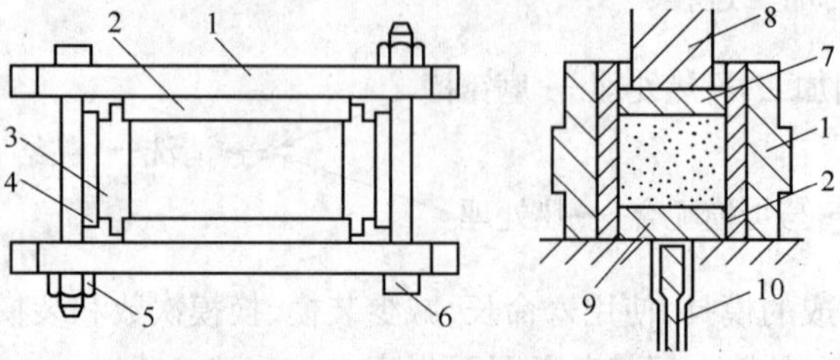

图 7-4　单面加压模具

1—模外壳；2—左右衬板；3—前后衬板；4—楔铁；5—螺母；6—螺栓；
7—压板；8—锤头；9—底板；10—出砖器

（2）局部解体加压式结构。带脖子的水口砖分上、下两节，故模具进行解体时，可提高制品中部和下部的密度。如图 7-5 所示。

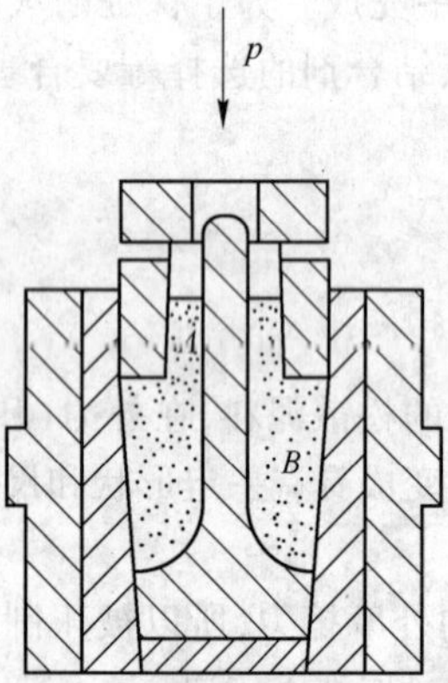

图 7-5　局部解体加压式结构图

该砖由圆柱体和圆台构成，压模由模壳、模套、托板、中芯杆及上压盖、中心压盖组成。

在这种压模里，镶入模体内模套，中芯杆所构成的工作腔尺寸与制品的尺寸相符。当泥料按规定加入后，外压 p 作用于上压盖使泥料 B 被局部压缩，随之外力将作用在中心盖上压缩 A 处泥料，最后当外力同时压在上压盖和中心压盖上时，使 A、B 两部位的泥料压制密实定形。压制过程完成后，制品由下模头顶出。

采用局部分段单面加压方法，可提高制品中部、下部的成型质量。

7.2.2.2　双面加压结构

对形状复杂、厚度大于 100 mm 或有侧孔的制品均采用双面加压的结构。根据砖型的不同，压模结构有如下几种：

（1）整体弹簧浮动式压模。厚度大于 100 mm、无侧孔的砖型，一般采用整体弹簧浮动式双面加压压模。除前述的压模外，增设中间平台、弹簧、底盘等。成型时，压模不直接放置在压机工作台上，而放在中间平台上，在压机工作台和中间平台之间配置弹簧，形似一个浮动台，整个模子固定在浮动的平台上。整体弹簧浮动式模具图见图 7-6。

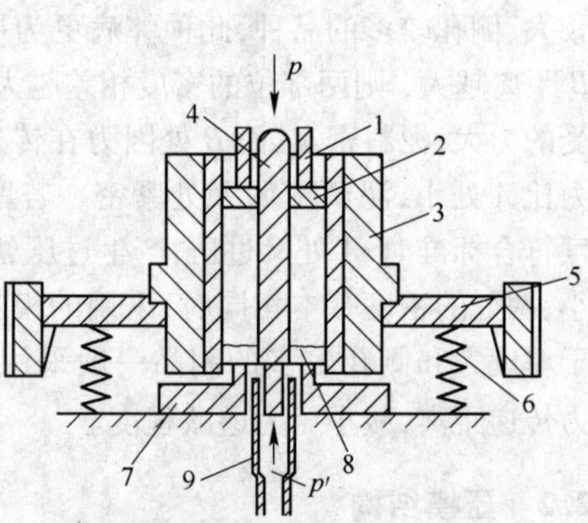

图 7-6　整体弹簧浮动式模具图

1—锤头；2—压板；3—模子；4—中芯；
5—中间平台；6—弹簧；7—底盘；
8—底板；9—出砖器

在这种结构中，伸入模内的底盘上放着底板，底盘与压模有段间隙，冲头在外压 p 作用下，将上部泥料压缩，同时压迫模框和中间平台向下位移，并压缩弹簧,此时底盘对压模作向上的相对位移,对下部泥料施相对外力 p',泥料向上压缩,起到双面加压成型的作用,使砖坯上下两个不同部位的密度趋于一致。

(2) 局部弹簧浮动式加压压模。在耐火制品中,有部分体积不太大、厚度小于 100 mm 且有侧孔的砖,如流尾砖、单孔砖、弯砖等,必须采用局部弹簧浮动式加压模具,以完成制坯的任务。

压模结构不同于整体弹簧浮动式压模,不设中间及中间平台用弹簧,只装有小弹簧的底座,使其弹程为 25~40 mm。如图 7-7 所示。

由于弹簧的原因,芯轴和旁芯可作上下浮动,外压 p 通过锤头先压缩 A、B 泥料到一定程度时,经力的传递,使活动衬板连同芯轴和旁芯压迫下移,弹簧被压缩,芯轴与底板间的间隔减小,从而使 B 部的泥料压缩致密;当外力撤销后,出砖器上顶,弹簧复位,活动板、芯轴和旁芯向上浮,取出砖来。

(3) 复合弹簧浮动式压模。压模是由整体弹簧浮动式和局部弹簧浮动式组合而成,它除模套可作自身的浮动外,模内的个别部件也可作自身的浮动,这种压模主要运用在侧孔较多的砖型压制,如中心砖的压制。复合弹簧浮动式模具图见图 7-8。

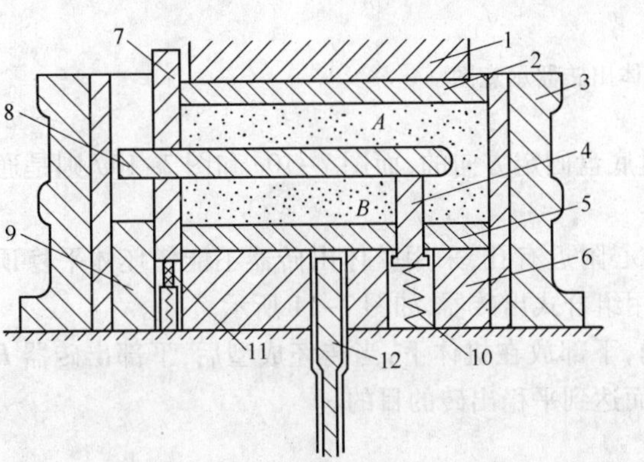

图 7-7 局部弹簧浮动式加压模具图

1—锤头;2—压板;3—模子;4—旁芯;5—底板;6—底座;7—活动衬板;8—芯轴;9—堵板;10—弹簧;11—顶杆;12—出砖器

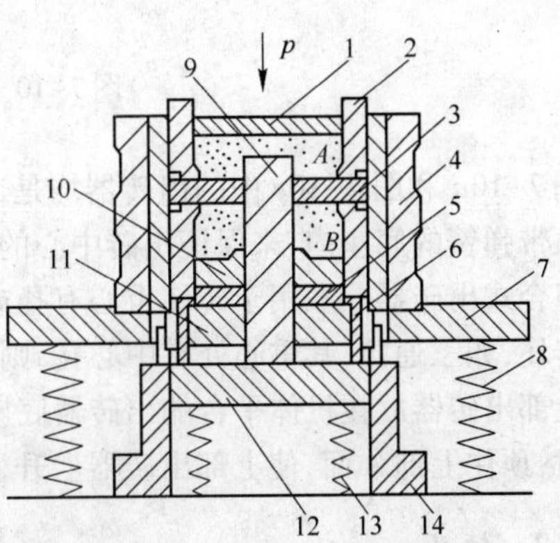

图 7-8 复合弹簧浮动式模具图

1—压板;2—活动衬板;3—旁芯;4—模子;5—托板;6—顶杆;7—中间平台;8—大弹簧;9—中芯;10—底板;11—顶杆控制板;12—弹簧台;13—小弹簧;14—底座

在外压 p 的作用下,A 部的泥料被压缩。同时,由于力的传递压迫模和中间平台向下移动,压缩弹簧,迫使活动衬板、侧芯、中芯共同下移,底板相对上移,B 处泥料受到上下两面压力。当外力消失后,大小弹簧恢复原状,获得各部位密度一致的砖坯。

7.2.3 出砖器和锤头结构

各种结构的模具必须配有符合要求的锤头和出砖器,才能保证砖坯的顺利压制与取出。锤头和出砖器的结构与砖型、压机的规格及模具结构有关。

7.2.3.1 出砖器

出砖器的尺寸是由压机的行程、模具结构和压机机体平台孔的尺寸决定的。因为摩擦压砖机的行程短,机体平台孔小,所以出砖器是由与机体平台紧密配合的套筒和出砖顶杆组成。出砖器示意图如图 7-9 所示。

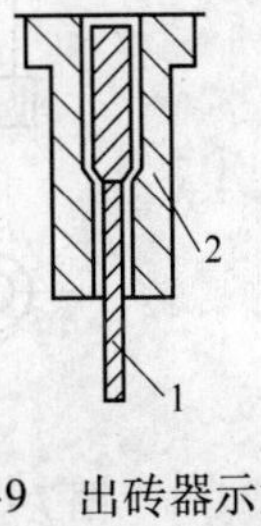

图 7-9 出砖器示意图

1—出砖顶杆;2—套筒

高冲程的摩擦压砖机的出砖器有两种：一种是整体出砖器，是由上顶杆、接头和下顶杆组成；另一种是组合式出砖器，是由上部出砖器与下部出砖器组成。

整体出砖器的形状各异；见图 7-10。

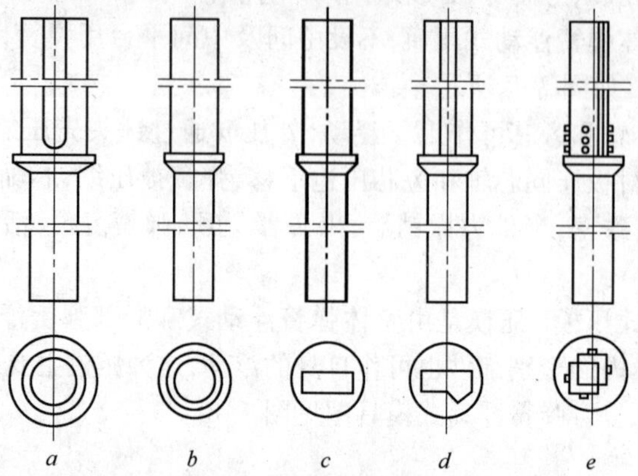

图 7-10　整体出砖器示意图

图 7-10*a* 和图 7-10*e* 中的出砖器均是通过底盘固定方向的，而图 7-10*c* 和图 7-10*d* 则是通过插入带弹簧的底座内，来保证出砖中心的。

组合式出砖器一般用于砖坯重心有孔或重心附近有孔，采用整体出砖器不能使坯体平稳顶出的砖坯，如三通砖，其重心处有中心孔，则采用组合式出砖器，如图 7-11 所示。

上部出砖器放在机体平台的出砖器底座内，下部放在机体下，当砖坯成型后，下部出砖器 *B* 上升时，顶住上部 *A* 面，使上部出砖器上升，从而达到平稳出砖的目的。

7.2.3.2　锤头

锤头有三种。一种是活动锤头，主要用于加压方向比较长的砖，如水口砖。由于压机的行程不够，当锤头上升到顶部时，锤头的最下部与模口的间隙不足以使砖坯取出，故必须做成活动的锤头。如图 7-12 所示，出砖时，将模芯 2 沿燕尾槽方向移出模具。这样，加料和出砖都可不受压机行程的影响。

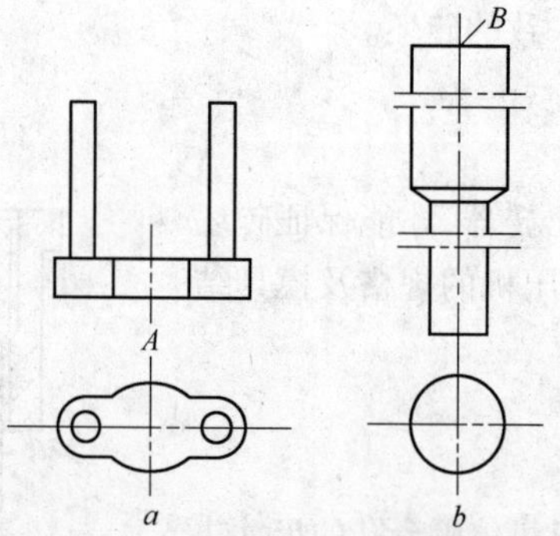

图 7-11　一种组合式出砖器示意图

a—上部出砖器；*b*—下部出砖器

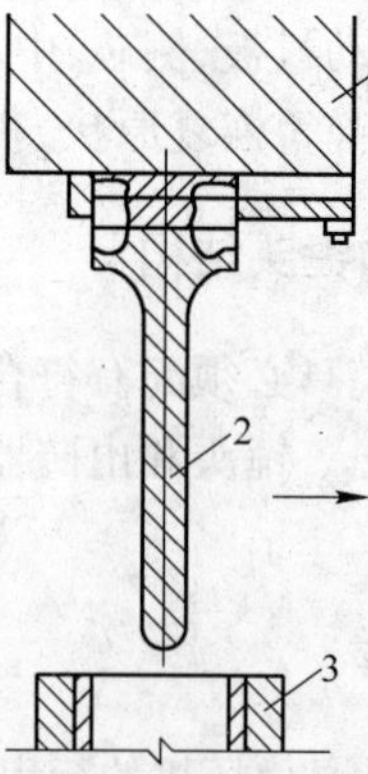

图 7-12　活动锤头示意图

1—锤头；2—模芯；3—模具

第二种是成型工自己控制砖坯尺寸的锤头,大部分砖坯的锤头均采用这种结构。如图 7-13 所示。锤头上板有沟槽,与压机滑块连接时上螺丝用。下板是与模具压板相连的。

第三种是固定尺寸的锤头。只要成型工将这种锤头下到底,压到模具上,砖坯的加压尺寸也就确定了,一般用于厚度尺寸难以控制的砖坯,见图 7-14。该砖的六面均有半圆沟槽,为了使砖坯达到一定的密度,须采用六块带凸槽的活动板。如图 7-15 所示,当锤头压到 A 面时,活动板与模口均在一个平面,使沟槽能保持在一个高度上。

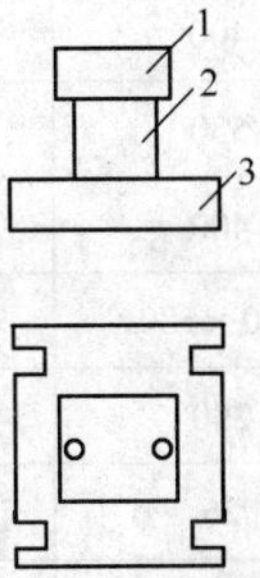

图 7-13 锤头示意图

1—下板;2—支柱;3—上板

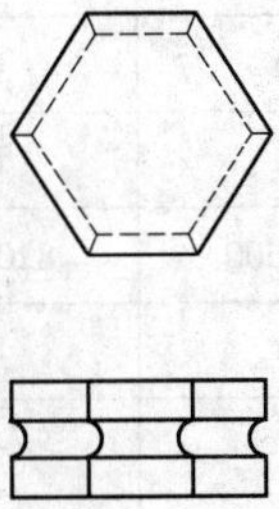
图 7-14 砖型图

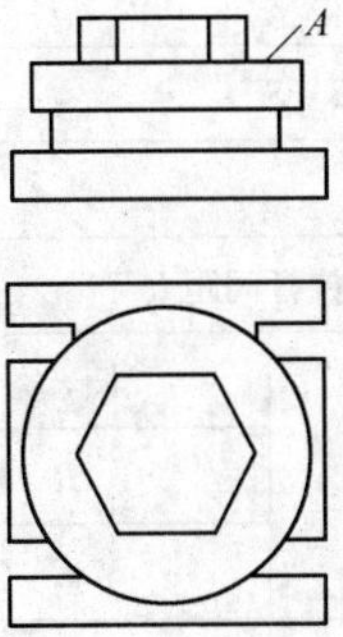

图 7-15 固定锤头示意图

7.2.4 模具设计的基本原则与考虑因素

装模工不仅要会将模具各部件装配成符合制品外形尺寸公差要求的模具,而且必须懂得模具的设计原则及需要考虑的因素,这样装配好的模具才能保证生产合格制品,提高经济效益。

模具设计应尽量做到以下几点:

(1) 模具设计必须在保证制品外形尺寸的条件下力求简单,应尽量做到模具各部件加工容易、装配方便。

(2) 考虑换模方便,争取能在机台上更换模具。

(3) 考虑到加压方式,从而改善制品密度的均匀性。

(4) 根据制品的不同形状,要求出砖容易。为此,在设计时按不同砖型考虑出砖的锥度,一般规定在 0.5% ~1% 之间,但出砖锥度不应超过公差所允许的尺寸范围。

(5) 为避免砖坯在成型过程中由于弹性后效出现层裂,以便于泥料中空气排出,模板及模壳要预留排气孔。

(6) 形成工作腔的模板上口必须有 4 ~7 mm 的倒角,防止压板进入工作腔内时,因撞击产生崩裂伤人事故。

(7) 应考虑制品的受压方向,尽可能使成型压力作用于制品断面尺寸较小的部位。

(8) 在设计压模的高度时,应考虑泥料深度。机压成型的加料深度一般是制品厚度的 1.7 ~2 倍。有的砖太长,为了保证压机行程,可采用两次加料。

(9) 进行模具设计时必须了解压砖机压制部分的尺寸关系。如滑块冲程的大小(影响模具的高度)、压机主柱间的距离(影响模具的宽度)以及工作台的大小(影响压模的平面尺寸)。压机压制部分尺寸关系图如图 7-16

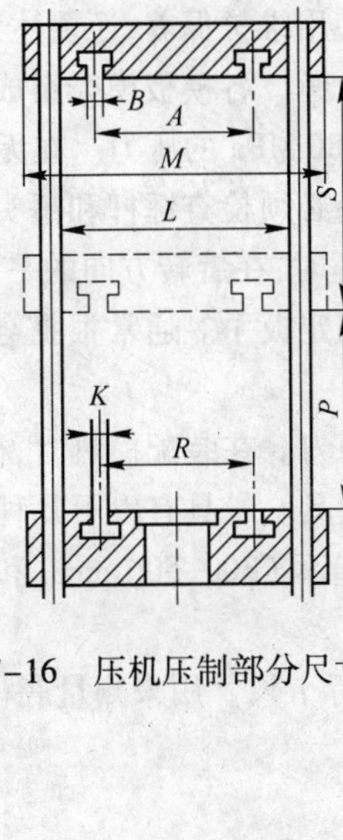

图 7-16 压机压制部分尺寸关系图

所示,摩擦压砖机有关部位尺寸见表7-5。

表7-5　摩擦压砖机有关部位尺寸

尺寸/mm 项目 \ 类型		1600 kN 高冲程压砖机	2600 kN 高冲程压砖机	3000 kN 摩擦压砖机	4000 kN 摩擦压砖机
滑块与工作台间距 H		1150	1400	700	1900
最大冲程 S		500	480	300	1075
净空高度 $P=H-S$		650	920	400	825
滑道间距 M		550	640	550	1000
拉杆间距 L		350	630	400	
机体平台	长×宽	550×500	820×770	640×580	1220×700
	R	300	400	290	600
	K	30	30	26	42
锤　头	A	29	320	240	420
	B	26	28	24	$\phi16$

(10) 在对形状比较复杂的制品进行模具设计时,应在断面变化处选取合理的圆角半径,否则会由于应力集中而造成角裂纹或破损。

(11) 在设计模具出砖部位时,应与模腔中心线重合,以保证出砖平稳。

(12) 模具设计时,应熟悉砖型,熟悉各种制品不同的放尺与缩尺率。

(13) 模具设计时要考虑加工模具各部件所采用的方法和光洁程度,因其直接影响顶砖力的大小。

7.3　装模常用的手工工具

装模工常用的工、卡、量具及机械设备,可分为手工工具和机械两类。

模具装配一般是属于繁重的体力劳动。建国以来,装配模具机械化程度在不断地提高,有的采用自制的紧丝机、手动行车等,但是,目前手工操作仍占相当的比例。因此装模不仅要做到能够熟练地使用维护保养,还要注意安全。装模常用的手工工具有如下四种。

(1) 大锤。各模板模壳组成的压模一般都是由一头有螺纹的螺杆来固定。压模要承受摩擦压力机约980 MPa的压力。在无紧丝机的情况下,通常采用大锤锤打和扳手紧固。

操作前必须检查锤杆和锤头确实牢固才能使用。当扳手套入螺帽后,与地面的倾角不得大于45°,打锤时,在旋转方向的平面前后不得有人。

(2) 固定扳手。通常根据各厂模具使用的螺帽尺寸自制。在使用前必须检查扳手有无裂纹。

(3) 剪刀。在装配模具时,模腔出现尺寸偏差,用剪下的铁皮或铜片作垫片进行修正。

(4) 量具。量具有以下几种:

1) 钢直尺(300、500 mm)和卷尺(1 m)。钢直尺用于测量模具尺寸,还可以测模板扭曲程度。

2) 游标卡尺。用来测量底板、冲头、模芯、固定模壳及装配后的模具尺寸。游标卡尺是机械加工的常用量具,对加工精度要求高,而用一般量具很难达到要求,用卡尺进行度量。

游标卡尺可以测量工件的外径、内径、深度。如图 7-17 所示。

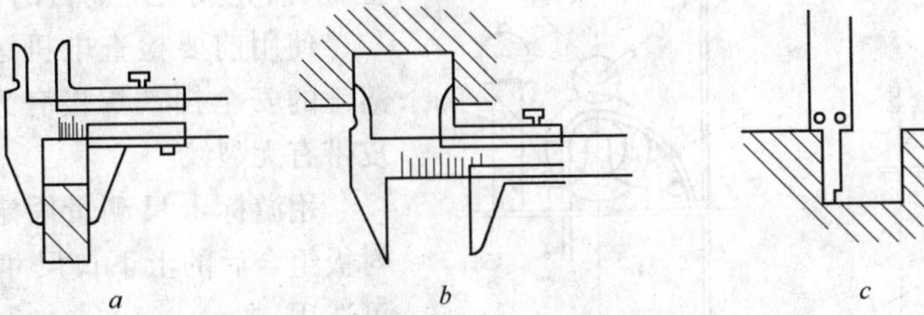

图 7-17 游标卡尺测量方法图
a—外径;*b*—内径;*c*—深度

从工具盒内取出游标卡尺,松开尺距的紧固螺钉,将尺距置于接近被测工件处,轻移游标,使卡尺与被测表面贴合,紧固尺距上的紧固螺钉,然后读数。使用后应将卡尺揩净,擦油防锈。

3) 卡钳。卡钳是同有刻度的钢直尺配合使用的量具。卡钳分为内卡钳和外卡钳两种。内卡钳用于测量模具的内孔直径(见图 7-18*a*)和凹槽宽度等。外卡钳用于测量模具的外径和平行面(见图 7-18*b*)。内外卡钳的相互配合使用,还可测量砖坯或模具的壁厚尺寸(见图 7-18*c*)。

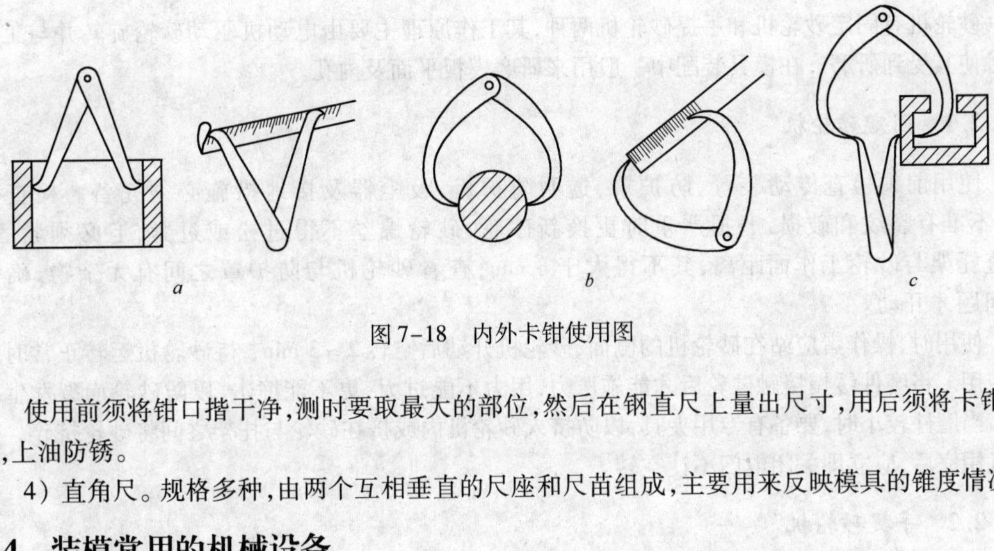

图 7-18 内外卡钳使用图

使用前须将钳口揩干净,测时要取最大的部位,然后在钢直尺上量出尺寸,用后须将卡钳揩净,上油防锈。

4) 直角尺。规格多种,由两个互相垂直的尺座和尺苗组成,主要用来反映模具的锥度情况。

7.4 装模常用的机械设备

钢模具在装配中常用机械设备的基本结构、操作方法与安全操作规程简介如下。

7.4.1 皮带锤的基本结构及操作方法

皮带锤是一种简单的冲压装置,是使衬套或镶入模板与模壳紧密配合的工具。图 7-19 为皮带锤结构示意图。

传动程序如下:马达运转带动主动摩擦轮,当操作把下压时,通过导向杆使活动轮向下移动并使主动摩擦轮压紧皮带,带紧落锤,同时拉开安全挡铁。当操作把上提时,活动轮向上位

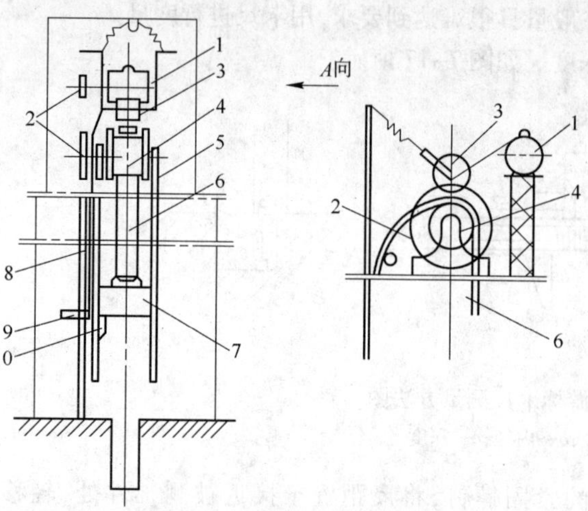

图 7-19　皮带锤结构示意图

1—马达;2—皮带轮;3—活动轮;4—主动摩擦轮;5—支承;6—皮带;7—落锤;8—导向杆;9—操作把;10—安全挡铁

移,皮带松弛不受摩擦,连着皮带的落锤因自重向下坠落,撞击在装配部件上,从而完成装配的目的。

使用前要检查电机运转是否正常,落锤的安全挡铁焊接有无裂缝,道轨与皮带有无裂纹。

用游标卡尺测量固定模壳、衬套和衬板组合后的上下口尺寸,符合要求,方可选用。

操作时要注意力集中,将压模平稳地放置在落锤中心,再打开电源,当电机空转正常后,才可启动操作。落锤要先轻,然后逐步加重,不可太猛,防止发生吊锤冲击顶部事故。当模壳偏离或倾斜时,要立即推上安全挡铁,待模壳校正后,才能起锤,操作完毕,用安全挡铁平稳地托住落锤,关闭电源,当电机停止运转后,方可搬动装配好的压模。

7.4.2　砂轮机的使用

砂轮机有固定砂轮机和手提砂轮机两种,其工作原理主要由电动机驱动砂轮旋转并与工件接触使其受到研磨。在模具装配中一般用来研磨模板平面及内孔。

7.4.2.1　固定砂轮机

使用前须检查传动装置、防护罩,透明防护板、吸尘器及接地措施必须完备。检查砂轮,不准有裂纹和破损,磨损严重时更换新砂轮,砂轮螺丝不得过松或过紧,但必须紧固。检查托架与砂轮工作面距离,其不得大于 3 mm;查看砂轮机与防护罩之间有无杂物,确认无问题才开动。

使用时,操作者应站在砂轮机的侧面,砂轮机开动后空转 2 ~ 3 min, 待砂轮机运转正常时才能使用。将磨件缓慢接触砂轮后才能施压力,用力不能过大,更不能撞击,以防砂轮崩裂发生事故。当磨件较小时,要备有专用夹具,以防挤入砂轮机内或挤在砂轮与托架之间将砂轮挤碎。砂轮机用完后,应立即关闭电门不让空转。

7.4.2.2　手提砂轮机

使用前必须检查各部螺丝有无松动,砂轮片有无裂纹,金属外壳和电源线有无漏电,防护罩及接地线是否牢固、良好。

在研磨工件时,将被磨件放在干燥处固定好,操作者站在砂轮侧面,拿稳砂轮机并缓慢接触工件进行研磨,研磨时防止砂轮倒转,暂时不用或遇突然停电时,应立即关闭电门,切断电源。

7.4.3　电焊机的使用

在使用电焊机方面,装模工需掌握运用交流弧焊机进行点焊和平焊的技能。

7.4.3.1　电焊机的种类

交流弧焊机主要分三个系列。第一个系列为“动铁式”，第二个系列为“同体式”，第三个系列为“动圈式”。不同形式焊机结构示意图分别见图7-20、图7-21和图7-22。

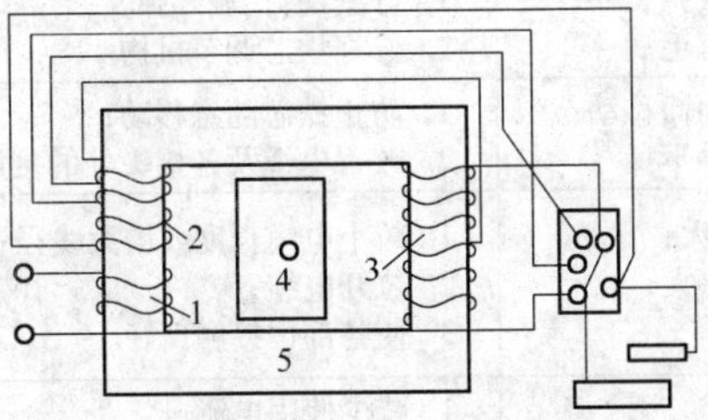

图7-20　BX_1-330型(动铁式)焊机结构示意图
1—初级绕组；2，3—次级绕组；
4—动铁芯；5—固定铁芯

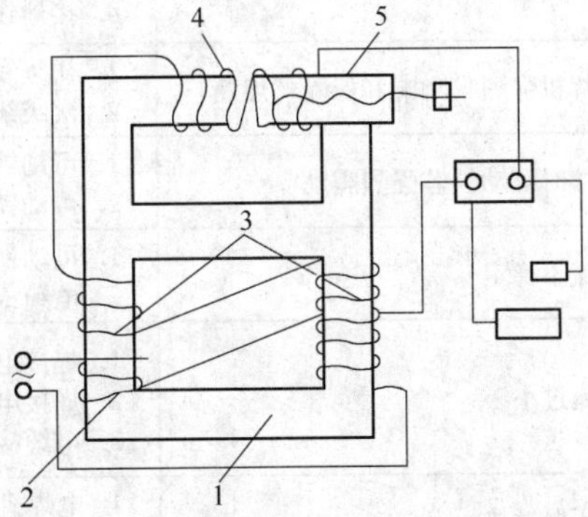

图7-21　BX_2-501型(同体式)焊机结构示意图
1—固定铁芯；2—初级绕组；3—次级绕组；
4—电抗线圈；5—活动铁芯

目前运用最广的是“动圈式”交流弧焊机，它具有结构简单、振动小、不易损坏、使用寿命长、维护、检修方便等优点。

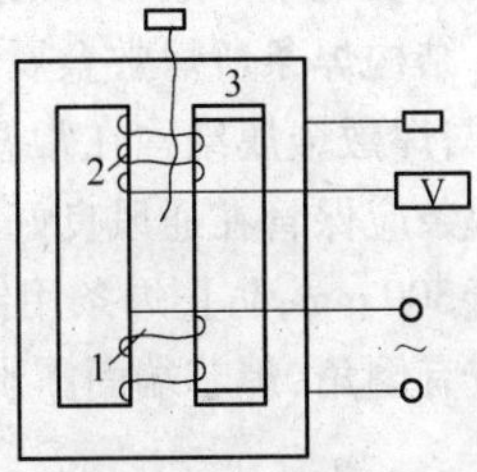

图7-22　BX_3-300型(动圈式)
焊机结构示意图
1—初级线圈；2—次级线圈；3—铁芯

7.4.3.2　电焊机的使用及维护

(1) 电焊机的工作条件。焊机应在周围气温不超过40℃、空气的相对湿度不超过85%的条件下工作，不应在有有害工业气体、水蒸气及易燃、易爆、多尘的场合下工作。

(2) 电焊机二次线路及外壳必须有良好接地。应使用单独的导线与接地干线联接，若几台电焊机向同一个接地装置联结时，必须采用并联，禁止用串联的接法。

(3) 焊接电缆应用橡皮绝缘多股软电缆，根据电焊机容量的不同，选用相应截面的电缆，见表7-6。

表7-6　焊接电缆选用线

最大焊接电流/A	200	300	450	600
焊接电缆截面积/mm^2	25	50	70	95

(4) 当电焊机距焊接工作场地较远、电缆较长时，要适当加大电缆的截面积，使焊接电缆上的电压降不超4 V，保证引弧容易及电弧燃烧稳定。不准用扁铁搭接或其他方法来代替电缆，以免因接触不良造成电缆上的压降过大，从而造成引焊困难和电焊机电弧不稳定。

(5) 电焊机和电缆接头处必须拧紧，表面保持清洁，保证良好的导电性能。接触不良除增大电能损耗外，还会导致电焊机过热及烧毁接地线板。

7.4.3.3　电焊机故障的排除

交流弧焊机常见的故障及其排除方法见表7-7。

表7-7 交流弧焊机常见故障及排除方法

故障	可能原因	排除办法
电焊机外壳带电	1. 初级或次级线圈碰机壳； 2. 电源线碰机壳； 3. 电缆碰机壳； 4. 接地线未接好	1～3. 避免线圈、电源线、电缆碰机壳； 4. 接好地线
电焊机强烈嗡嗡响和保险丝熔断	1. 初级线圈短路； 2. 次级线圈短路	消除短路
焊接时可动铁芯强烈震动	1. 可动铁芯制动螺钉或弹簧松； 2. 可动铁芯调节机构有毛病	1. 拧紧螺钉、调好弹簧； 2. 修好铁芯调节机构
电流不稳定	1. 可动铁芯随焊机震动而移动； 2. 电缆或接头处的接触不良	1. 防止铁芯随意移动； 2. 改善电缆及各接头处的接触情况
电流过小	1. 焊接电缆过长，电阻大； 2. 焊接电缆打成盘电感大； 3. 电缆接触不良	1. 减小电缆长度或增大线径； 2. 拉开电缆； 3. 使各部位接触良好
变压器过热	1. 电焊机过载； 2. 线圈有短路处	1. 减少使用电流； 2. 消除短路

7.4.3.4 常用焊条的种类、应用范围及其保管

模具装配中一般常用的焊条，有低碳钢和低合金高强度钢焊条（简称结构钢焊条）及堆焊条两类。结构焊条所焊敷金属结构在自然环境中具有一定的机械性能，堆焊焊条用在金属表面层的堆焊，焊敷金属结构在常温和高温下具有耐磨损或耐腐蚀等性能。

焊条应保管在通风良好、干燥的库内，且按牌号分类别存放，存放处一般离地面和墙壁的距离大于300 mm，防止焊条用错或受潮。合乎标准的焊条的药皮应均匀紧密地包裹在焊芯周围，引弧端应有倒角，焊芯端面露出，保证易于引弧。

7.4.3.5 平焊操作

平焊操作必须掌握对接平焊、角接平焊和搭接平焊的方法。

7.4.3.6 电焊安全操作规程

电焊安全操作规程包括以下方面：

（1）工作前必须穿戴好规定的防护用品。

（2）电焊机应放置于清洁干燥通风良好的地方，露天操作需要焊接时应采取临时性防潮、防高温、防火种等各项安全措施。

（3）工作前应检查电焊机的电源线、引出线及各接线点是否良好，电焊机二次线路及外壳必须接地；焊条夹钳绝缘必须良好，发现缺陷，及时处理。

（4）下雨天不准露天电焊；在潮湿地方工作，应站在绝缘物上并穿好绝缘鞋。

（5）长时间使用应检查线圈和外壳温度，不准超过60℃。

（6）操作场地要距易燃品10 m外，距易爆品不少于20 m，不准焊接带电设备和易燃易爆物品，在焊接密闭空心工件时留出气孔。

（7）堆焊模板及其他焊件时，必须先清除掉油污，再进行工作。

（8）推闸刀开关时，身体要偏斜，要一次推足，然后再开启电焊机。

（9）工作完毕应关电焊机、切断电源并检查场地，灭绝火种才能离开现场。

7.5 模具的装配

7.5.1 活动模壳(Tz-3 标准砖类)的模具装配

Tz-3 标准砖如图 7-23 所示。

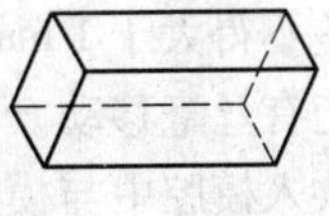

图 7-23 Tz-3 砖图

7.5.1.1 装配前的准备

(1) 看懂砖型图,根据原料性质要求熟悉砖坯的缩放尺率及模具所需尺寸。

(2) 按模具图,列 Tz-3 压模材料表,如表 7-8 所示。

表 7-8 Tz-3 压模材料清单

图 号	名 称	数量/块	材 质
$Tz\text{-}3_{\text{-}1}$	前后衬板	2	A_3
$Tz\text{-}3_{\text{-}2}$	左右衬板	2	A_3
$Tz\text{-}3_{\text{-}3}$	底 板	1	A_3
$Tz\text{-}3_{\text{-}4}$	压 板	1	A_3
$Tz\text{-}3_{\text{-}5}$	模 外 壳	2	ZG_{35}
$Tz\text{-}3_{\text{-}6}$	螺 杆	4	45 号
$Tz\text{-}3_{\text{-}7}$	螺 帽	8	45 号
$Tz\text{-}3_{\text{-}8}$	楔 铁	4	A_3

(3) 根据模具的型号(Tz-3)领取模板。按模具图,用游标卡尺及直角尺检查模板尺寸、锥度和扭曲。检查经热处理、淬火后的模板硬度是否已达到 HBC58-62 要求,有无裂纹缺口,工作面的光洁程度是否符合要求。

(4) 检查左右衬板有无排气孔,避免成型时砖坯因弹性失效而出现层裂。

(5) 检查左右衬板,前后衬板的上口是否有 4 ~ 5 mm 的倒角,以防冲头进入压模时因偏斜剪切、崩裂伤人。如达不到要求须用砂轮打磨。

(6) 锈蚀模板要进行除锈处理。模板接触处要光滑,不得夹有杂物。

(7) 备好装模用的工具、卡具和量具。

图 7-24 已损压模拆除

1—上口螺帽;2—下口螺帽;3—楔铁;4—模框

7.5.1.2 装配

(1) 已损压模的拆除。把已损压模平稳地放在模具装配处,用固定扳手,松开压模上口螺母。见图 7-24。将压模具反放平稳,松开下口螺母,将已磨损的模板取出,放到规定处,同时把清理擦净的模框平放在场地上。

(2) Tz-3 模具的装配。把查好的前后衬板、图 7-25*a* 中左右衬板放入图 7-25*b* 中模框内,并在前后衬板与螺栓间加上楔铁,构成模腔后,用固定扳手将上口螺母稍紧一下,再按图纸尺寸要求进行校对。若长度方向尺寸略大,可用砂轮磨削找正,使长度尺寸符合要求。当带沟槽的左右衬板构成的宽度尺寸不符合要求时,必须更换使其符合要求,并用卡尺与钢直尺配合,测工作腔两对角线长度,其误差不得大于1 mm。随后再紧下口螺母,将上下口螺母同时拧紧后,用锤打楔铁,使前后衬板不能有丝毫移动。镶入衬板的模框装配完,将压模立起垫平,再进行底板和压板的装配,底板、压板放入模腔中与模壁的缝隙要符合标准。缝隙太小,压板啃坏模壁,还压不到砖位,必须在砂轮上将四周进行修整,使其合乎要求;缝隙过大,砖坯产生飞边,应将缝隙大的边堆焊,用砂轮磨至合乎要求。模具装备完毕,经模具检验合格后,贴上标签入库存放。

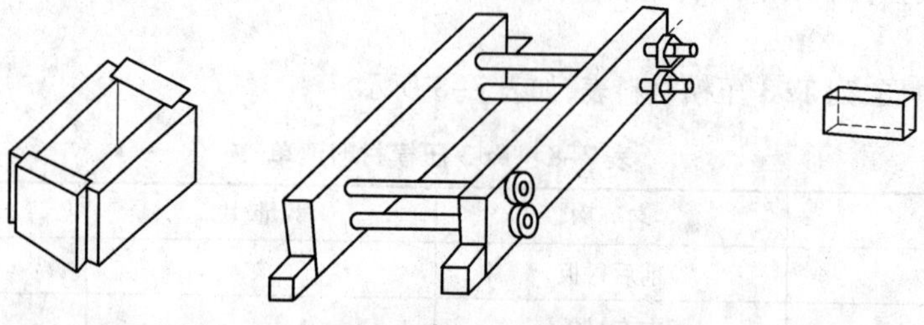

图7-25　装配示意图

a—前后左右衬板组成模腔;*b*—模框;*c*—楔铁

7.5.2　固定模壳(中注管类)的模具装配

中注管砖的砖形如图7-26所示。

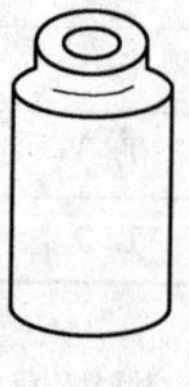

图7-26　中注管砖形图

7.5.2.1　装配前的准备

(1) 同7.5.1.1节(1)。

(2) 按模具图,列材料表,具体见表7-9。

表7-9　中注管(Xz-8)模具清单

图　号	名　称	数量/块	材　质
Xz-8_1	模　壳	1	ZG35
Xz-8_2	衬　套	1	变质铸铁
Xz-8_3	中　芯	1	A_3
Xz-8_4	底　板	1	A_3
Xz-8_5	压　盖	1	A_3

(3) 根据模具(Xz-8)的型号领取衬套、中芯、底板、压盖等,查看各部件的硬度和光洁程度是否达到要求,按图纸检查中芯的尺寸是否上小下大,将底板套入中芯底部,压盖套入中芯的砖位以下10 mm处,检查衬套有无裂纹,并用卡尺测量其上下口的内外径尺寸,是否符合图纸要求及与模壳的公差配合情况。

(4) 检查衬套上下口内外径的倒角情况,防止压砖时崩裂,便于镶入模壳。

(5) 检查皮带锤各传动部位运转是否正常。

7.5.2.2　装配

(1) 已损固定压模的拆除。取出固定压模内的中芯、底板和压盖,将压模反放在皮带锤正中,见图 7-27,取一直径小于衬套外径、大于内径的圆铁,置于衬套口上,将皮带锤轻轻落下,圆铁进入模壳内,衬套打出。把已损衬套放到规定处,模壳放正,清理现场。

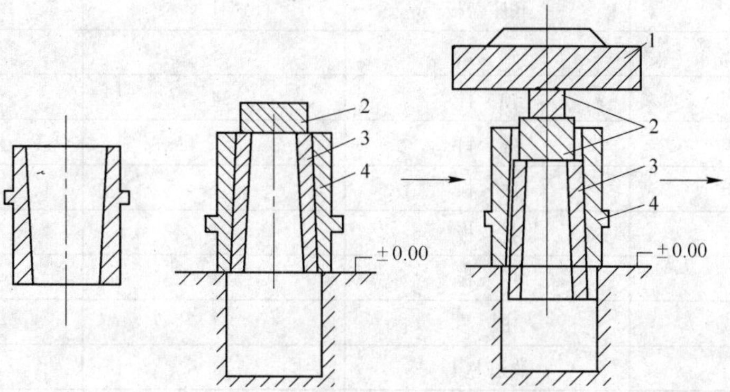

图 7-27 已损固定模具拆除图

1—落锤;2—垫铁;3—衬套;4—模壳

(2) Xz-8 模具的装配过程如下:

把清理干净的 Xz-8 固定模壳置于皮带锤的正中,在其上部放上与模壳紧密配合的衬套,按操作程序启动皮带锤,控制落锤应先轻后重,使衬套向下缓慢移动,当衬套与模壳高度差为 30 ~ 60 mm 时,则加大压力,至衬套与模壳的上口在同一平面上。待锤落在安全挡铁上时,关闭电源。当皮带锤完全处于静止状态后,方可取出压模,先校对上下口尺寸是否符合标准,再配上底板和压盖,最后由模具检验员检验合格后,贴标签入库存放。

7.5.3 带弹簧底座(三通砖)模具的装配

三通砖砖形如图 7-28 所示。

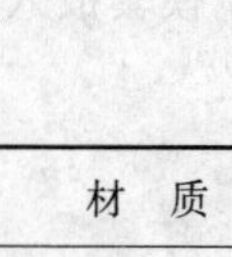

图 7-28 三通砖砖形图

7.5.3.1 装配前的准备

(1) 同 7.5.1.1 节(1)。

(2) 按模具图,列材料表,具体见表 7-10。

表 7-10 三通砖模具材料表

图 号	名 称	数量/块	材 质
Xz-34$_{-1}$	模 壳	1	ZG_{35}
Xz-34$_{-2}$	模 套	1	A_3
Xz-34$_{-3}$	底 盖	1	A_3
Xz-34$_{-4}$	压 盖	1	A_3
Xz-34$_{-5}$	弯衬板	1	A_3
Xz-34$_{-6}$	前活动衬板	1	A_3
Xz-34$_{-7}$	后活动衬板	2	A_3
Xz-34$_{-8}$	底 座	1	A_3

续表 7-10

图　号	名　称	数量/块	材　质
Xz-34_9	底座盖板	1	A_3
Xz-34_10	弹　簧	5	弹簧钢
Xz-34_11	顶　杆	4	A_3
Xz-34_12	螺　钉	若　干	A_3
Xz-34_13	底　板	1	A_3
Xz-34_14	托　板	1	A_3
Xz-34_15	压　板	1	A_3
Xz-34_16	中　芯	1	A_3
Xz-34_17	淌道芯Ⅰ	1	A_3
Xz-34_18	淌道芯Ⅱ	2	A_3

（3）检查各部件的尺寸、锥度、硬度、光洁程度、扭曲等。

（4）检查弯衬板、活动板的倒角。

（5）检查出气槽。

（6）备好工、卡、量具。

7.5.3.2　已损压模的拆除

（1）将模腔内底座、托板、底板、活动板和淌道芯取出，旋下盖板的沉头螺丝，拆下盖板。

（2）取出已磨损的两块弯衬板。

（3）清除模套内的油污及原料、待装配。

7.5.3.3　装配

（1）模壳底部朝上，把底盖按方向放好，并用沉头螺钉紧固后翻转 90°，使模壳孔与地面平行。

（2）模套放入模壳内再翻转 90°，至模壳放正，用大锤打击模套使与模壳在同一平面上，见图 7-29。

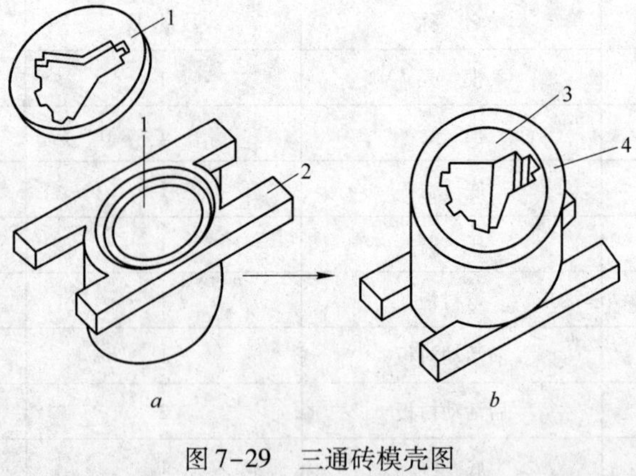

图 7-29　三通砖模壳图

1—底盖；2—模壳；3—衬套；4—模壳

(3) 两边放弯衬板或将衬板套预先焊好后,用砂轮把表面磨平。

(4) 压盖盖住弯衬板,用沉头螺钉固定,使衬套、弯衬板和模壳形成一体。

(5) 装底座,在底座五孔内放入符合尺寸的小弹簧,顶杆和中芯放在弹簧上,用沉头螺钉把底座盖板固定在上面,则顶杆和中芯在受压时,弹簧压缩(压缩程度相同)。不受压时,弹簧恢复原状,使泥料双面受压,见图 7-30。

(6) 把底座放入模壳内,上面放托板,然后把符合尺寸的活动衬板放入模腔内,活动衬板孔内所放的淌道芯Ⅰ、Ⅱ尺寸适当,锥度随抽出方向增大,见图 7-31。

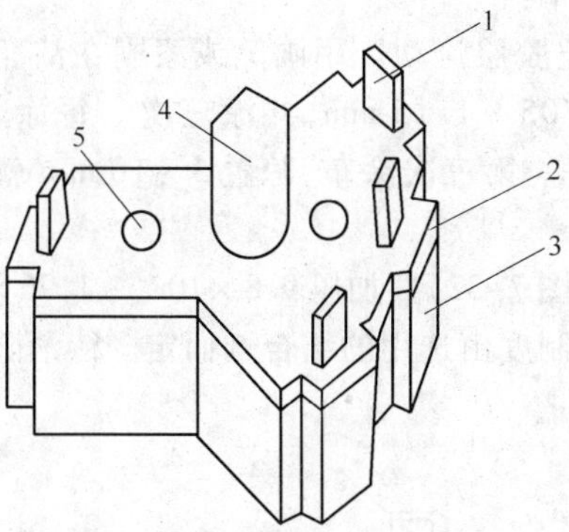

图 7-30 底座图

1—顶杆(下装弹簧);2—底座盖板;3—底座;4—中心(下面装弹簧);5—出砖孔

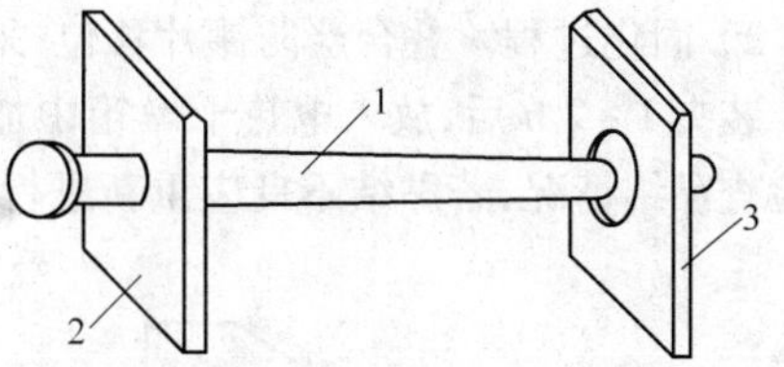

图 7-31 活动板与淌道芯配合图

1—淌道芯;2—前活动衬板;3—后活动衬板

(7) 配底板和压板,方法如前。模具检验员检验合格后,贴标签入库存放。

7.5.4 钨钴类硬质合金与 TiC 系钢结硬质合金块黏镶组合模具的装配

7.5.4.1 装配前的准备

(1) 同前。

(2) 按模具图列材料表 7-11 并取料。

表 7-11 硬质合金模材料表

序 号	名 称	数 量	材 质
1	专用模壳	2 块	45 号
2	螺 杆	4 个	A_3
3	螺 帽	4 个	A_3
4	前后压模板	2 块	45 号
5	左右母模板	2 块	45 号
6	合金镶片	若 干	YG_{15} 或 GT_{35}
7	铜 片	根据需要	Cu
8	黏结剂	若 干	

(3) 检查母模板和合金镶片的尺寸及有无扭曲、油污、锈蚀现象。若有上述问题则需处理。对油污用丙酮涂擦后用脱脂回丝擦净，再用丙酮涂擦一次。而对一般锈蚀用砂布或砂轮清除，严重锈蚀需用 HCl 溶液进行酸洗，母模的镶槽与合金块接触面必须平整，平整度不大于 0.02 mm，表面粗糙度为$\overset{6.3}{\triangledown}$即可，太光滑反而影响黏结效果。

(4) 检查专用模壳。专用模壳与母模接触面不得扭曲，平整度不大于 0.05 mm。

7.5.4.2　装配

(1) 母模与合金块黏接有胶结、固化两个过程。如下：

1) 胶结过程。把母模放在平整的工作台上，防止胶层流动。用画笔或漆刷在洁净的母模镶槽表面单向涂布，胶层必须连续均匀，厚度为 0.05 ~ 1.15 mm，共涂三次。每涂一层，晾置 5 ~ 10 min，让溶剂自然挥发，以胶层不黏手为好。第三次涂布，晾置 5 ~ 10 min 就能把镶片叠合。

2) 固化过程。叠合严防镶片移位，采用专用夹具（图 7-32）并加压 9.8×10^{-3} ~ 1.96×10^{-3} Pa。装夹 1 ~ 2 h 后，放入电热干燥箱中加热固化，加热制度由选用的结合剂而定。待消除压力后检查黏结情况，若黏结不良应重新进行黏接。

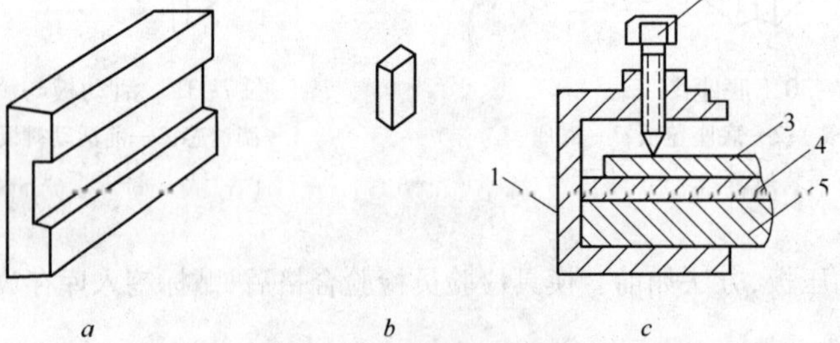

图 7-32　固定夹具图

a—母模；*b*—硬质合金块；*c*—固定夹具

1—固定夹具；2—压紧螺钉；3—压板；4—硬质合金拼块；5—母模

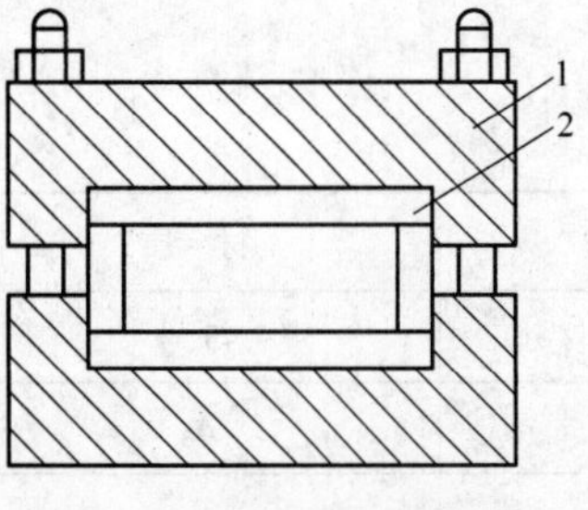

图 7-33　合金模装配图

1—模壳；2—母模

(2) 磨削。把黏结固化好的模板进行磨削，磨削速度一般为 15 ~ 20 m/min，磨削的深度为 0.01 mm。磨削砂轮采用 SiC 砂轮。研磨时冷却液采用硼砂与三乙醇胺、亚硝酸钠的混合水溶液。

(3) 装配。把粘贴合金块的母模放入模壳内，按图纸尺寸要求进行校对。发现所测的尺寸偏大时，可垫铜片调整后，紧对角螺母。装配时不准用锤重击模板，防止合金块脱落与损坏。紧固后测量对角线，经调校符合标准要求后，再配底板和压板。在装配时不得卡模，以免崩坏合金块。最后经检验员检验合格后，挂寿命卡入库存放。合金模装配图见图 7-33。

在拆卸模具时，模板不得乱碰，防止撞坏合金块。

7.5.5　装配常见故障处理

装模常见故障及处理方法见表 7-12。

表 7-12 装模常见故障及处理表

故 障	产生原因	处理办法
砖形不符合或不能出砖	设计问题	修改设计
尺寸不符合标准	1. 模板接触处有杂物； 2. 模板尺寸比要求大； 3. 模板尺寸比要求小； 4. 螺母没旋紧	1. 除去杂物； 2. 在0.5 mm内可用砂轮磨平； 3. 在开槽处垫相应废铁片； 4. 紧螺母
锥度不符合要求	1. 固定模壳锥度不对； 2. 模板不符合要求； 3. 模腔倒锥度	1. 重新加工； 2. 更新模板，无沟槽模板用砂轮磨出锥度； 3. 重新装配或更换衬套
砖坯飞边大	底板、压板与模壁缝隙大	底板、压板进行焊与磨，减小缝隙
底板、压板粘料	底板、压板退火	重新淬火
芯轴互不垂直	1. 弹簧弹力不一； 2. 活动板孔与垂直轴尺寸误差	1. 换弹簧； 2. 进行焊磨或更换

7.6 模具的检验与安装

7.6.1 钢模具的检验

为了获得符合坯体外形尺寸要求的模具，必须进行模具质量检验，防止因模具的失误造成大量浪费。

7.6.1.1 模具检验的目的和要求

为保证制品的外形尺寸符合公差要求，且能顺利压砖。所以在检查模具时，烧成砖是以半成品尺寸为基准，不烧砖是以成品尺寸为基准，并按相应的半成品标准检查。表7-13为某厂钢模检验标准。

表 7-13 钢模检验标准

序号	检验项目	具体内容	数值/mm	单位	备 注
1	尺寸允许偏差	长度或直径	下口：半成品砖坯尺寸的负公差加上0.5； 上口：半成品砖坯尺寸的正公差减去0.5； 其他尺寸≤±0.3	mm	1. 上、下口指砖模内砖形的相应部位（此项可根据钢模的上、下口实际推算出砖的上、下口尺寸）； 2. 反锥度上、下口尺寸要求相反； 3. *R*以样板测量
2	配合缝隙	以最大缝隙为准	≤0.5	mm	指底板与模壁纸间隙
			≤0.75	mm	指压板到砖位再向下10 mm与内外壁配合之间隙； 底板、压板四周的不可动件之间不应有缝隙
3	扭曲	模板长度≤250 模板长度>250 底板、压板长度<350 ≥350	≤0.25 ≤0.5 <0.75 <1.0	mm	
4	角度偏差	矩形模具检验对角线之差	<0.75	mm	
		非矩形模具按相应计算尺寸与测量之差	<0.5		

续表 7-13

序号	检验项目	具体内容	数值/mm	单位	备注
5	斜度锥度		≥0.8	%	指设计锥度为 1% 的高铝黏土衬砖
			≥0.5		指设计锥度为 1% 的模具
			≥0.3		指设计锥度为 0.5% 的模具
			≤0.5	mm	指相对模板锥度尺寸之差
6	底压板平整度	以缺边缺角深度计算	≤0.5	mm	大于这一数值允许修正
		压板螺孔	统一为 M16，深度 >20		滑丝者不得使用
7	外形	底面平整度			平稳地放置在平台上
		上面平整度			楔铁高出模壁应 < 10 mm，尽量与模壳平
8	模板表面平整度				不得有凹凸痕和气孔砂眼
9	模板表面粗糙度				6.3　12.5
10	模板硬度				HRC58 ~ 62（除变质铸铁），底压板考核中部
11	衬板要求	上口倒角，衬板长度 <300 ≥350	3 ~ 4 4 ~ 5	mm	左右衬板必须有出气槽
12	模壳螺杆装配方向	螺纹口放在右边			3000 kN 和 1600 kN 压机上成型的砖
		螺纹口放在左边			2600 kN 压机上成型的砖
13	尺寸偏差有特殊要求或复杂钢模，可在图纸上标注或另行通知				

7.6.1.2　所需工具

内外卡钳，300 mm、500 mm 的钢直尺，240 mm × 240 mm 的直角尺，300 mm 的游标卡尺以及检验各种圆弧和不易直接测量的尺寸所需的样板。

7.6.1.3　检查方法

（1）检查模具内的不可动件在装配时有无崩裂损坏。先经肉眼观察，后用较硬的金属锐器沿两模板配合处作上下滑动，若受阻说明模板已有崩损，其他项目无须检查。

（2）确认模具内壁无崩损，对图纸中标明的尺寸都须进行检查。用测出的上、下口尺寸标出锥度，见图 7-34。

（3）为防止锥度偏斜，采用直角尺检查，见图 7-35。

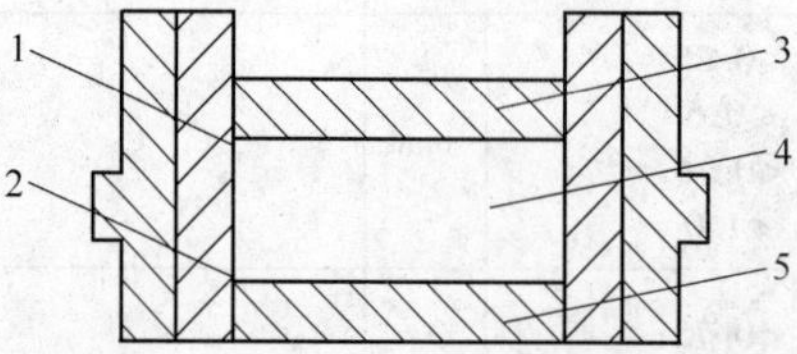

图 7-34　上口、下口检验部位图

1—上口；2—下口；3—压板；4—砖料；5—底板

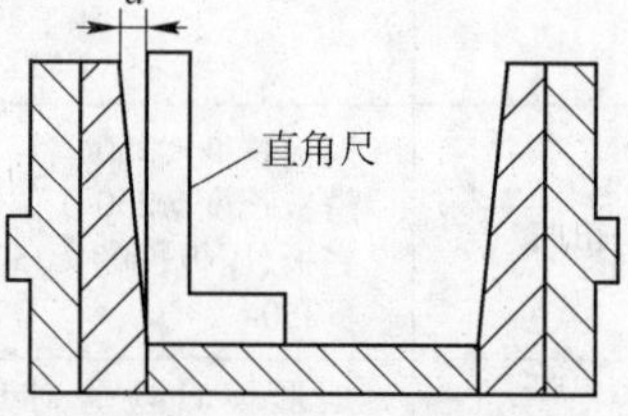

图 7-35　锥度偏移检查图

（4）检查底板、压板有无崩缺及磨损，若有问题要焊磨好后，进行淬火矫直方可使用。

（5）底板对位而压板置于砖位向下 10～20 mm 处，并查其配合缝隙。

（6）硬度检查除用硬度计外，可用钢锉锉模板，如有明显锉印，说明硬度不够，不能使用。

（7）检查各种配件（如底座、托板等）是否齐全。

（8）检查底部的楔铁平整，一是放在平台上是否稳定。二是立放，用 500 mm 的钢直尺进行平移检查。

（9）模具上面的楔铁不得高于模面 10 mm，不准有任何尖锐的金属物。

7.6.2 模具的安装

7.6.2.1 模具安装前的准备

（1）把压砖机机体平台清扫干净。

（2）熟悉砖形图和模具装配图，明确砖坯型号以及对出砖器、模具和锤头的要求。

（3）从出砖器库房领取符合砖型要求的出砖器及其他部件。如底盘、垫圈、垫铁、螺栓、螺帽和固定模具所用零部件。

（4）从模具库领出检验合格的模具和锤头，经起吊设备放在活动车的正中，运到现场。

（5）准备好撬棍、管子钳和扳手等工具。

7.6.2.2 模具的安装

（1）单面加压整体型模具安装。把控制出砖器活动的套筒打入压机的机体平台内，然后放入出砖器，要求出砖器口低于机体平台，与套筒空隙为 2 mm。然后使活动车平面的一边比机体平台略高一些并靠紧，用撬棍将模具推到机体平台的正中位置。用固定件把模具固定。对角紧螺丝。在模腔内先放好底板，启动摩擦压砖机，带动出砖器上下，以底板上下运动不偏斜为宜，停机后插好安全销。

在模腔内均匀倒入一定量的泥料，然后把上好压板的冲头放入模腔内，启动机械，拉开安全销，把机头落下紧贴冲头。此时，冲头和模具用螺栓紧固不能晃动。然后开机试压砖坯，直到符合要求后，方可正式生产。

（2）局部弹簧浮动式模具的安装。开始的步骤同前，只是出砖器口要高出机体平台。当模具固定后，把底座放入模腔内，同时出砖器伸进底座的出砖孔内，然后放上托板和底板活动板等。启动压砖机，带动出砖器，以平稳上下运动为好。停机插好安全销，下一步骤同单面加压整体型模具安装。

在机体平台的中间放上底座，安装中间平台的大弹簧，并放上中间平台，用螺帽将其固定，使其在一个水平台（用水平仪校正）。

把出砖器放进机体平台内，在底座内再放入装有弹簧的底盘，用行车把模具放在中间平台的台阶上。接着按图纸要求，顺序安放各种板和模芯。这时可开动电动机，使各活动板上下活动在一个平面上，然后同前方法安装锤头和试压砖。

7.6.2.3 安装过程中的注意事项

（1）在安装时，应力求做到锤头中心线、模腔中心线以及出砖器中心线能够互相重合。

（2）在紧固模具、弹簧及锤头时均要对角进行，紧固后不得晃动。

（3）了解压砖机压制部分的尺寸，对照模具的外框，判断能否放进机体平台。

（4）使用撬棍移动模具时，要注意安全，不得用铝板当撬棍使用。

（5）搬动安装件时，必须两人同时用力，防止模具件砸手或砸腿。

7.6.3　已磨损的模具件的利用

在生产实践中，一套设计和装配正确、材质良好、热处理较好的模具，能压制几千块至上万块砖（硬质合金模更高），而质量低劣的模具只能生产几百块制品，每年消耗在耐火材料生产上的钢材数量是非常大的（生产每吨耐材消耗 3 ~ 5 kg 钢材），为此对已磨损的模具件进行再利用，是降低生产成本，提高经济效益的途径之一。

7.6.3.1　模壁损坏的机理

耐火砖模是一种压制半干状态颗粒料的成型模具。机压成型的主要设备有各种类型的摩擦压砖机、杠杆压砖机、回转压砖机以及自动化操作的高压力液压机，在压力作用下，坯料的颗粒发生移动，重新配置成较密集的堆积体，当坯体被压缩到一定密实程度后，物料开始发生脆性及弹性变形，从而构成了相对运动的阻力，特别是泥料中骨料本身的硬度（最大硬度约 HRC50 ~ 57）以及其颗粒形状（粒度小于 5 mm）呈多角形，水分为 4.5% ~5.5%，因此砖模不仅要承受典型的硬颗粒磨损，还要承受多次重复的侧压力（见图 7-36），经成型设备数千万次的冲击，在合力 Q 作用点附近的高压区和因模板硬度不均匀出现的软点处产生“疲坑”和“波形槽”，随着这些“疲坑”和“波形槽”的不断扩大，使磨损日趋严重，最终导致模板报废，见图 7-37。

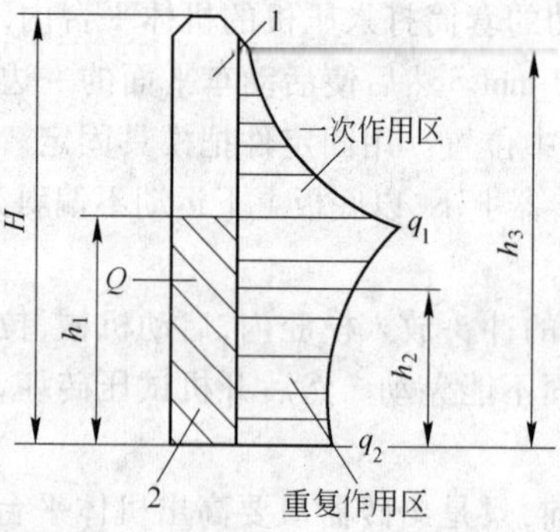

图 7-36　侧压力作用曲线图

1—模板；2—砖坯

H—模板高；h_1—砖高；Q—合力；h_2—合力高（标记力的作用点）；h_3—装料深度；q_1—模板所受到的最大侧压力；q_2—模板底部所受到的侧压力

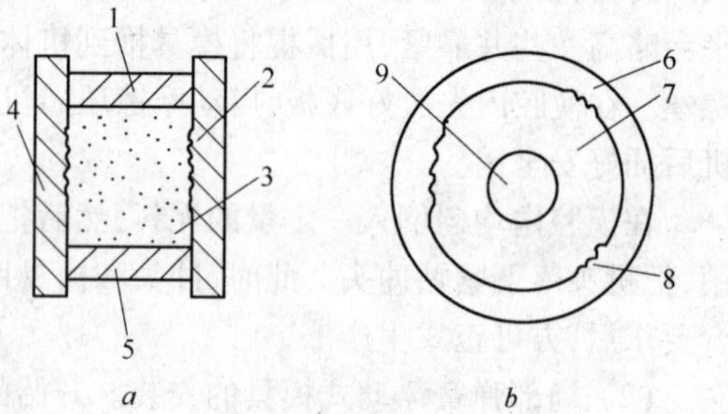

图 7-37　模板衬套的损坏示意图

a—疲坑；b—波形槽

1—压板；2—模板疲坑；3—砖；4—模板；5—底板；6—衬套；7—砖；8—疲坑；9—中芯

模板的磨损速度与砖模的结构设计、砖坯泥料的性质、模板的材质、硬度、光洁程度、软点分布、表面显微结构及操作条件有关。

对一块模板来说，各个部位磨损的情况是不均匀的，特别是在冲头以下砖坯和侧模相接触的上缘部分 10 ~ 20 mm 处磨损最快。同一高度的模板有凹槽处的磨损比其他部分严重。就一套模具来说，各部位模板的磨损情况也是不同的，如压板的磨损比模具其他部位要低，主要是因边棱破裂太大而报废。

7.6.3.2 衬板的再利用

前后衬板和左右衬板均因产生“疲坑”或“波形槽”而不能使用。对前后衬板只需要退火刨去表面,再进行热处理后就能继续使用,带沟槽的左右边板需在沟槽处平焊一层,见图7-38。

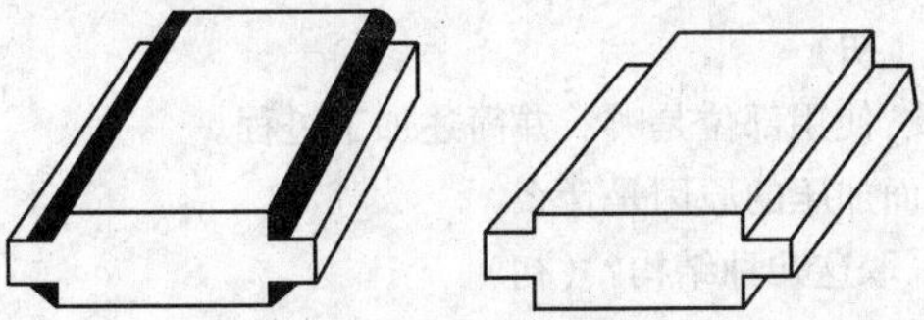

图7-38 衬板平焊部位

退火后,再进行加工,使宽度尺寸符合图纸要求再进行热处理,淬火及校直后就可重新使用。方类模板厚度 a 不小于20 mm。对其他凹凸形模板可根据情况进行规定。

7.6.3.3 底板、压板的再利用

底板、压板在使用过程中主要是边缘与模板接触处被崩损,修复时只需对崩损处进行焊补磨平后即可使用。若硬度不够可先退火,再重新淬火,直至不能使用。

带芯的压盖、底盖同样经焊磨内径和外径处理后即可反复使用。

7.6.3.4 衬套的再利用

管形砖的衬套,一般采用变质铸铁。在保证衬套外径与模壳内壁尺寸相配合时,先生产外径小的管形砖,经磨损后,加工削去,再生产外径大一些的管形砖,以达到反复使用的目的。因变质铸铁耐磨性较好,对同一砖型的衬套,可先按砖坯的负公差尺寸制模,经使用磨损修正至砖坯的正公差,这样同一砖形也能使用两次。如图7-39所示。

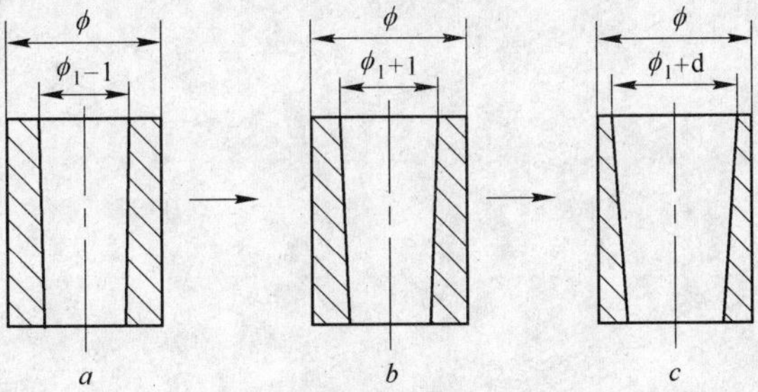

图7-39 衬套再利用图

模具件的再利用内容很多,为了降低成本,提高效益,必须动脑筋,才能为降低模具的金属消耗做出新贡献。

复习思考题

1. 装模工常用的工、卡、量具有哪些,起何作用,如何使用?(初)
2. 装模工常用的机械设备有哪些,有何作用?

3. 试述皮带锤的作用,工作原理,操作时应注意的问题。
4. 砂轮机使用的注意事项。(初)
5. 交流弧焊机的使用条件及常见的故障和排除方法。
6. 试述模具的作用及分类。(初)
7. 半干法成型的模具材质必须满足什么要求?(初)
8. 成型对模具有何技术要求?(初)
9. 金属模具一般使用何种材质,使用部位是哪?并简述加工过程。
10. 半干法成型中采用单面双面加压的原因是什么?
11. 模具结构分几类,为何要采取这几种结构?(初)
12. 试述双面加压中各结构的特点。
13. 模具设计的基本原则是什么?
14. 试述出砖器和锤头结构。(初)
15. 叙述并安装直形砖模具。(初)
16. 叙述并安装管形砖模具。(初)
17. 叙述并安装带弹簧座的模具。
18. 叙述并安装硬质合金镶嵌组合模具。
19. 模具装配中一般会出现什么问题,如何处理?(初)
20. 为何对模具进行检验,检验哪些项目,如何检验,有什么要求?
21. 模具安装前有何要求?(初)
22. 单面加压整体型模具如何安装?
23. 局部弹簧浮动式模具如何安装?
24. 整体弹簧浮动式模具如何安装?
25. 模具安装时应注意什么?(初)
26. 模壁损坏的基本原因是什么?(初)
27. 对本岗位模具件的修旧利废有何新的建议?

8　耐火制品成型的安全生产

8.1　成型生产的安全工作

压砖机和夹板锤是耐火材料厂成型生产的主要设备。由于成型生产为连续作业,每台压砖机均需三人或三人以上配合操作,在操作过程中稍有疏忽、操作失误或配合不当,便会发生压手事故。

8.1.1　摩擦压砖机的安全装置

国内摩擦压砖机的安全装置有手动或脚踩支柱安全栓、半自动支柱安全栓、手动反制动安全栓、光电控制机械反制动安全栓等。现介绍一种光电控制气动反制动安全装置。

该装置(见图8-1)是由光电继电器、顺逆分辨器、电磁阀、气缸组成的光电控制气动反制动安全装置,采用两个光电转换控制系统,其中有一个安装在顺逆分辨器内,另一个安装在压机保安区的两侧。其动作原理是:当安装在压机保安区两侧的光电转换器被遮光(即操作工人的手或其他物体进入上模运动区域)时,且顺逆分辨器同时分辨出冲头是下行时,才会发出控制信号,使电磁阀动作,开通气缸气源,气缸左推拨叉,主轴右移,实现反制动,左摩擦轮靠近飞轮,使滑块上行,安全装置进入安全作用期,保证操作工人进行安全操作。操作完毕,手退出感光区,则顺逆分辨器和光电继电器发出信号,电磁铁吸合,电磁挡板打开,退出制动位置,压机进入压制程序,从而起到保护作用。

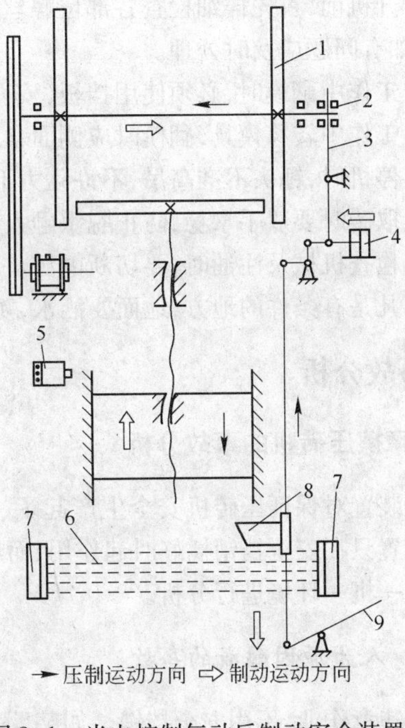

图8-1　光电控制气动反制动安全装置图

1—摩擦轮;2—水平轴;3—拨叉;4—气缸;5—顺逆分辨器;6—感光区;7—光电继电器;8—电磁挡板;9—操作把

光电控制的原理是:只有在保安区两侧的光电继电器的感光区和顺逆分辨器内的光电信号转换器的感光区同时被遮光时,继电器才能带动电磁阀动作,实现制动保护。顺逆分辨器内的光电信号转换器感光区的遮光仅在冲头下行时,由顺逆分辨器的摩擦轮带动来实现。

8.1.2　摩擦压砖机成型安全操作规程

(1) 开车前,要详细检查传动部件、滑块联接、模具紧固情况,发现问题,及时处理。

(2) 工作前,到压砖机平台上部注油和检查时,要站稳并扶住安全栏杆或其他把手。

（3）开机前，由专人负责联系，确认上部和下部无人时，方可开机。

（4）如安全挡销失灵，不准开机，必须维修好方能开机。

（5）负责压砖、上料、拿砖的三人，动作要协调一致，插上安全挡销，方准加泥料。生产铸管砖时，盖好上盖后，方准下锤头。

（6）机械运转中，严禁扒料、刷油、清扫、注油和调整锤头螺丝或压盖螺丝，上述工作应在插上安全挡销停机后进行。

（7）修理出砖器及各部零件和调整模子时必须停机，采取安全防护措施，由专人指挥。

（8）机械运转中，严禁拿砖、刷油、二次加盖模盖，如发现模盖不正，要插上安全挡销后，把压盖盖好，方可生产。

（9）装卸模具时，起吊器具必须用钢丝绳，人站在一侧。用小车运送模具时，模具立放置平稳，高度要适当，放在车体中间部位，防止滑落伤人。

（10）压制过程中，操作者不准将手放在模具上，以免锤头落下砸伤。

（11）工作现场工具、砖坯、泥料要按规定放好，保持场地整洁。

8.1.3　夹板锤成型安全操作规程

（1）开机前，首先详细检查各部位螺丝是否紧固，润滑点是否注油，安全装置和防尘设备是否完善，如有问题应及时处理。

（2）工作中翻模时，必须使用挡板（安全闸）。

（3）工作中转移模具，翻模时应侧面拿，手指不能放在砖模上面。

（4）停机时，锤头不准高吊，不许猛力下滑，要上好挡板（安全闸）后，缓慢落下锤头。

（5）取砖时要双手拿稳，防止脱手砸人。

（6）检查机械及注油时，要切断电源。

（7）凡是有条件的地方，地面要洒水，防止灰尘二次飞扬。

8.2　事故分析

8.2.1　摩擦压砖机的事故分析

安全装置对保证压砖机安全生产起了一定作用，但是还存在一些人为和设备的事故隐患。如安全装置只在安全挡销插好时起作用，而压砖机本身设备损坏如螺旋杆断裂等都会造成事故。下面从人—机—环境进行分析。

8.2.1.1　人为原因酿成的事故

（1）违章作业，不用安全挡销。如某厂一名师傅教徒弟开压机，由于嫌麻烦，将安全挡销的弹簧拆去，使其失效。结果，徒弟由于操作不熟练，左手 1～4 指被机头切断。有的怕影响产量，不用安全挡销，而被压掉胳膊和头颅。这些事故大部分是设备没有安装安全挡销或安装了安全挡销而不使用造成的自伤。

（2）配合失误，导致他伤。砖坯成型时规定了冲压次数，压好后，由取砖者将砖取出，当取砖者的手尚未从压机锤头下面移开时，操作者因判断失误落下锤头，会将取砖人的手压伤。另外，在砖坯的成型过程中，如果拿砖者判断失误，认为砖已压好，伸手去拿砖，而操作者仍在继续操作、冲压，也可能会被压伤。

（3）个人防护不当。由于没有穿戴好防护用品。在锤头松动或对模具啃模时，铁屑就容易崩伤眼睛或身体的其他裸露部位。如某厂操作工在对模时未戴防护眼镜,结果啃模,铁屑崩入眼球深达20 mm。有一名操作工夏天不穿工作服,仅穿背心干活,结果铁屑崩入上臂肌肉深达30 mm。

8.2.1.2 设备原因酿成的事故

(1) 丝杆断裂。丝杆在加工和使用中,因未进行探伤检查,而导致成型时丝杆断裂,这时安全挡销未用或锤头已超过安全挡的保护点,如操作者手恰好在模口内,则会酿成压手事故。有时断裂发生在飞轮与丝杆之间,飞轮随即飞出,造成重大伤害。

(2) 安全挡销失灵。目前各厂普遍使用的是点制动式安全挡销,每天工作要上千次,经常出现弹簧松弛,安全挡销变形,安全挡销紧固螺丝滑丝或弹簧被异物卡住等问题。此时,如果操作者对这些问题忽视或有凑合生产的思想,也易造成事故。如某厂一压砖机安全挡销上附加了一个固定操作把的铁丝环,该铁丝环在反复使用中卡住了安全挡的弹簧,导致安全挡销失灵,当时未察觉,最后酿成了一起恶性压手事故。

(3) 模脚突然断裂。模脚是固定模具与平台的部位,也是主要的受力部位。如平时检查疏忽,在使用中突然发生断裂,整个模具或一侧会弹起。如果此时操作者或取砖者的手正在模口,会将手弹向锤头,造成“模具反弹”压手事故。

8.2.1.3 环境因素酿成的事故

(1) 作业现场滑或有障碍物。作业现场滑或有障碍物时,如果成型工突然重心失控,身体前倾,两手不由自主地伸向正在压砖的模口,可能会酿成事故。如有一青工,被脚前的一块废砖绊了一跤,身体失控,左手本能地去扶模具,结果误入模口被压去4节手指。又如一名取砖工人在生产时,偶然被脚下的废料滑了一下,重心前倾,双手去扶模具,结果也被压掉了部分手指。此类事故,往往发生得突然,难以预料,而且操作人员往往难以控制。

(2) 现场光线暗,视线不清。由于现场的光线不良、视线不清也会造成事故。如一操作工一边抽烟一边开机,烟雾遮住了视线,结果造成自伤。

8.2.2 夹板锤成型事故分析

夹板锤构造简单,易使操作工忽视安全。由于其生产作业过程与压砖机有一定相似之处,所以事故的发生率也比一般工种高。在生产打砖过程中,若违章作业或不按规程操作。如操作工利用锤头已经上升尚未下落的时间差进行上料、刮料或翻模作业,稍有疏忽,轻则伤皮肉,重则断手指。某厂7%的老工人均不同程度受过此种伤害,操作工在搬模、脱模、搬砖时,若失手将模套或砖坯脱落,会砸伤腿脚,有的甚至造成骨折。还有在生产前,有操作工忽视检查,导致生产时锤杆突然断裂砸伤手。

8.3 摩擦压砖机的操作

8.3.1 开机前的准备

(1) 看清砖形图,明确本岗位生产的品种、料别和质量要求;

(2) 穿戴好劳动保护用品;

(3) 在机口进行交接班,上一班做好安全、交接班及点检记录,接班者逐项检查;

(4) 检查电器设备。包括电动机顶丝及机座螺丝是否紧固、接线线头是否裸露,开关箱内是否零件齐全无杂物,按钮座完整牢固,照明灯完好;

(5) 检查操作系统。要求操作杆装置的动作灵活,安装牢固,各螺钉和开口销齐全,传动杆间隙不大于1.5 mm。操作增压位置要求油压保持在2~3 MPa,无严重泄漏现象;

(6) 检查传动装置。检查皮带机及皮带是否完好,摩擦轮的锁紧螺母是否紧固,防止摩擦轮与水平轴晃动而磨损,检查刹车带(摩擦带)螺丝是否齐全,防止摩擦带散落,检查摩擦轮与飞轮的间隙,要求在5~10 mm;

(7) 检查冲压装置。要求滑道螺母紧固,滑块上螺丝紧固,以防滑块与丝杆分离,造成事故;

(8) 检查安全装置。对机械安全装置要求齐全,插销、挡块动作灵活,光电保险装置灵敏可靠;

(9) 加润滑油。压转机的工作性能和寿命,主要靠正确的润滑和保养,必须按润滑表定时加油,并保证油质纯净良好。压砖机润滑要求和其润滑图分别见表8-1、图8-2。

表8-1　压砖机润滑要求

润滑位置标号	标　记	加油或换油期限	换油方法及工具	润滑油种类
1~8	△	四小时加油一次	施压油杯	钙基润滑油
9	⟁	半年换一次油	油　池	70号减速机油
10	◎	根据用量补给		混合干稀油
11~13	○	三个月换油一次		钙基润滑油

注:△为加油点;⟁为用来润滑滑块内推力轴承的加油量,应使推力轴承及铜片位于油池中。

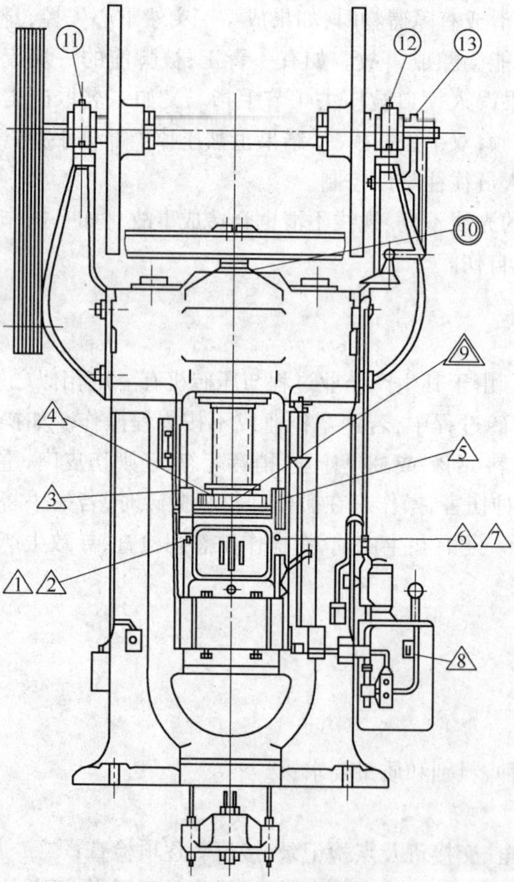

图8-2　压砖机润滑图

轴承、销、轴等活动部位,每班加C型40号、50号机油1~2次,丝杆每周擦净,加润滑油一次;

(10) 检查泥料。根据砖型的要求,可凭经验抓泥料,察看颗粒级配及水分;

(11) 检查模具或安装模具。要求模具符合砖型要求,并安装牢固;

(12) 检查出砖装置。要求大托把平衡,出砖操作灵活;

(13) 检查台秤等用具。要求台秤灵敏准确,秤砣等配件齐全,同时准备好盛料器,校正台秤后,根据砖形要求放好砣,使其称量值等于盛料器加上砖的重量。在油盆中盛脱模油并准备好油刷、直尺和小锤。

8.3.2　摩擦压砖机的生产操作

8.3.2.1　加压方法

成型加压法有两种。一种是对较薄的砖采用的先轻后重加压法:即初压轻而缓慢,有利于使泥料颗粒间的空气顺利排出。当泥料中大部分空气排出后,再施重压使泥料的颗粒达到紧密堆积,成为致密的坯体。另一种方法是吊坯成型法:即先轻后重吊坯成型。一般是先轻打 1 ~ 3 下，然后将模内坯体向上移动，最后重打 2 ~ 3 下即成，有的砖则需吊打 2 ~ 3 次。先轻打是将泥料内大部分空气聚集，吊坯是将聚集的气体及时从坯体和模壁缝隙间排出，再重压是使坯体达到规定要求的体积密度。这种方法大多用在压制多熟料或高密度制品，可减少层裂废品，提高出模合格率。

8.3.2.2 操作过程

生产时，操作人员需确认压砖机检修平台上无人，机上无障碍物后，发出开机信号，先空载启动设备，待运转正常后，模腔内刷油，以便于出砖。接着把称好的泥料倒入模腔，拉开安全挡销，进行压砖。压砖时要求先轻后重，吊打排气，锤头压到作好记号的位置，以保证砖坯的尺寸要求。操纵出砖挡板，将机头抬起出砖，支好安全挡销。拿砖时，手指不得放在砖与锤头之间。然后将出砖器打下，使底板平放在模腔内，进行下一次的工作循环。

压砖及停机顺序：模腔、模盖刷油→加料→拉出安全挡销→压砖→出砖→支好安全挡销→拿砖→锤头轻轻地落在安全挡销上→切断主机电源→关闭油泵。

8.3.2.3 操作中应注意的事项

(1) 保证泥料称量准确，加料时动作要求迅速平稳，尽量不蓬料、撒料，手不准在模口和压板之间停留。料在模内分布应均匀，四角料应稍高些（此处压力传递较差）。有子口的平压砖，子口部位料要多些，下部先捣一下，以保证子母口或凸起部分压紧；

(2) 模具刷油要薄而均匀，模具有沾料现象应及时清除，因模板、底板沾料会引起砖坯麻皮；

(3) 成型加压次数，一般砖加压次数多于 3 次，对要求较高的砖和大砖应多于 4 次，从而保持先轻后重吊打排气的打砖原则，以确保砖坯的致密度；

(4) 锤头接近模口时，须减速平稳下落，防止压板及模口压崩伤人；

(5) 砖坯出模时，拿砖人员要待锤头落稳在安全挡销上，才能伸手拿砖，拿砖时要求手从砖的两侧进入机内，轻拿轻放并码放整齐；

(6) 新安装的模具，在压出第一块砖时要按技术要求检查外形尺寸、扭曲、裂纹等。发现模具设计或装配有问题要及时处理，出现歪斜、扭曲问题能在机上解决，可自行调整。在生产中一定要做到勤量尺寸、勤称单重、勤查裂纹；

(7) 无论是圆芯或模板，发现有磨损起槽和凹陷现象，应及时更换模具，防止砖产生裂纹或重皮破损；

(8) 在底板、压板、模芯卡住模腔时，不得使用淬火金属敲击，以防崩裂伤人。

8.3.2.4 干燥车放砖的方法

成型后砖坯的放置与干燥工序有密切联系。砖坯在干燥过程中，通常上是表面温度高、收缩大，而中心部位温度低，收缩小。这种收缩的不均匀性会导致砖坯内部产生应力。当这种应力大于坯体强度时，就会造成砖坯开裂变形。此外，砖坯放置不平也会造成开裂变形。泥料的不均匀性也可能引起砖坯干燥的不均匀性。因此为了减少由于放砖而引起废品，在成型工进行半成品砖坯的尺寸、裂纹、飞边、层裂等自检后，要求轻稳地置于干燥车上。放砖方法如下：

(1) 顺干燥气流方向放砖；

(2) 砖坯放置要平稳，在推车不产生摆动的前提下，砖坯应小面与干燥板接触，以增加砖的受热面积，加速干燥过程；

(3) 根据坯体外形的特点，放置砖坯时（如塞头砖），要在干燥板上预先垫一层麻袋等松软

物,以缓冲在放砖和运输时产生的震动或撞击;

(4) 当砖底面积较大,要有两块干燥铝板拼接后才能放下时,两块板必须在同一平面上,以免砖坯断裂;

(5) 装砖缝隙要均匀,一般应保持在15~20 mm,大砖可增大一些。在不碰到干燥器窑顶的前提下,顶层架上也可以放砖。

8.3.2.5 半成品废砖的处理

废砖的利用对降低能耗、提高效益有很大的作用,因此,必须重视废品的处理应用。

成型后的砖坯由于种种原因产生废品,按生产工艺流程分为机口废品和干燥后的废品。

机口废品是在生产时出现的废品,主要是尺寸不符合要求及裂纹、扭曲、麻皮等。这是由成型工自己检查发现的,应把废砖放在废料桶里(不可与其他泥料的废品和杂物混合),然后通过行车送到湿碾机内与同品种泥料在一起混碾后继续使用。

对于泥料颗粒度及水分不符合要求而造成的砖坯层裂、疏松等现象,要及时判断,并进行检验,待确定不符合后,需将料斗的料放到废料桶里,用行车送到湿碾机,然后根据泥料不合格的原因采取相应的措施,直到符合要求后,方可再用。

干燥后的废品一经半成品检验人员查出,成型工须按班次将其拉到废品堆放处,根据料别,重新使用。

8.3.3 成型过程中易产生的故障及排除方法

8.3.3.1 设备故障及排除方法

摩擦压砖机易产生的故障及排除方法,见表8-2。

表8-2　摩擦压砖机的故障及排除方法

故障	原因	排除方法
电动机的电流大	1. 传动装置的润滑状况不好; 2. 摩擦轮与飞轮之间的间隙过小; 3. 滑块和导板与机身的滑道之间的间隙过小; 4. 三角皮带过紧	1. 检查传动装置的润滑状况,清洗轴承或换新油; 2. 停机重新调整摩擦轮与飞轮之间的间隙,使其在5~10 mm范围; 3. 调整导板与滑块之间的间隙,保持在0.1~0.5 mm范围内; 4. 调整电动机和水平轴之间的距离或更换长一些的三角皮带
滑块冲撞横梁	1. 滑块上部抱闸失灵; 2. 操纵杠杆装置调节的不正确	1. 重新调整或处理抱闸; 2. 重新调整操纵杠杆的位置
传动装置温度超过65℃	1. 水平轴弯曲; 2. 轴承内润滑太脏或无润滑油	1. 更换水平轴; 2. 清洗滚动轴承,更换新润滑油
螺旋套有明显晃动或冲压时有较大的距离	1. 螺旋杆损坏严重; 2. 螺旋杆套与横梁固定位置松脱(固定螺钉损坏)或螺旋套损坏严重	1. 更换螺旋杆; 2. 重新更换或固定螺旋套
摩擦轮不能驱使飞轮上下运动	1. 油泵无压力; 2. 操作系统销子磨损; 3. 摩擦轮与飞轮间距不符; 4. 摩擦轮的工作面粗糙	1. 根据气温加40号或50号机油,调整调压阀; 2. 更换销子; 3. 调节水平轴的轴向移动量; 4. 检查传动装置是否合理,三角皮带是否过松,小三角皮带轮的直径是否过大

续表 8-2

故　障	原　因	排 除 方 法
操作把上下跳动	摩擦带呈椭圆形	经常变换摩擦带方向，始终保持刹车带呈圆状
冲压力过小，滑块上升速度缓慢	1. 摩擦轮与水平轴不垂直； 2. 飞轮上的摩擦带磨损程度不一致，产生椭圆	1. 重新组装或固定摩擦轮； 2. 将飞轮上的摩擦块整体移动一定的角度，使磨损轻微之处的摩擦带移动到磨损严重的位置上去或更换摩擦块
左右拉杆弯曲，顶出的砖坯偏斜	1. 底托位置不平； 2. 左右拉杆在底杆螺帽处长短不一	1. 把底托调整放平； 2. 将弯曲的拉杆平直，使螺帽外的长度一致或更换拉杆
操作操纵把时，滑块不动作	1. 操纵装置连接处松动； 2. 增压器不起作用	1. 检查操纵装置，将磨损的零件换掉； 2. 检查增压器，处理漏油、漏气的问题
摩擦轮晃动	水平轴的轴承座螺栓松脱	检查紧固轴承座螺栓，如有损坏应立即更换
液压系统中的油压不稳，使液压传动工作发生冲击和震动	1. 吸油管不紧密或油箱油位太低，使液体系统中有空气存在； 2. 活塞杆封闭太紧或夹得太紧； 3. 掉入其他物件，使溢流阀阻塞	1. 检查和紧固所有油管的接头，油箱注满油，用活塞的最大行程进行几次空行程的循环； 2. 调节活塞杆； 3. 清除物件，使溢流阀畅通
油泵供油不正常或不上油	1. 油脏； 2. 油质不良使油凝成块状； 3. 油泵叶片损坏或阻塞在转子槽里	1. 更换过滤油； 2. 清洗过滤器，检查油泵； 3. 研磨叶片，使滑块轻快或更换新油
液压装置中管子或管子接头漏油	1. 螺母螺钉堵塞，拧得不紧； 2. 管子开裂或衬垫损坏	1. 拧紧； 2. 更换管子或衬垫
液压系统中无压力或压力不足	溢流阀阻塞不能关闭，阀的弹簧断裂或没有压紧	更换溢流阀或压紧弹簧并调整该阀
活塞阀的移动过紧	外套与活塞的空隙中掉入其他物件或油脏	更换新油

8.3.3.2 砖坯质量问题及处理方法

成型中砖坯的质量问题及处理方法，见表 8-3。

表 8-3 常见的质量问题及处理方法

问　题	原　因	排 除 方 法
砖坯表面麻皮	1. 底板、压板没有铲干净； 2. 底板、压板淬火渗碳层太薄，硬度达不到	1. 铲干净沾在板上的泥料并刷油； 2. 重新进行热处理，或采取锤头加热法处理
砖偏沿	1. 锤头和底板偏斜或变形； 2. 压砖机平台压砖处厚薄不均匀； 3. 布料不均； 4. 出砖器倾斜	1. 尺寸相差不大可垫铁片，相差大要更换底压板或将锤头重新刨平； 2. 刨平平台； 3. 均匀布料； 4. 调整或更换出砖器
裂纹（层裂或表面裂纹）	1. 泥料水分过大或过小； 2. 重压； 3. 砖坯转角处无弧度； 4. 模板或模芯磨损有缺陷； 5. 模套、模芯不直，锥度太小； 6. 装模无锥度出现上口小下口大的现象	1. 注意配料； 2. 注意加压方式； 3. 转角处使弧度半径大于 3 mm； 4. 更换模具； 5. 更换模套、模芯； 6. 重新安装模具

续表 8-3

问　题	原　因	排除方法
砖坯扭曲	1. 长度大的砖坯,模板太薄; 2. 压机平台或锤头、压板、底板扭曲	1. 模板加厚; 2. 更换底板、压板、平台或锤头
砖坯表面疏松	泥料颗粒组成偏粗,大颗粒偏多,单重不足	重新调整配料粒度,带料均匀,校正砖坯单重
外形尺寸不符合要求	1. 模具装配有问题; 2. 模板使用时间长,严重磨损; 3. 加压方向,尺寸没掌握好	1. 更换模具; 2. 更换模板; 3. 看清砖形图,机上标记做准
气孔率不合格	1. 原料粒度不合格; 2. 单重不足	1. 控制调整泥料粒度; 2. 加料使单重达到要求
管砖端头平面倾斜	1. 砖坯下部倾斜是弹簧平台不正,弹簧弹力不一,出砖器顶部有高低,底盘倾斜; 2. 砖坯上部倾斜是锤头和压料筒不对中心或中心盘不垂直,盖板倾斜; 3. 模具锥度太大	1. 调整大弹簧、出砖器和底盘; 2. 垫铁皮找平,更换压料筒,清除盖上料; 3. 修正模具锥度
壁厚正负公差超标(横压流钢砖)	1. 活动板活动有高低,弹簧受力不均; 2. 旁芯有高低	1. 处理活动板; 2. 处理旁芯
端头倾斜(横压流钢砖)	1. 模具放活动板处锥度过大; 2. 平台、底座不平整,引起四棱歪斜	1. 处理活动板 2. 处理平台或底板

8.3.4　J53k-400 型中型宽台面双盘摩擦压力机及其操作简介

J53K-400 型宽台面双盘摩擦压力机是一种性能良好的冲压设备,具有模具闭合高度大的特点,适合于压制外形尺寸大、体积密度要求高的砖坯。

8.3.4.1　工作原理及结构

J53K-400 型宽台面双盘摩擦压力机的工作原理与 J53K-300 型摩擦压砖机类似,结构不同处为操作系统、出砖系统和制动装置。

(1) 操作系统为气动操纵装置。电动机的动力通过三角皮带传递给水平轴,操作手柄通过电器开关和电磁气阀使压缩空气分别进入操纵缸的左腔、右腔,从而使水平轴向左右移动,水平轴上的左右摩擦轮与飞轮接触,驱使滑块产生上下往复运动,完成压砖动作。

(2) 出砖系统。由电器开关控制电磁气阀,使压缩空气进入顶砖气缸下部,让活塞上移,推动顶杆将压好的砖坯顶出。完成后,利用电器开关控制电磁气阀排出缸体内的压缩空气,通过弹簧使活塞复位。顶料部分见图 8-3。

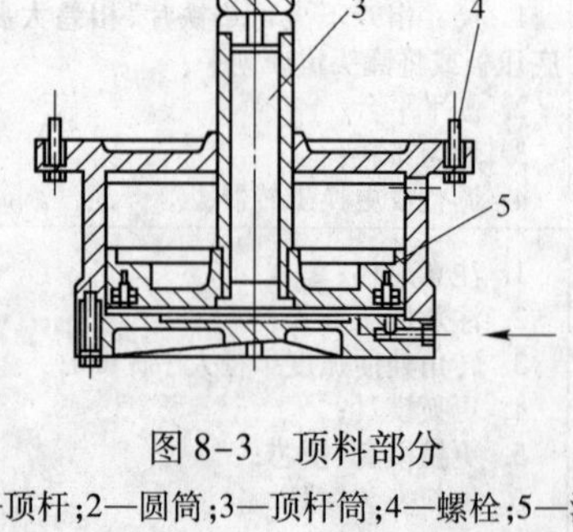

图 8-3　顶料部分

1—顶杆;2—圆筒;3—顶杆筒;4—螺栓;5—活塞

(3) 制动装置。由制动轮、摩擦块、制动座及制动气缸组成。锤头工作时,通过电器行程开关的作用控制电动气阀,使压缩空气进入制动气缸,保证制动轮、摩擦块、制动座三者脱开。当锤头需要定位停止时,电器开关控制电磁气阀放出制动气缸内压缩空气,由于气缸内弹簧的作用,保证制动轮、摩擦块、制动座之间紧紧接触,使丝杆停止旋转,锤头停住(此时,由于电气开关的连锁作用,使操纵气缸失气,两摩擦轮处在中间的位置,不与飞轮接触)。

(4) 小空气压缩机。4000 kN 压砖机操纵动力为压缩空气。工作正常时,压缩空气消耗量为 1.7 m^3/min。操纵气缸、制动气缸对气压的稳定性要求较高,故在空压机提供一定压缩空气的同时,另附一台 0.6 m^3/min 小空压机,其压力控制在 0.4 ~ 0.7 Pa,以满足压机工作的要求。

8.3.4.2 成型过程的操作

(1) 开机前的准备。开机前的准备工作与前所述摩擦压砖机相同。再增加以下几点说明:

1) 加润滑油见表 8-4 和图 8-4。

表 8-4 润滑情况表

润滑点	润滑点数目	润滑部位	润滑周期	润滑油	备注
1	2	轴承座	每三个月一次	黄干油	油杯
2	1	滑套	三个月一次	黄干油	油杯
3	1	螺丝、螺母	每班数次	二硫化钼锂基油	手动油泵
4	4	导板条	每班数次	二硫化钼锂基油	手动油泵
5	1	滑块内部	一月换一次	齿轮油	油口在滑块盖上

2) 压缩空气管道上的压力表正常,表明两个油雾器内有清洁的 10 号机油。

(2) 生产操作。合上总电器开关,启动附加小空压机。待其工作压力为 0.4 MPa 以上时,启动主电机。当主电机运转正常后,将工作状态选择旋钮定在"点动"位置,操作手柄使锤头上下运动。观察操纵缸、制动缸工作和整个设备的运转情况及模具紧固情况,调整机身上、下行程开关,调到合适位置。正常后将工作状态选择控制旋钮定在"工作"位置,在模腔内刷油、加料,打开安全装置,按下操作手柄,滑块下行,当碰到下行程开关时,摩擦轮和飞轮脱开,进行打击;手柄上提,滑块上行,当碰到上行程开关时,滑块制动停止,反复多次后,手柄上提,使滑块上行碰到上行开关,滑块制动停止,关上安全装置。同时,踩下脚踏开关,使压缩空气进入顶砖气缸下部,将砖坯顶出,用两手从侧面把砖拿出,经检查合格后,轻放在干燥车上,关上出砖截止阀,使出砖顶杆复位,然后进行下一次工作循环。

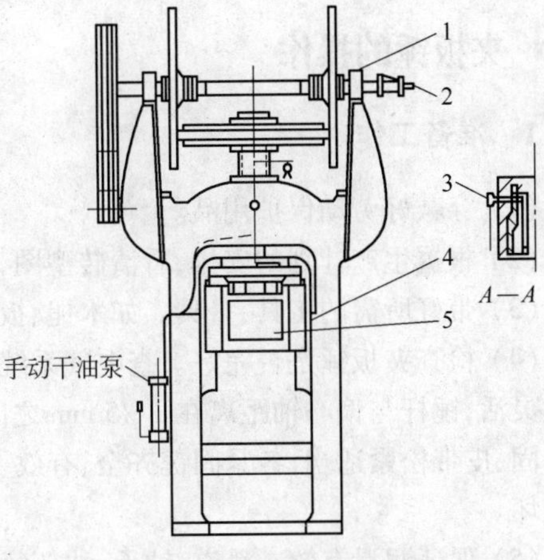

图 8-4 润滑部位简图
1—轴承座;2—滑套;3—螺丝、螺母;
4—导板条;5—滑块内部

停机时,应先把锤头落到安全装置上,然后切断主电机及小空气压缩机的电源。再把所有进气阀关闭,待全部停止工作后,才能离开现场。

(3) 操作中的注意事项。在操作中除注意一般摩擦压砖机所要注意的事项外,仍需注意下述内容:

1）操作时应经常注意，在滑块上下运动时，刹车是否已经打开，如刹车不动作则需检查控制刹车的电磁气阀，刹车气路的空气压力应不低于0.4 MPa，否则即使打开刹车，动作有时也会不及时；

2）应及时放掉分水滤气器存水杯中的污水，并定期用煤油或汽油清洗过滤杯和存水杯，油雾器要及时加机油，但液面不可高于螺母下端面。

3）无论工作状态还是非工作状态，滑块下平面与工作台面之间的距离不允许小于560 mm。

8.3.4.3　常见故障处理

除与一般摩擦压砖机的故障处理相同外，仍需注意以下故障的排除。

（1）操作失灵。主要是电气控制部分故障或电磁换向阀卡死，需进行电器修理，拆检气阀，清除杂物。

（2）制动失灵，主要原因有：

1）电磁气阀卡死，使制动缸气体无法排除。处理方法：拆洗气阀，清除杂物；

2）制动气缸内弹簧疲劳断裂。处理方法：更换弹簧；

3）气缸密封失效，制动盘打不开。处理方法：更换密封圈或研磨气缸缸体，加大活塞环；

4）制动块碎裂，制动盘损坏，须更换新零件。

（3）小空压机压力升不高。主要原因有：

1）管道阀门有严重泄漏，查出后排除；

2）空压机活塞与缸体间隙过大，可更换活塞环；

3）空压机压力继电器失灵，此时需进行调试，如失效要更换。

8.4　夹板锤的操作

8.4.1　准备工作

（1）穿戴好劳动保护用品。

（2）根据生产计划的安排，看清砖型图，明确生产品种的砖号、料别和技术要求。

（3）带好所需的工具、量具。如木槌、扳手、铲砖器、竹片、刷子和卷尺、直尺、内外卡钳等。

（4）检查夹板锤是否完好。查电气系统：启动开关良好，按钮座牢固完整；查操作系统：挡板牢固灵活，锤杆与偏心轴距离在3～5 mm之间，锤头螺丝无松动；查传动系统：电机零件齐全，安装牢固、皮带松紧适当，各紧固键齐全、有效、油杯完好有油；查安全装置：皮带机护罩完好，挡板无损坏。

（5）保证润滑有效。滑道、轴承、油杯每班加油一至二次。

（6）配好泥浆水和脱模油。根据砖坯的要求，在黏土粉和高铝粉中加入50%左右的水，调和成浆，以备使用，在柴油中加入一定数量的硬脂酸作为脱模油。

（7）检查泥料。根据砖形要求，检查混料的颗粒度和水分。

（8）检查模具。用卷尺、内外卡钳测模腔尺寸，要求符合砖形图的要求。

8.4.2　生产操作

把紧固的模具放在工作台的中央，将木模或钢模内各部分涂上脱模油（两边的交接处也要涂到）。

在模腔内加满料，然后开动电动机，空载运转无异常后，可把锤头抬起，移开挡板，开始压砖。压砖时要求“先轻后重”，“两翻三打”，砖坯的厚在80 mm以上的品种，采用多次加料，以保证砖坯的体积密度。对砖坯的拐角、沟槽等不易打实的地方，加料时应先捣实，也可以在薄弱处多加几次料。停止打砖时，将锤头放在挡板上，手脱离操作把，用泥刀修面，使表面光滑。

卸模取砖时，要求将模具搬出，放在早已准备好的平整的木板上，松开螺丝（抽出模芯），小心地抬起模具，清除沟槽泥料，对照砖形图测外形尺寸，发现模具问题须及时处理，用竹片进行修正。最后，砖坯的表面要用水分适中的泥浆顺向刷一遍，以防砖坯开裂。

为了防止一些特异型砖坯变形和干燥开裂，要采取支撑的措施。如图8-5所示。

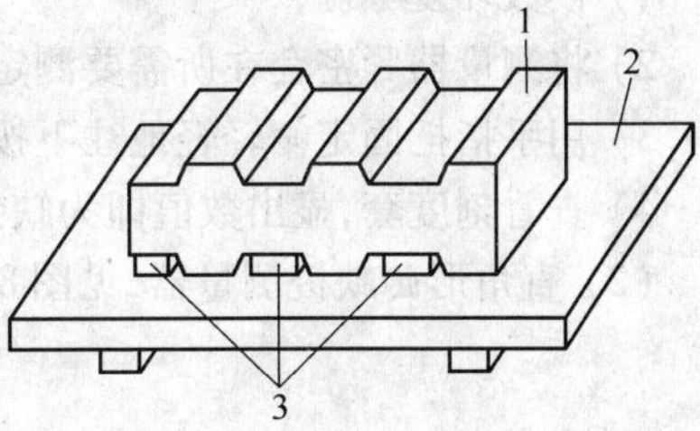

图8-5 砖坯放置图

1—砖；2—木质放砖板；3—支撑板

修好的砖在空气中预干3～5天（冬天可在暖房，防止受冻）。然后将砖竖立起来摆放，最后进干燥房干燥。

脱模后，将模具沟槽和其他地方清除干净，按顺序把模具装好，上紧螺丝，继续生产。

当班的任务当班完成，须把锤头落在挡板上，关闭电源。待电动机停止转动后，清扫机械，将多余的泥料表面上洒上少量的水，以备第二天使用。各种工具、量具要妥善保养，并做好当天的生产情况记录。

8.4.3 夹板锤成型时的故障处理

(1) 锤杆下落时偏向一边。这是由于使用时间过长，锤杆磨损造成弯曲，应更换锤杆。

(2) 电动机的电流过大。因皮带过紧或摩擦轮与活动轮之间的间隙过小。可以调整皮带或调节间隙。

(3) 锤杆不能上下运动。这是因为摩擦轮与锤杆之间的间隙不当。间隙过大时锤杆上不去，间隙过小锤杆卡住不能向下运动。需要调节间隙在3～5 mm范围。锤杆和锤杆刹车带被磨损或脱落也会造成锤杆不能上下运动，这时要更换锤杆或重新安装刹车带。

(4) 砖坯尺寸不符合要求。造成砖坯尺寸不符的原因，一是模具装配尺寸不符合要求或使用一段时间后模具受磨损。可更换模具或修正后再用。二是泥料水分含量太高，脱模后造成坯体下瘫，可将泥料放置一段时间，待稍干后再生产。

(5) 砖坯表面出现裂纹。用泥浆轻刷砖坯表面或边角，弥补压力不足造成的颗粒集中或边角不严实现象。修补后的砖坯可使表面无缺陷。

木质干燥板不平整，会使砖坯产生裂纹，这时要将木板刨平。

(6) 砖坯表面出现麻面不规整。这是由于锤头上的橡皮被磨损所致，需更换橡皮。

8.5 半成品质量检验

成型后的半成品，都应当进行细致周密的检验，特别是用新模具成型的砖坯应进行全面外形检查。这不仅能确定砖坯几何形状的正确性，还能发现装模的质量，以防止由于模具差错或加压方向控制不妥造成废品。检验半成品的量具要准确，否则很难保证检验质量。

半成品砖坯的质量检验，包括外观质量检验和内在质量检验。外观质量包括砖坯的几何尺寸、扭曲变形、缺棱缺角、相对边尺寸公差、对角线、飞边、裂纹及表面致密状况（如麻面，边角疏松）等。

8.5.1 半成品检验所用的工具、量具

半成品检验的标准工具有如下几种：

(1) 直角形砖缺角测量器,见图8-6。

直角形缺角测量器的使用方法:

1) 读数环复零位;

2) 将测量器紧密套在所需要测定砖的角的部位;

3) 用手指把固定帽轻轻地往下按,直至按不动时,放开固定帽;

4) 查看刻度套,显出数值即为缺角深度值。

(2) 直角形砖缺棱测量器,见图8-7。

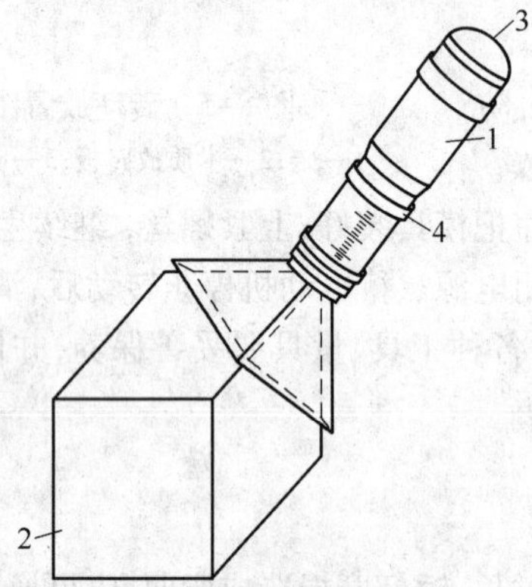

图8-6　直角形缺角测量示意图

1—直角形缺角测量器;2—被测砖坯;
3—固定帽;4—刻度套

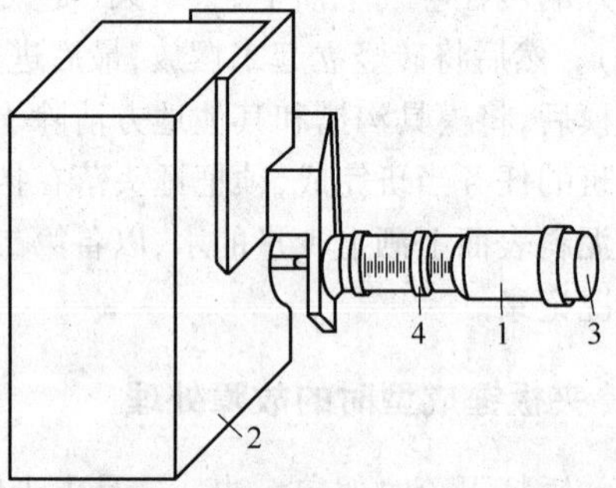

图8-7　直角形缺棱测量示意图

1—直角形缺棱测量器;2—被测砖坯;
3—固定帽;4—刻度套

直角形缺角缺棱测量器的使用方法:

1) 读数环复零位;

2) 将测量器紧密套在所需要测定砖的棱的部位;

3) 用手指把固定帽轻轻地往下按,直至按不动时,放开固定帽;

4) 查看刻度套,显出数值即为缺棱深度值。

(3) 异形砖缺棱测量器,见图8-8。

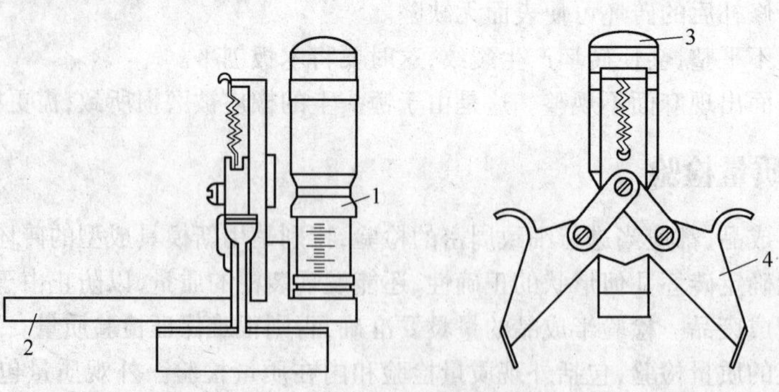

图8-8　异形砖缺棱测量器

1—读数环;2—本体;3—固定帽;4—测量翼

使用方法:

1) 读数环复零位;

2）将本体紧靠所要测量的棱；

3）按下测量翼，并紧贴砖的两个面；

4）用手指把固定帽轻轻地往下按，直至按不动时，放开固定帽；

5）查看刻度套，显示的数值即为缺棱深度值。

（4）异形砖缺角测量器，见图 8-9。

使用方法：

1）读数环复零位；

2）将底板和左右测翼紧靠所要测定的砖角部位；

3）按下测量翼，并紧贴砖的两个面；

4）用手指把固定帽轻轻地往下按，直至按不动时放开固定帽；

5）查看刻度套，显示的数值即为缺角深度值。

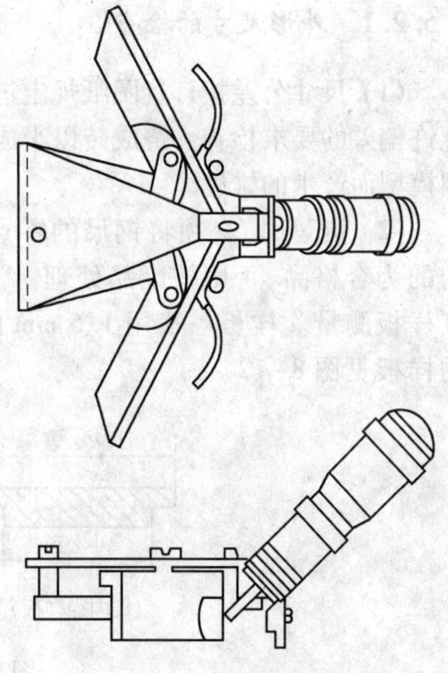

图 8-9 异形砖缺角测量器

（5）端头倾斜测量器，见图 8-10、图 8-11。

使用方法：

1）将角尺的一边与制品的纵向面紧密接触，同时使角尺的另一边滑块紧靠砖的一端头；

2）将塞尺沿角尺和端头之间形成的缝隙平滑地插入。规定塞尺不能插入者为合格；

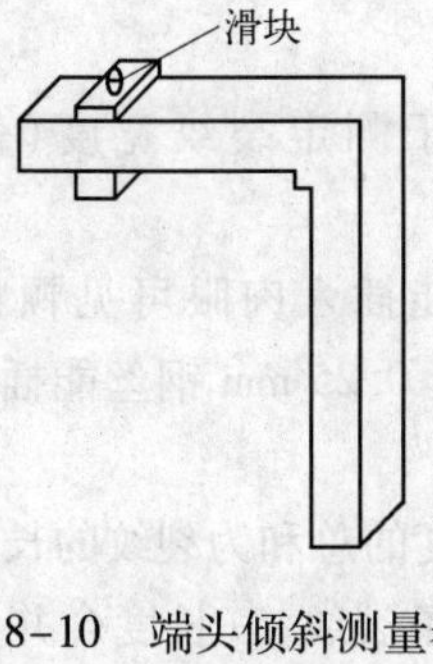

图 8-10 端头倾斜测量器

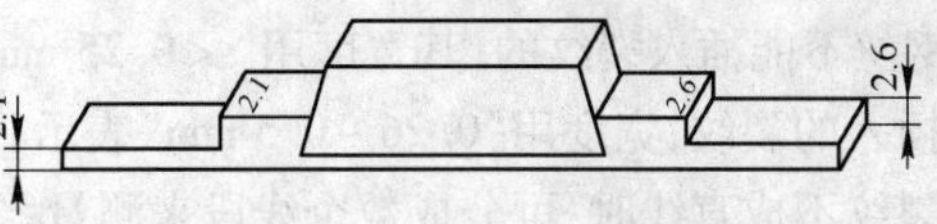

图 8-11 用于扭曲的塞尺

（6）塞尺，如图 8-11 所示。用于扭曲和端头平面倾斜的检查，规格有 1. 1 mm、2. 1 mm、2. 6 mm、3. 1 mm、3. 6 mm、4. 1 mm、4. 6 mm。

（7）塞尺片。规格为 0. 09 mm、0. 05 mm，用于要求较高的扭曲检查。

（8）测裂纹钢丝。规格有 1 mm、0. 5 mm、0. 25 mrn、0. 1 mm，用于测裂纹宽度的检查。

（9）钢直尺。规格为 150 mm、300 mm。

（10）卷尺。规格为 1 m、2 m。

8. 5. 2 半成品外观检验的项目和方法

为了保证产品质量，一般厂家均在机台由成型工进行自检，砖坯干燥后，由检验工人进行专职检验。检验的主要项目中尺寸公差、缺棱缺角、端头平面倾斜、裂纹、麻面、飞边以及单重中有一项不合格即判为不合格品。

8.5.2.1　外形尺寸的检查

(1) 尺寸公差按订货图纸规定进行检查。并根据各厂原料的波动情况和制定的半成品尺寸允许偏差的要求检查。烧成砖以半成品放尺尺寸为基准,不烧砖以成品尺寸为基准,不扣除制品因模型而产生的锥度。

(2) 测量时,必须将钢尺的零点与砖坯的一个棱对齐,读出尺寸值。凡在公差范围以内的为合格品,否则按废品处理。测量制品的内外径时为了方便,可根据尺寸公差要求,自制样板测量。样板一般用1.5 mm的钢板制成,凡超过样板的为不合格品。检查尺寸公差的样板见图8-12。

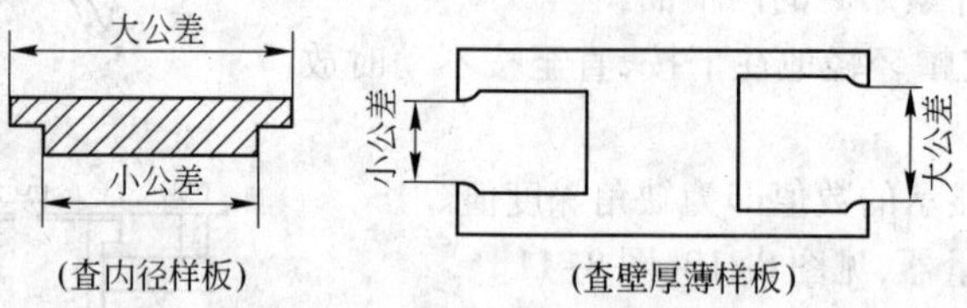

图8-12　检查尺寸公差的样板

(3) 一般制品除专门规定外,以测量制品每一面1/3部位的尺寸为准。

(4) 砖坯相对边的测量,以测量砖坯同尺寸的相对两边之差为准。

8.5.2.2　裂纹的检查

(1) 检查裂纹,使用刻度为0.5 mm的钢尺和直径等于测定裂纹宽度(例如0.1 mm、0.25 mm、0.5 mm、1 mm)的钢丝。

(2) 检查裂纹时,将钢丝自然插入裂纹的最宽处,但不能插入肉眼可见颗粒脱落处。凡0.25 mm钢丝不能插入裂纹的,其宽度用"<0.25 mm"表示;凡0.25 mm钢丝能插入、而0.5 mm钢丝不能插入的裂纹,宽度用"0.26～0.5 mm"表示,依此类推。

(3) 裂纹不成直线时,可分成数个线段来测量,各线段长度的总和为裂纹的长度。中间有间断而间断距离小于5 mm的裂纹(包括不限制的裂纹)即为一条裂纹,其长度合并计算。交叉和平行的裂纹除外。

(4) 跨棱裂纹,除特殊规定外,一律按工作面计算。流钢砖的工作面是指钢水的接触面,其他类型的砖一般不分工作面和非工作面。如有特殊要求,在砖形图上一般都有标记说明。在角部跨过两个棱的裂纹,凡不超过缺角规定的数值范围,不按跨两棱计算。在标准中规定不限制的裂纹,一律不受跨棱的限制,可不作检查。

(5) 大于120°角的棱,不以棱计算。尺寸小于20 mm宽的面,不以面计算。浇铸用砖除外。

8.5.2.3　缺角缺棱的检查

(1) 缺角深度的检查。根据砖形所测部位采用直角形和异形砖缺角测量器。可紧密套在制品棱角上,使用沿立方体中心对角线或三棱体中心线方向测量,读出尺寸。

(2) 缺棱的检查。根据砖形所测部位采用直角形或异形砖缺棱测量器,沿制品两面夹角的等分线方向测量缺棱的最深处。有长度限制的,同时测量缺棱的全长。对规定中的缺棱尺寸,其长度不得超过该棱长的三分之一。

(3) 缺角、缺棱相连时,分别按缺角、缺棱的规定进行检查。

(4) 除特殊规定外,凡深度大于 3 mm 至标准允许数值限度的缺角、缺棱一律参加计算。3 mm 及小于 3 mm 深度的缺角、缺棱不作缺角、缺棱计算。

8.5.2.4 扭曲的检查

扭曲用塞尺检查。塞尺由金属片制成,宽度为 10 mm, 厚度比标准规定的允许数值大 0.1 mm(例如,检查 2.0 mm 的扭曲,采用厚度为 2.1 mm 的塞尺),一般采用平直的钢直尺测量。用钢直尺的立测面,贴靠在砖面上,测量其间隙如图 8-13*a*。钢直尺要在同一砖面上多位放置验证,出现的凹凸的空间即为扭曲缺陷(图 8-13*b*),压痕按扭曲的方法检验。

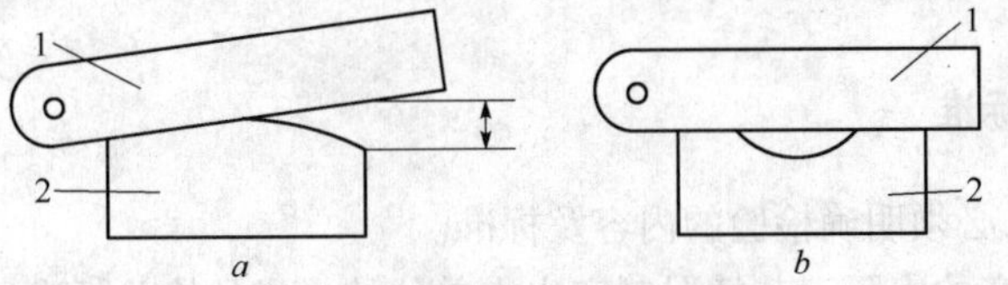

图 8-13 扭曲检查示意图

1—钢直尺;2—砖

8.5.2.5 端头平面倾斜的检查

端头平面的检查,为了方便,半成品不用端头倾斜测量器,而是使用 220 mm × 220 mm 的直角钢尺测量。测量时,将直角钢尺的两边紧靠砖的两面,直角钢尺的一边与砖坯端面产生的间隙即为端头平面倾斜。见图 8-14。用厚度比标准规定的允许限度大 0.1 mm 的塞尺,平滑地插入缝隙,以不能插入为合格。

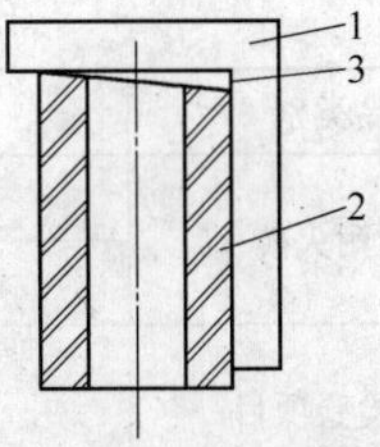

图 8-14 端头平面倾斜检查示意图

1—直角钢尺;2—砖坯;3—插塞尺处

8.5.2.6 半成品表面检查

半成品表面发现有非耐火附着物(如木屑、木棍、竹片、棉纱等),按废品处理,除规定中允许的飞边,其他一定要抹掉。

8.5.2.7 疏松的检查

若砖坯表面不光滑,有大颗粒暴露即为疏松废品。

8.5.3 半成品内在质量的检查项目及方法

半成品的内在质量是确保成品理化性能的重要前提。主要有以下几个方面的检查:

(1) 层裂的检查。砖坯成型时,操作不当(如没有采取先轻后重或吊坯成型法)或泥料质量问题(如水分过大,颗粒偏细)均会造成半成品的层裂。层裂用 ϕ10 mm × 15 mm 铜锤在砖坯的加压面上敲打,根据所发出的声音来判断。敲打时发出的实而脆的声音,表示砖坯内部没有层裂;发出空而散的声响,表示砖坯内部有层裂。

(2) 气孔率的检查。气孔率的检查需在化验室中进行。

(3) 单重的检查。成型的砖坯,应保证一定的质量,才能保证密度和气孔率,在压制时要经常用磅秤称质量,如低于规定质量应作为废品。

8.5.4　半成品砖坯的验收方法

半成品砖坯的验收应按各厂颁发的半成品标准执行。检验的各类项目中有一项不合格即为不合格品。

外形检查如不合格,应由成型工重选一次,剔除废品,经质量检验员复查,仍不合格者按废品处理。对返工报废的废品由检验员填报废品通知单,并从产量中扣除。

半成品的气孔率取样由半成品质量检验员执行,第一次不合格者允许复验一次,复验后仍不合格则按废品处理。半成品检验员,有保留抽样检查权,对抽查不合格的,仍按废品处理。

8.5.5　半成品检验标准

检验方法确定后,必须明确检验的内容及标准。

各厂家应根据生产的实际工艺情况制定出本单位的半成品检验标准,以保证各种材质、型号的耐火制品分别符合国家标准、部颁标准、地方标准、企业标准及协议。某厂的半成品标准见表8-5、表8-6、表8-7。

表 8-5　一般黏土砖半成品检验标准

半成品类别	相应标准	标准牌号	标准级别
黏土质耐火砖	GB4415—84	N-2b	
	皖 Q/MGB501—79	一般工业炉砖	

序号	检验项目		具体内容	单位	规定数值 夹板锤	规定数值 机压
1	尺寸允许偏差	尺寸	≤100	mm	±1	±1
			>100	mm	±1	±1
		厚度	>100	mm	+2、-1	+2、-1
2	扭　曲	尺寸	≤230	mm	≤1	≤1
			231~400	mm	≤1.5	≤1.5
			>400	mm	≤1	≤0.5
3	缺棱缺角	深度	单重≤15 kg	mm	≤3	≤5
			单重>15 kg	mm	≤8	≤10
4	飞　边		宽度	mm	不准有(修正后检查)	≤1.5
5	裂　纹	宽度	≤0.1	mm	不准有(修正后检查)	≤30
			>0.1			不准有
6	层　裂				暂不考核	敲击检查不准有哑声
7	气孔率	单重	≤15 kg >1.5kg	%	≤24	≤24
			≥15 kg <1.5 kg	%	≤26	≤25

表 8-6 黏土质中心砖、流钢砖、模底砖、铸管砖半成品检验标准

半成品类别		相应标准			标准牌号
中心砖、流钢砖、模底砖、铸管砖		GB4418—84			JZN—40
序号	检验项目	具体内容		单位	规定数值
1	尺寸偏差	内筒直径≤50 及其接头处		mm	±1
		内筒直径>50 及其接头处			±2
		其他尺寸			±1
		横压砖壁厚			+2、-1
2	扭曲			mm	≤1
3	缺棱缺角	深度	工作面	mm	<3
			非工作面		≤5 不准跨两个棱
4	飞边	宽度	工作面	mm	≤1
			非工作面		≤1.5
5	裂纹	宽度≤0.1	工作面	mm	不准有
			非工作面		≤30 不准跨棱
6	端头平面倾斜	不扣除模型锥度		mm	≤1.5
7	层裂				敲击不准有哑声(横压砖)
8	气孔率			%	≤23
9	边角疏松	子母口部			松紧程度要和其他部位一样

表 8-7 衬砖半成品检验标准

半成品类别		相应标准			标准牌号
黏土衬砖		GB4420—84			CN-40
铝镁衬砖		皖 Q/MGB513—87			
序号	检验项目	具体内容		单位	规定数值
1	尺寸偏差	≤230		mm	±1
		231~300			±2
2	扭曲	砌砖面		mm	≤1
		钢水面与铁壳面			≤2
3	缺棱缺角	深度	铁壳面	mm	≤6
			其他部位		≤4
4	飞边	宽度		mm	≤1.5
5	裂纹	宽度	≤0.2	mm	≤30
			>0.2		不准有
6	层裂				敲击不准有哑声
7	气孔率	黏土		%	≤18
		铝镁			≤19
8	四棱歪斜	不扣除模型锥度		mm	≤1.5

复习思考题

1. 试述光电控制气动反制动安全装置的工作原理。
2. 摩擦压砖机成型中主要事故有哪些类型？如何预防。(初)
3. 夹板锤成型中主要事故有哪些？(初)
4. 试述摩擦压砖机成型的安全操作规程。(初)
5. 试述夹板锤成型的安全操作规程。(初)
6. 半成品的质量检验主要有哪些内容？(初)
7. 试述夹板锤使用的操作过程。(初)
8. 试述夹板锤成型时常见的故障及处理方法。
9. 试述摩擦压砖机的成型操作过程。(初)
10. 摩擦压砖机操作中应注意什么？(初)
11. 干燥车放砖有什么要求？(初)
12. 半成品废品如何处理？(初)
13. 试述摩擦压砖机容易产生的故障、原因及排除方法。
14. 试述摩擦压砖机成型过程中容易产生的质量问题及处理方法。
15. 缺棱、缺角深度如何检查？(初)
16. 外形尺寸如何检查？(初)
17. 裂纹如何检查？(初)
18. 扭曲如何检查？(初)
19. 端头平面倾斜如何检查？(初)
20. 层裂如何检查？(初)
21. 试述本单位一般黏土砖检验标准。(初)
22. 试述本单位流钢砖检验标准。(初)

9 砖坯的干燥

无论采取何种方法成型，砖坯中均含有一定量的水分。由于砖坯含有水分，导致砖坯强度较低，在运输和装窑过程中，也容易造成损坏。因此，为了降低坯体的水分含量，提高砖坯的强度，保证砖坯烧成初期快速升温，缩短烧成时间，提高制品合格率，砖坯都要用蒸发的方法从坯体中排除所含水分，该过程称为砖坯的干燥。干燥工序是耐火制品生产过程中不可缺少的一部分，如选择控制载热体的温度、湿度不适宜，就会产生毛裂现象或坯体表面凝成水珠，造成砖坯废品。

9.1 砖坯干燥的传热方式

燃料燃烧时放出很大的热量，这些热量把空气加热到一定的温度，通过热空气的运动，把砖坯中的水分排除掉，达到干燥的目的。在干燥器内，热空气（热烟气）进行着复杂的传热运动。热空气的传热主要有下列几种基本方式。

9.1.1 传导传热

由物体各部分直接接触而发生的热量传递现象称为传导传热。这类传热方式较为常见。在耐火材料生产中，窑墙的散热是热量从高温的内壁传递到外壁，在隧道窑内制品烧成时，热量不断从砖坯的表面传递到内部，使砖坯内部的温度不断升高。

传导传热主要是通过物体的直接接触而完成，热量是在物体的内部传递的，只存在着温度的变化。

9.1.2 对流传热

流体在运动过程中，质点发生相对位移而引起热量转移，这种传热方式称为对流传热。对流传热只发生在能够流动的物质中，它是通过流体质点的移动和相互混合而传递热量的。

在工程上对流传热表现为热交换，流体将热量传递给固体，或固体把热量传递给流体。此时，对流传热和传导传热是同时发生的。而在耐火材料生产中，这种对流传热是普遍存在的。干燥器中的砖坯干燥，隧道窑冷却带和预热带的传递主要是以对流传热的方式进行的。

9.1.3 辐射传热

阳光照在人的身上，人们感觉到暖和，这是太阳辐射出的热量，被人体吸收并转化为热量的结果。隧道窑、倒焰窑中制品的烧成是依靠高温辐射使制品达到烧成温度，从而完成烧成过程的。

辐射传热是电磁波传送热量的过程。电磁波按其波长分为X射线、紫外线、可见光、红外线、无线电波等，它们的波长不同，X射线最短，无线电波最长。但是具有能使物质吸收并转化为热量的电磁波是可见光和红外线，它们的波长分别为0.4～0.76 μm和0.76～700 μm，我们把这些射线称为热射线。热射线的传热过程称为辐射传热。

9.1.4　综合传热

在实际传热过程中,传热的方式不可能是单独存在的,而是各种传热方式同时发生。如在隧道窑或倒焰窑中烧成制品时,高温气体对砖坯和窑墙以辐射和对流的方式进行传热,同时砖坯表面的热量又通过传导传热到内部。事实上,在传热中,几种传热方式虽然同时存在和进行,但在某种条件下仍以某种传热方式为主。当高温时(900℃以上)以辐射传热为主,低温时以对流和传导传热为主。这几种传热方式在不同的温度下还可以互相转化,所以传热是个复杂的过程,只有根据具体情况,才能确定其传热方式。

9.1.5　稳定传热与不稳定传热

在传热过程中,物体某一点的温度不随时间而改变,称为稳定传热。反之,如果物体中各点的温变随时间的变化而变化,称为不稳定传热。一般物体在被加热和被冷却过程中,物体各点的温度是随时间变化的,所以物体加热和冷却过程都属于不稳定传热过程。窑炉在烘炉时要有保温过程,隧道窑烧成带也要保持一定的温度,这时窑墙内壁温度是不随时间而变化的,我们可以把窑墙内壁的散热看作是稳定传热。稳定传热和不稳定传热是相对的。

9.2　干燥剂及干燥过程

9.2.1　干燥剂性质

干燥是用载热体使坯体中的水分蒸发并排出的过程。因此干燥既有传热过程,也有水分扩散过程。

在对流干燥中,外界热空气首先以对流传热方式把热量传给砖坯表面,然后,热量以传导传热方式向内部传递。砖坯表面吸收热量后温度升高,水分蒸发并向外扩散。由于砖坯表面水分逐渐减少,坯体内部的水分向表面扩散,并由表面向外蒸发,最后实现整个砖坯的干燥。

具有排除物料中水分能力的介质称为干燥剂。干燥剂的性质对于干燥操作和干燥速度起着决定性作用。

耐火材料使用的干燥介质大部分是预热后的热空气,冷窑时的热废气以及净化处理后的烟气。

空气不可能是绝对干燥的气体,其中总含有一定数量呈蒸气状态的水分。在干燥器内,砖坯中水分的蒸发,又使热空气中的水分含量增大,所以干燥器内的干燥介质实际上是干空气和水蒸气组成的混合气体。为掌握干燥介质的性质,要明确如下几个基本概念。

(1) 空气的绝对湿度是指每立方米湿空气中所含水蒸气的质量,单位是 kg/m^3。

(2) 空气的相对湿度是指空气的绝对湿度和同温度下的饱和绝对湿度之比。相对湿度表示空气接近饱和的程度。如果空气相对湿度小,表示空气还有较大的吸收水蒸气的能力,干燥速度就快;反之,相对湿度大,吸收水蒸气的能力小,干燥速度就慢。然而,空气的相对湿度又取决于它的温度,在空气的绝对温度相同的情况下,温度越高,其相对湿度就越小,干燥就越快。同时,温度越高,越有利于加速干燥,可见,干燥剂的湿度是生产中必须加以控制的重要参数。

空气相对湿度采用干湿球温度计来测量。干湿球温度计由两根相同的温度计组成,其中一根湿度计末端包裹纱布,并插在盛有水的容器中,称为湿球温度计;另外一根温度计称为干球温度计。在空气完全饱和的情况下,两根温度计读出的温度是完全相同的。在空气不饱和的情况下,湿球温度计的指示温度比干球温度要低,这是由于水分蒸发需消耗热量的结果。如果空气的湿度越小,蒸发的水分就越多,干球温度 t_0 与湿球温度 t_n 差就越大。根据干球温度 t_0 和湿球温度 t_n 的差 $\Delta t = t_0 - t_n$,就可以从表中查出空气的相对湿度。

(3) 湿含量:湿空气中,每千克干空气所含水蒸气的质量叫做空气的湿含量,单位是 kg/kg 干空气。

(4) 露点:将不饱和的湿空气逐渐冷却到某一温度时,湿空气达到饱和而即将凝结出水的温度称为露点。若继续冷却,则水蒸气就会凝成水滴析出。在砖坯干燥过程中,不允许干燥介质的温度低于露点。

(5) 湿空气的热含量:是指 1 kg 干空气的热含量和所带水蒸气的热含量之和称为湿空气的热含量,单位是 kJ/kg 干空气。干燥过程是传热过程,传递的热量是由干燥介质提供的,所以湿空气所含热量的多少是很重要的。干燥介质的温度越高,热含量越大。

9.2.2 干燥过程

干燥过程就是在干燥器中将干燥剂与被干燥的物料或制品接触,干燥剂把热量传递给物料,物料温度升高,水分从表面蒸发,而内部水分在浓度差的推动下,陆续到达表面向外蒸发,蒸发出来的水蒸气被排出干燥器外,物料逐步得到干燥。

当物料从干燥剂中获得热量时表面水分汽化,并扩散到干燥剂中的过程叫做外扩散。

物料内部的水分移向表面的过程叫做内扩散。

影响外扩散的条件有两个。一是物料中水分蒸发所需热量,由干燥剂供给。二是物料表面的水蒸气浓度要大于干燥剂中水蒸气的浓度,才能使水蒸气扩散到干燥剂中去。

内扩散速度较复杂,它与砖坯的泥料组织结构、砖坯大小和形状等因素有关。

干燥速度与干燥剂的温度、湿度和流速有关。干燥剂的温度愈高,则物料表面水分气化的速度愈快,干燥剂所含的水蒸气愈多。也就是说,具有较高温度和较低饱和度的干燥剂,干燥剂的流速快,含水蒸气的干燥剂不断地排出,在保持干燥剂处于低饱和度情况下,有利于干燥速度加快。当然,不能使流速过快,否则将产生不良后果,增加能耗。总之,干燥过程是砖坯与干燥剂之间的外扩散、内扩散和综合传热的过程。

砖坯在干燥过程中发生一些物理化学变化,有的产生表面硬化,有的体积收缩。干燥剂的温度过高,流速过快,则砖坯的水分外扩散的速度也过快,而内扩散速度慢,这样内外收缩不一致,表面水分排除比内部快,表面收缩比内部快,就容易产生变形和开裂。如果是单面干燥,坯体会弯曲;如果是双面干燥,坯体就会开裂。

干燥砖坯时所产生的应力分布情况,决定于砖坯的形状和水分从砖坯各面排出的速度与分配情况,而应力的大小与制品的厚度、形状、原料性质及干燥条件等因素有关。

就一块砖来说,棱比面干燥得要快,而角更快。当砖坯形状很复杂时,如砖坯厚度的变化显著,则应力就较小。如砖坯的窄面、棱角、孔边等处比中心部位干燥快得多。因此,在表面产生收缩不同的界面,也容易开裂。对于水分比较低的砖坯,在干燥的各阶段不明显,其砖坯体积收缩很小,甚至不发生明显的收缩。因此,可以采取快速干燥,对大型和特异型制品,水分含量大(如夹板锤成型砖坯),干燥阶段明显,为防止干燥过快引起开裂,一般经空气预干 1 ~5 天,然后放入干燥器慢速进行干燥。

总之,砖坯的干燥过程,首先要选择控制适宜的载热体温度和湿度,保证坯体水分足够的蒸发量和水汽扩散到载热体的速度,严格按干燥制度执行砖坯的干燥过程。

9.3 干燥器的类型

砖坯干燥的场所称为干燥器。干燥器有间歇式和连续式两种。

9.3.1　间歇式干燥器

9.3.1.1　空气干燥

将成型后的砖坯放在空气中干燥称为空气干燥。空气干燥的砖坯,多为手工成型或水分较大的机压成型的砖坯。这些砖坯水分含量大、强度低、易破损和变形,经空气干燥具有一定强度后,分别进干燥炕、室式干燥器或隧道干燥器继续干燥。

9.3.1.2　干燥炕

干燥炕是用砖砌的火炕。把砖坯码在铺有沙子的炕上,用火箱加热,烟气经火炕烟道加热砂子,使砖坯干燥。干燥炕的温度不均匀, 近火箱处温度较高,远离火箱处温度较低。为达到干燥目的,必须二次倒运被干燥的砖坯。干燥炕结构简单,占地面积大,劳动条件恶劣,耗热量多,已被逐步淘汰。

9.3.1.3　室式干燥器或称格子干燥器

室式干燥器是用砖砌筑的小窑,干燥热源一般采用空气预热,也有的在干燥器内壁安设暖气管道,直接加热干燥器内的空气。被干燥的砖坯码在干燥车上推入窑内,进行干燥。干燥器载热体的温度和湿度是可调整的,气流分布较均匀,一般适用于干燥大型和特异型制品。

9.3.2　连续式干燥器

在耐火材料生产中,砖坯干燥多采用连续式干燥器,如隧道干燥器及隧道窑前干燥等。

9.3.2.1　隧道干燥器

隧道干燥器是逆流式均衡通风的干燥器。其特点是:结构简单、干燥效率高、干燥均匀、劳动强度低、干燥温度易控制、适用于大、中型生产厂矿。

9.3.2.2　隧道窑前干燥带

采用隧道窑前干燥带干燥砖坯,是从压砖机台将砖坯直接装在隧道窑车上,入窑后先进窑前干燥带干燥,再按烧成制度进行烧成。这种干燥方式可省去单独的干燥工序,即节约燃料又减轻劳动强度。但各种不同砖坯只能按同一干燥制度进行干燥,而干燥废品无法选出,并随同正品一道继续其后的烧成过程,反而造成燃料的浪费。因此,对于形状和尺寸相差比较悬殊或干燥废品较多的砖坯不宜采用。

此外,还有红外线干燥、超声波干燥和电干燥等。

9.3.3　干燥器的基本要求

对干燥器的基本要求如下:

(1) 结构简单;

(2) 具有一定的干燥速度;

(3) 干燥效果均匀,质量好;

(4) 单位热耗量小;

(5) 工艺参数易于控制,劳动条件好,劳动强度低;

(6) 基建费用少。

根据上述要求,耐火材料厂一般采用隧道干燥器。

9.4 隧道干燥器

9.4.1 隧道干燥器的构造及工作原理

隧道干燥器是由若干条隧道并联组成的,其长度为 24 ~ 36 m,宽为 0.95 m,净空高为 1.65 m,每条隧道内铺设轨道,轨道上放置干燥车。干燥车长为 1.2 m,宽为 0.85 m,高 1.46 m,装载砖坯的干燥车依次由隧道干燥器的一端推入,从另一端被推出。隧道干燥器结构参见图 9-1。

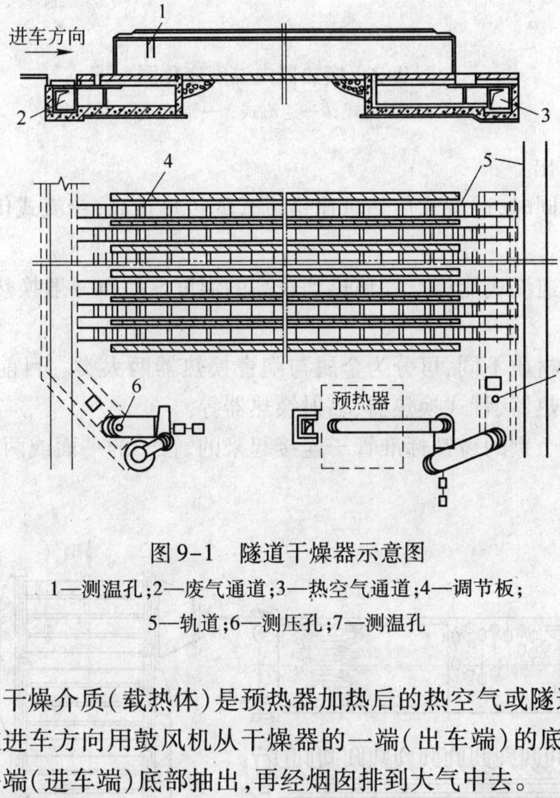

图 9-1 隧道干燥器示意图

1—测温孔;2—废气通道;3—热空气通道;4—调节板;5—轨道;6—测压孔;7—测温孔

在隧道干燥器中,干燥介质(载热体)是预热器加热后的热空气或隧道窑冷却制品的热废气及净化后的废烟气,逆进车方向用鼓风机从干燥器的一端(出车端)的底部送入,经隧道干燥砖坯,然后抽风机从另一端(进车端)底部抽出,再经烟囱排到大气中去。

隧道干燥器墙壁用红砖砌筑,顶部铺以混凝土板,其上为一层矿渣隔热层,进出的窑门设有平衡锤。为了调整热空气的入窑量及废气排出量,在底部支烟道内装有回转闸门或调节板。

9.4.2 隧道干燥器用热源

隧道干燥器所用热源有预热空气热源、隧道窑废烟气和蒸气热源等。

9.4.2.1 预热空气热源

耐火厂预热空气的方法有多种,有采用金属换热器的,也有采用陶瓷换热器预热空气的,换热器的作用是实现热流体通过金属或陶瓷器壁将热量稳定,综合传递给被加热的冷流体。

换热器按照其内部冷热流体流动方向的不同,基本上可分为三种形式。两流体平行流动且方向相同的称为“顺流式”,见图 9-2(a)。两流体平行流动且方向相反的叫做“逆流式”,见图

9-2(b)。两流体交叉流动的称为“错流式”,见图 9-2(c)。

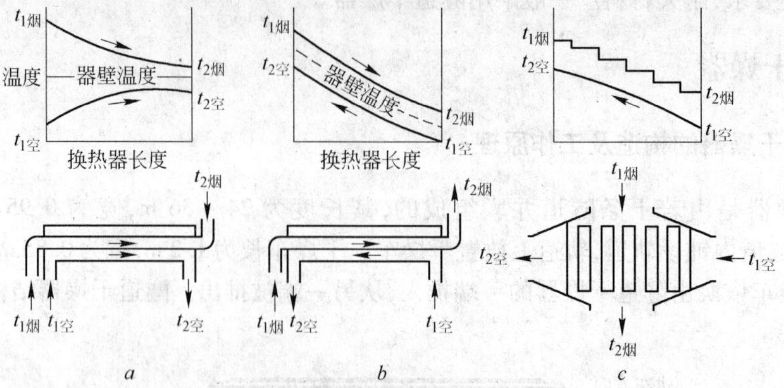

图 9-2　换热器内温度变化图

a—顺流式;b—逆流式;c—错流式

从图 9-2 中可以看出:

(1) 当其他条件相同时,逆流式传热量比错流式的传热量高,错流式传热量比顺流式的传热量高。

(2) 当 $t_{1烟}$ 相同时,逆流式能将空气预热到较高的温度。所以一般换热器的设计采用逆流式或错流式。

换热器根据选用的材质不同,可分为金属与陶瓷换热器两大类。目前,在金属换热器中,应用较广泛的有针状管换热器、管式换热器、辐射换热器等。

针状管换热器是由个别的铸铁标准管子连接起来的,管子的一面或两面带针,以增加其热交换面积,见图 9-3。

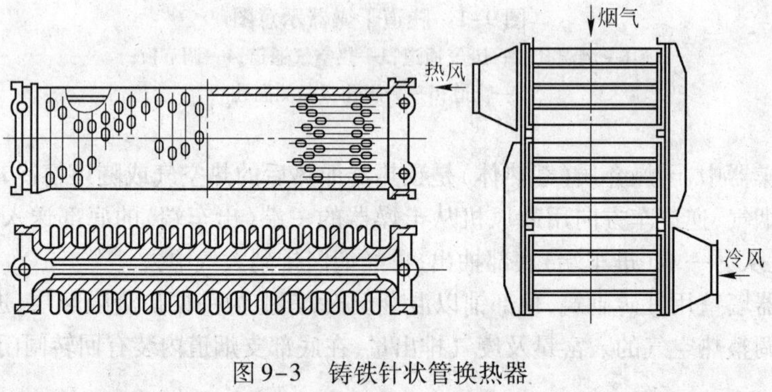

图 9-3　铸铁针状管换热器

针状管换热器适应于炉膛排出废气温度 700 ~ 1000 ℃,可以把空气预热到 400 ~ 600℃。它的优点是传递单位热量所需要的金属比其他换热器少,所占空间少。它的主要缺点:一是针管制造工艺要求高,价格贵,易裂损;二是法兰接头多,气密性不好,只适用于预热空气,不能预热煤气。

管状换热器采用无缝钢管或耐热钢管作为换热元件,材料用量多,传热效率较低。当炉内排出废气温度较高(1100 ~ 1300℃)时,安装辐射换热器最合适。

陶瓷换热器比金属换热器能获得更高的温度,可以把空气预热到 900 ~ 1000℃。陶瓷换热器不易烧坏,经久耐用,结构简单牢固,其换热元件一般由耐火黏土或碳化硅制成。但陶瓷换热器体积大，气密性差，导热系数低，不能预热煤气和压力较高的空气，使用范围有限。图 9-4 是黏土管换热器。

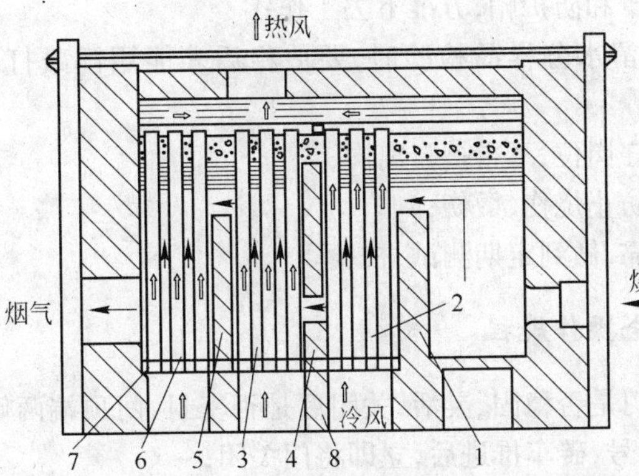

图 9-4　黏土管换热器示意图

1—挡火墙；2—第一组预热室；3—第二组预热室；4—第一组隔墙；5—第二组隔墙；
6—第三组预热室；7—铸铁底板；8—底板支撑墙
（注：→为烟气流动方向；⇒为被换热的空气流动方向）

重油燃烧后，火焰经挡火墙进入第一组预热室，通过第一组隔墙下部的烟气孔进入第二组预热室，烟气再翻过第二组隔墙进入第三组预热室，最后废烟气经烟道由烟囱排出。火焰及烟气在流经三组预热室过程中将黏土管加热，而冷空气从换热器两侧底部的风孔吸入，分别进入三组预热室的黏土管内，进行热交换，使冷空气升温并在拱顶与混凝土顶的空间内预混合，再经风机的输热管配风后送入隧道干燥器。换热后的空气平均温度约为 300℃，换热后的风温、风量可用增减烧嘴和调整热风管上的蝶阀或调节冷风吸入量等方式完成。

9.4.2.2　隧道窑废烟气

隧道窑废烟气来源稳定、连续。由于隧道窑使用燃料不同，废烟气中所含组分不一，如用重油为燃料的废烟气中含有灰分及一氧化碳。为利用废烟气的余热并防止对大气环境污染，一般采取净化处理完成隧道窑废烟气的综合利用。某厂在隧道窑废烟气地下烟道排出口的上部，装置有一台 10A/HJ 型硼硅玻璃烟管空气预热器，废烟气流按逆错流方式，通过玻璃管空气预热器净化处理后经输送热管混合控制进入隧道干燥器内利用。

9.4.2.3　蒸气热源

利用厂区生产锅炉或隧道窑余热锅炉产生的蒸气作为热源，蒸气通过安装在干燥器内壁两侧墙壁上的暖气管道直接加热干燥器的空气。它的热效率低，费用高，通常作为少量大型和特异型制品的热源。

9.4.3　空气预热器和隧道干燥器的安全操作规程

9.4.3.1　空气预热器安全操作规程

(1) 不允许非岗位人员在计器室内逗留，不准吸烟；

(2) 启动风机前，必须将调节阀关闭，空载启动，当风机运转正常后，逐渐将调节阀开至所需量的位置；

(3) 风机运转中,要勤观察,勤检查,发现异常情况及时处理或停机检修;

(4) 调整各条干燥器温度时,要戴好手套,需进热风道时,必须设专人看护,先将热风机停转,打开散热风口,戴好口罩和防护帽,方准下去工作;

(5) 取干燥后砖坯残留水分样品检验时,要放稳后才能用锤敲打,并注意预防锤头脱落伤人;

(6) 操作人员必须坚守岗位,不得擅自离岗;

(7) 安装热电偶时要防止烧伤、烫伤;

(8) 仪器仪表灵敏可靠,做到定期测试,校验。

9.4.3.2 隧道干燥器安全操作规程

(1) 检查各条干燥器门是否稳固、灵活,关闭后是否密封,门顶端两侧重锤是否固定在同一水平面上,推车时要发出信号,砖车推进后,立即将门关闭;

(2) 干燥器内外,不许放易燃易爆品;

(3) 经常检查处理轨道上的障碍物;

(4) 不准在干燥器门旁休息和取暖;

(5) 严禁进入干燥器内拉干燥车。

9.4.4 空气预热器和隧道干燥器的操作

空气预热器和隧道干燥器的标准化作业程序如下。

9.4.4.1 交接班

(1) 提前10分钟到岗,根据交接班记录、生产记录进行现场交接;

(2) 检查设备运转和润滑情况;

(3) 交接清各条隧道干燥器内所干燥的品种及干燥制度;

(4) 检查预热器燃烧室燃烧情况,检查是否合乎温度控制要求;

(5) 检查工具是否齐全,现场环境是否整洁。

9.4.4.2 生产操作

(1) 重油为燃料的点火。黏土管换热器停用后不久重新点火,需先在炉膛内放入木柴等引火物,点火后按升温曲线烘炉,当升至600℃左右时,开始用蒸气吹扫重油管道,管暖后喷油燃烧。在燃烧中注意控制油温(90℃左右),调节好油、汽配比,保证重油充分雾化燃烧。

(2) 保证炉膛温度。要保证重油燃烧的顺利进行,必须控制好油温、油压、蒸气压力和流量,使重油雾化良好,同时提供足够的空气创造良好的燃烧条件,达到重油充分地燃烧,保证炉膛内的温度。

(3) 调节各种闸板阀。各种闸板的开启度大小要根据热气进出口温度、热管总管压力、排烟机负压及各种砖坯对干燥热工制度的技术要求进行,从而保证干燥后的砖坯水分符合装窑的技术要求。

(4) 定时填写各种记录。做到专人详细填写,数据准确、清楚。主要记录以下数据:1) 预热器的炉膛温度为1300℃,若发现问题要及时处理;2) 换热后的空气预热温度;3) 各条隧道干燥器的进出口温度;4) 燃烧时油压、气压情况;5) 燃油消耗量。

(5) 巡回检查。要求每班检查3~4次,发现问题要及时处理。

(6) 砖坯出隧道干燥器后,根据砖的颜色和敲击声判断干燥质量。按规定将需要控制水分的砖坯送化验室进行水分检测,残余水分量符合标准要求后,才能装窑车进隧道窑烧成。

(7) 交班前,做好现场各项文明生产工作并详细填写好产品数量、质量、设备运转、维护、工具保管、安全、防尘等记录。准备向下班作口头汇报,面对面进行交接。

9.4.4.3 故障处理

(1) 烧嘴阻塞或经调整后重油雾化不良。产生原因是杂质堵塞。先关油阀、气阀,关小风机调节门,用棉纱等物包住烧嘴尾部,旋下丝堵,疏通喷嘴和主油管或更换新烧嘴。

(2) 燃烧室内重油燃烧不完全。其可能原因如下:

1) 雾化剂(蒸气)气压过低引起的。气压过低,喷出的重油得不到完全雾化,雾化不了的油滴不能充分燃烧,被烟囱抽走,此时调节气压,使其达到合理的油、气压比例。

2) 油温控制不良造成的。重油的油温一般控制在90℃左右,并随气温的升降而变化。当油温过高时,重油裂解速度加快,重油产生气泡,重油管中出现重油流动间断现象,在喷油时会发生扑哧声,燃烧室内温度将明显下降,这时应降低油温;当油温偏低时,重油在管内的流速变缓,重油难以正常雾化,油温过低时会造成重油在管内逐渐凝结现象。处理时要设法提高油管温度,促使管内重油溶化并达到预燃前的油温要求,保证重油的完全燃烧,从而提高炉膛内的温度。

3) 出现燃烧室内"结油巴"现象。在油、气温度和压力以及油、气配合比例均正常的状态下,炉内出现"结油巴"现象,是因为烧嘴的内喷嘴(主油嘴)孔径过大而外喷嘴的气环又不能充分雾化喷出后的重油形成部分油滴凝聚后不完全燃烧而造成的,消除这一现象的措施是更换不合乎标准规范的喷嘴,使重油得以充分燃烧。

(3) 隧道干燥器出现冷凝水。当载热体湿度较大,砖坯蒸发的水分不能及时扩散到载热体中排出时,就会降低干燥速度,甚至在坯体表面凝成水珠。这时应提高热风(载热体)温度并将进口热风闸板适当调大,同时把排废气闸板调大,增大废气排出量,消除干燥器内出现的冷凝水。

(4) 预热器中发生烟气泄漏。因预热器中换热管(黏土管)接缝处或管与拱顶(耐热混凝土)接合处产生缝隙时,烟气会不断混入载热体(热风),经长期使用即会发现干燥后砖坯表面覆盖有一层黑色烟尘,造成干燥后砖坯检测困难(如干燥裂纹等),污染环境。同时,因烟气窜入干燥器内,可调节闸板及干燥小车均遭到不同程度的锈蚀,需修复更换或调节好重油燃烧等方式暂时解决,但根本是安排停炉检修,防止烟气的泄漏。

(5) 干燥车运转不灵活。主要是油脂老化或烘干后轴承磨损。把干燥车推到检修室,按检修规程和检修内容,清洗换油或更换磨损件,如轴、轴承等。

(6) 干燥后砖坯产生裂纹。裂纹是因载热体(热源)温度高,坯体内部蒸发出大量水分来不及排出而产生的毛裂现象。因此,对不同类型和不同水分含量的砖坯要分别选择控制适宜的干燥制度。对砖形复杂或水分较大的砖坯,应先经空气干燥(在室内自然干燥1~3天),然后再入干燥器干燥;对尺寸过大且砖形复杂的砖坯,要求干燥温度相应低些,应采用"低温大风量干燥法",低温有利于水分均匀而缓慢排出,大风量有利于蒸发并带走湿气体,以提高干燥效率。干燥器的进出口端温度一般控制在60~100℃左右。有的砖要求较高的干燥温度,应采用"二步干燥法",即先在60℃以下的低温干燥器中预干,然后转入温度较高的另一条干燥器中干燥。

9.5　3 t 电拖车的使用

9.5.1　3 t 电拖车的结构及用途

3 t 电拖车有两种：一种带推杆，一种不带推杆。它是由主车架结构，连挂小车传动机构、推杆制动装置和电气设备组成，如图 9–5 所示。

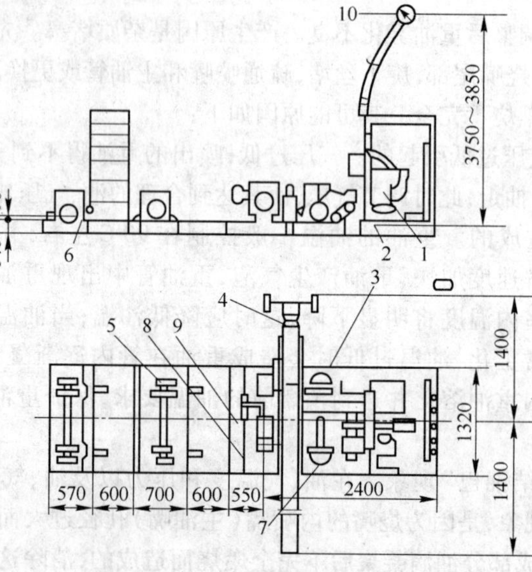

图 9–5　3 t 电动拖运车（带推杆）

1—电气控制箱；2—架体；3—主动车轮；4—推杆；5—从动车轮；6—干燥车闸；7—行走传动装置；8—推杆电动机；9—蜗轮蜗杆减速机；10—滑轮

3t 电拖车是成型和干燥、装窑工序之间的运输设备，将压砖机压制的半成品砖坯层满后的干燥车送入干燥器内干燥，然后送至装车台，再把装窑后的空干燥车运送到各压砖机。

该车优点是构造简单，容易操作，维修方便，工作性能可靠。

该车缺点是其在通过电拖车上的轨道与地面轨道的接交处时产生震动，容易损坏砖坯。

9.5.2　干燥前的准备

（1）做好交接班记录、生产记录、岗位交接要做到交的清、接的明；

（2）穿戴好劳动防护用品；

（3）对 3 t 电拖车的机械、控制电器、安全防护及信号装置等进行检查；

（4）检查各条隧道干燥器门是否漏气，是否有冷凝水出现；

（5）检查各干燥车上的砖坯安放是否合乎规格标准，有无不灵活的干燥车；

（6）明确本班各砖坯的干燥制度并检查各条隧道干燥器进出口的温度。

某厂黏土制品隧道干燥器的热工制度和夹板锤成型砖坯的干燥制度分别见表 9–1，表 9–2。

表 9–1　某厂黏土制品隧道干燥器的热工制度

砖　种	热风温度/℃		压力/Pa		推车间隔时间/min	残余水分/%
	入　口	出　口	正　压	负　压		
高炉砖	150 ~ 200	60 ~ 90	70 ~ 120	200 ~ 300	≥30	1
衬　砖	150 ~ 200	60 ~ 90	70 ~ 120	200 ~ 320	≥30	1
流钢砖	200 ~ 250	30 ~ 90	400 ~ 450	400 ~ 450	15 ~ 30	1

表9-2 夹板锤成型砖坯的干燥制度

砖坯单重/kg	自然干燥		隧道干燥			
	时间/d	室温/℃	时间/d	进口温度/℃	出口温度/℃	残余水分/%
<10	1	25~35	1	100	60	4
10~20	1~3	25~35	1~3	100	60	4
20~30	3~5	25~35	3~5	100	60	3
>30	5	25~35	1~10	100	60	2

9.5.3 3 t 电拖车操作及干燥车维修安全技术规程

9.5.3.1 3 t 电拖车操作安全技术操作规程

(1) 开车前应全面检查机械、电器和制动等部位是否完整好用,发出信号方可开车;

(2) 启动时要缓慢地行驶,停车要稳,对接轨道要准,防止突发性制动,严禁开飞车,严禁无人驾驶行车;

(3) 非操作人员禁止开动,也不得搭乘;

(4) 电拖车上的轨道必须设有小车挡铁,以防行车时干燥车脱出发生事故;

(5) 电拖车轨道两侧,禁放杂物,行人不可停留;

(6) 要集中精力驾驶,发现异常情况,立即停车;

(7) 调运干燥车辆时只许推,不许拉,以防压脚;

(8) 使用带推杆拖车时,严禁推杆行程超过限位,顶车时,推杆上不准乘坐人;推杆不完全复位严禁开车;

(9) 拖车未停稳,操作人员不得离开。

9.5.3.2 干燥车维修安全技术操作规程

(1) 工作前穿戴好劳防用品,全面检查工具并放置稳妥;

(2) 润滑油脂保持整洁,严禁在干燥车运行时注油;

(3) 检查干燥车时,与操作人员取得联系后,方可工作;

(4) 修车时,将车推进检修车间或安全地方,以防碰伤人;

(5) 工作中的废油物,不得任意乱丢,要及时清扫并送入废油箱集中处理。

9.5.4 3 t 电拖车的生产操作

(1) 在3 t 电拖车运行轨道内应无障碍。一旦出现障碍要立即发出信号,减速缓行或停车处理。

(2) 操作工将放置好铝板(干燥板)的空干燥车引渡到3 t 电拖车上时,先对准轨道,人站在干燥车外侧把车推到电拖车上,并用挡铁固定车轮,防止在运行中小车滑出。电拖车行至各机台道口,将小车分别放置到机台旁的轨道上,一般每台机各配置空车2~3辆,具体数量视现场实况而定。

(3) 当机台旁停放的干燥车装满砖坯时,必须填好卡片,及时从机台按操作程序运出,送至半成品库中，按品种分类堆放（自然干燥）或直接推入干燥器（室）进行干燥。

（4）根据生产安排和砖坯干燥制度，将半成品库中预干好砖坯的小车，按先后顺序用带推杆的拖车分别推入各条干燥器（室）进行干燥。在进车操作中，首先打开干燥器出车端窑门，方可推车，以防挤坏设备或造成小车掉道事故。在开启、关闭窑门时，必须轻开轻关，以防发生重锤连杆断裂、脱落事故。

（5）为将干燥器内已完成砖坯干燥过程的小车出窑，不允许进窑拉小车，原则上是采用推入预干后砖坯小车将已完成砖坯干燥过程的小车顶出的做法。出干燥器后仍按品种分类停放，经干燥拣选人员检测合格后的砖坯方可装窑。

（6）操作工在工作结束或临时离开电拖车时均要锁好闸刀开关。交接班前做好车体的维护、保养，同时检查制动控制信号系统等，并保持其完好，做好交接班记录。

常见故障处理方法见表9-3。

表9-3　常见故障处理方法

故　障	产生原因	处理方法
滑轮脱落	滑轮磨损偏心； 弹簧张力不够，造成滑轮与滑线交错接触	更换滑轮、弹簧
电机超载电流大	车轮固定螺栓松动，车体擦轨道壁运行	紧固螺栓，保持车体与轨道壁的间隙
脚闸失灵	拉杆螺丝与顶丝松动，脚闸皮磨损	紧固螺丝，更换脚闸皮
运动速度与控制器不符	电阻箱电阻断裂	重新焊接
电拖车启动不稳或产生火花	电机碳刷磨损	立即停电，更换新碳刷
电拖车停止不前	大小支架弯曲	更换大小支架

复习思考题

1. 何谓干燥？（初）
2. 成型后的砖坯为什么要进行干燥？（初）
3. 传热的基本方式有哪些？简述各种传热方式的特点。
4. 什么是干燥剂？什么是绝对温度、相对湿度、湿含量、露点及湿空气的热含量？（初）
5. 什么叫外扩散？影响外扩散条件有哪些？什么叫内扩散？
6. 简述砖坯干燥过程影响砖坯干燥的因素是什么。
7. 什么是干燥器？干燥器有哪几种？（初）
8. 哪些干燥属于间歇式干燥与连续式干燥？
9. 隧道干燥器的结构、工作原理及操作方法是什么？（初）
10. 陶瓷换热器、空气预热器的结构及工作原理、操作方法是什么？
11. 试述3 t电拖车的结构及使用中的注意事项。
12. 试述3 t电拖车、空气预热器及隧道干燥器的安全技术规程。（初）